JavaScript
フレームワーク入門

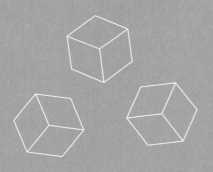

掌田　津耶乃・著

秀和システム

■本書で使われるサンプルコード・プロジェクトは、次のURLでダウンロードできます。

http://www.shuwasystem.co.jp/support/7980html/4784.html

■本書では、プログラムとしては一行でも紙幅の都合で見た目の改行をしている場合があり、「↵」というマークで表します。

■**本書について**

1. 本書の内容は、Linux、Mac OS X、Windows 7 以降（7、8、10）に対応しています。

■**注意**

1. 本書は著者が独自に調査した結果を出版したものです。
2. 本書は内容に万全を期して作成しましたが、万一ご不審な点や誤り、記載漏れなどお気づきの点がありましたら、出版元まで書面にてご連絡ください。
3. 本書の内容に関して運用した結果の影響については、上記にかかわらず責任を負いかねますのであらかじめご了承ください。
4. 本書およびソフトウェアの内容に関しては、将来予告なしに変更されることがあります。
5. 本書の例に登場する会社名、名前、データは特に明記しない限り、架空のものです。
6. 本書の一部または全部を出版元から文書による許諾を得ずに複製することは禁じられています。

■**商標**

1. JavaScript は、Oracle America, Inc. の米国およびその他の国における商標または登録商標です。
2. その他記載されている会社名、商品名は各社の商標または登録商標です。

はじめに JavaScript フレームワークの世界にようこそ！

　JavaScriptというプログラミング言語ほど、評価が変わってきたものもないでしょう。その昔、JavaScriptは「**Webページにちょっとした機能を付け足すための簡易言語**」と思われていました。その後、機能が強化されてWebページを操作できるようになっても、Webブラウザごとに実装も違ったため、「**面倒臭いやつ**」と見られていました。

　が、今、JavaScriptは「**Webの世界で唯一、使うことのできる言語**」として、その評価は日増しに高まっています。Webアプリケーションが進化し、Webでなんでもできるようになりつつある、それはすべて「**JavaScriptのおかげ**」なのです。

　しかし、本格的なWebアプリケーションの開発を行うには、膨大なコードを書かなければいけません。本格的なWebアプリを作るためには、開発を支えてくれる「**何か**」が必要なのです。

　その「**何か**」とは、フレームワークです。

　現在、サーバーサイドの開発では、非常に強力なフレームワークを利用することが常識となっています。一からコードを書くことなど、まずありません。クライアントサイドも同様です。複雑な画面を制御し、必要とあればサーバーから情報を取得してダイナミックにページを更新する。そうした処理を全部、ひとりで書き上げるなんて無謀です。Webアプリを構築するために役立つシステムを導入し、必要最小限の作業で高度な表現を実現する——それが、現在のJavaScript開発なのです。

　本書では、そうした「**本格Webアプリ開発**」において注目されているフレームワークやその周辺技術を厳選し、その基本的な使い方を説明しています。以下のプログラムを取り上げています。

　jQuery、TypeScript、Vue.js、Backbone.js、Angular、React、Aurelia、npm、Bower、webpack

　もちろん、本書で、これらのすべてをマスターできるわけではありません。けれど、現時点でのJavaScriptフレームワークの世界がどのようになっているか、その概要をかいつまんで理解することはできます。そして実際に、これらの技術を自身の開発に導入する手助けをしてくれるはずです。

　JavaScriptの世界でどんなフレームワークがあって、何が人気なのかわからない。有名なフレームワークを使ってみたいけど、どうやって利用するのかわからない。実際にちょっと試して、どこがどう便利か体験したい。——そんな「**これからフレームワークを導入したい**」と思う人には、きっとこの本が役に立ってくれることでしょう。あれこれ検索して聞きかじりの情報で判断するより、まずはじっくりと読み、そして自分で体験して下さい。フレームワークの素晴らしさが実感できるはずです。

2016 年 8 月

掌田　津耶乃

本書で取り上げるソフトウェアについて

　本書では、JavaScriptのフレームワークおよびフレームワーク活用に必要となるソフトウェアについて、筆者が重要と思うものを厳選して紹介しています。フレームワークだけでなく、その周辺技術に関するものまで取り上げているため、ソフトウェアの位置づけが把握しにくいかもしれません。また、「フレームワーク」と一口にいっても、その対象となる分野や位置づけなどはさまざまであり、同じものとして比較しにくいところがあります。そこで、本書掲載のソフトウェアの位置づけについて、簡単にまとめておくことにします。

▍AltJS 言語（TypeScript）

　本書では、JavaScriptに代わる言語として**TypeScript**を取り上げています。これは、一般に**AltJS**（Altnative JavaScript）と呼ばれるものです。プログラミング言語の形をとっていますが、実際には、AltJS言語で書かれたコードがブラウザ内で直接実行できるわけではありません。書かれたコードをJavaScriptのコードに変換する、翻訳ツールのような働きをします。

▍開発を支援するツール（npm、Bower、webpack）

　ソフトウェアのインストールや管理を行う**パッケージマネージャ**は、フレームワークを利用する上で、なくてはならない道具になりつつあります。その代表例として、**npm**と**Bower**を取り上げます。また、多数のファイルを一つに統合するツール（**モジュールバンドラー**）として、**webpack**を紹介します。

　これらは、フレームワークを利用する上でこれから必須となる技術ですので、併せて理解しておく必要があるでしょう。

▍フレームワーク（jQuery、Vue.js、Backbone.js、Angular、React、Aurelia）

　フレームワークについては、計6本を取り上げています。これらは単機能のものから様々な機能を網羅するものまであり、また使い方も手動ですべてを記述するものからほとんど処理を自動化するものまであります。それぞれのフレームワークの位置づけを下の図にまとめました。

▍**図0-1**：本書で取り上げるJavaScriptフレームワークのマップ。

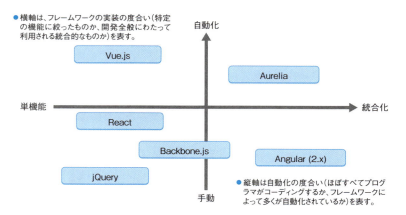

目　次

本書で取り上げるソフトウェアについて............................IV

Chapter 1　JavaScript とフレームワーク　　　　　　1

1-1　フレームワークの基本...2

JavaScript と Web の進化...2
すべては JavaScript が実現する！.......................................3
フレームワークは必要か？..3
JavaScript フレームワークの仕組み.......................................5
JavaScript のフレームワークの種類.......................................6

1-2　開発環境と JavaScript フレームワーク.........................7

フレームワークの利用法...7
ダウンロード配布の利用...8
パッケージマネージャについて...9
CDN という選択...9
JavaScript の開発環境について...11
基本は Visual Studio Code か？...14

Chapter 2　jQuery　　　　　　　　　　　　　　17

2-1　jQuery の基礎知識..18

jQuery とは？..18
jQuery サイトについて...19
jQuery のバージョンについて...19
jQuery の利用法...20
npm を利用する...22
Bower を利用する...23

2-2　jQuery による DOM 操作......................................25

DOM 操作の基本を用意する..25
jQuery の基本は、$ 関数...27
text と html...29
click イベントとフォームの入力...30
ラジオボタンの選択処理..33
リストと複数項目の選択..35
スタイルを操作する..37
クラスの操作..39

V

2-3　より複雑な操作を行う **42**
　エレメントの作成と追加 **42**
　エレメントで囲む **44**
　Ajax によるデータ受信 **47**
　get によるデータ取得 **48**
　JSON データを受け取る **50**
　視覚効果と show/hide **53**
　アニメーション後の処理 **56**
　fadeIn/fadeOut/fadeToggle、slideUp/slideDown/slideToggle **58**
　これからの学習 **61**

Chapter 3　TypeScript　　　　　　　　　　　　　　　　　　　　　　　　　**63**

3-1　TypeScript の基本 **64**
　JavaScript の問題点とは？ **64**
　TypeScript とは？ **65**
　TypeScript のインストール **66**
　コンパイラの使い方 **67**
　コンパイルされたコード **69**
　Visual Studio Code での利用 **70**

3-2　TypeScript の基本文法 **74**
　値と変数 **74**
　型名を指定しないと？ **76**
　var、let、const **77**
　配列の宣言 **79**
　型のエイリアス **79**
　列挙型（enum）について **80**
　タプル（Tuple）型について **82**
　タプルと配列 **83**

3-3　関数とオブジェクト指向 **84**
　TypeScript の関数定義 **84**
　オプション引数について **86**
　オーバーロードについて **88**
　総称型（Generics）について **89**
　可変長引数について **90**
　アロー関数について **92**
　関数を引数に使う **93**

3-4　クラス型オブジェクト **94**
　class によるクラス定義 **94**
　クラスを作成する **95**
　クラス定義の内容 **96**

アクセス修飾子について..98
プロパティとアクセサ..98
クラスの継承 100
メソッドのオーバーライド..103
クラスプロパティとクラスメソッド................................104
インターフェイスについて..106
これからの学習 110

Chapter 4 Vue.js   113

4-1 Vue.js の基本..114
JavaScript における MVC（MVVM）...............................114
Vue.js とは？...115
Vue.js のインストール...116
Bower の利用...118
ファイルをダウンロードする......................................119
CDN を利用する 120

4-2 Vue.js を利用する 121
HTML ファイルを用意する 121
スクリプトを作成する...122
Vue オブジェクト 123
HTML 側から Vue に値を設定する 124
イベントとメソッドの利用..125
HTML の表示...127
JavaScript 式を使う 129
フィルターを使う...130

4-3 Vue.js を更に使いこなす 132
Computed プロパティ...132
Get/Set の作成...134
スタイルクラスのバインド..137
スタイルの変更 139
条件付き表示「v-if」..141
繰り返す「v-for」...143
ダイナミックにリストを表示する 144
コンポーネントの作成と利用......................................145
props による値の受け渡し..147
テンプレートの利用...148
カスタムディレクティブ...150
この先の学習 153

VII

目 次

Chapter 5 Backbone.js　155

5-1 Backbone.js の基本...................................156
JavaScript と MVC.....................................156
Backbone.js について..................................157
Backbone.js 利用に必要なもの......................159
Backbone.js の利用法.................................160
npm によるインストール..............................161
Bower の利用..162

5-2 Backbone.js の利用...............................164
Backbone.js を使う.....................................164
View オブジェクトの利用..............................165
render メソッドについて..............................166
jQuery を使わないコード..............................167

5-3 View の活用...168
構造化されたコンテンツの操作.......................168
initialize による初期化................................170
イベントの利用（events プロパティ）..............171
新たなエレメントの生成...............................172
テンプレートの利用...................................175
複数 View の連結......................................178

5-4 Model の利用..181
Model と REST...181
XAMPP について.......................................181
データベースを作成する...............................183
PHP プログラムを用意する............................185
Model オブジェクトについて.........................187
Collection オブジェクトについて....................187
データを表示する......................................188
main.js を完成させる..................................189
fetch と listenTo の仕組み...........................191
ID で検索する..191
データを新規追加する.................................193
この先の学習...196

Chapter 6 Angular　197

6-1 Angular の基本......................................198
Angular とは？...198
Angular の特徴...199

Angular の準備 200
npm による Node.js プロジェクトの作成.......................... 201
npm install する 205
Angular CLI を使う 206
Angular のロード 207
CDN の利用 208

6-2 Angular を利用する 211
Web ページを作成してみる 211
my-app コンポーネントの作成 213
コンポーネントの基本ソースコード 214
main.ts の作成 215
main.ts の処理について 217
コンポーネントはどこで認識されるか 217

6-3 コンポーネントを使いこなす 218
外部から値を挿入する.. 218
テンプレートに値を渡す 219
複数のコンポーネントを利用する 220
フォームの利用とモデル.. 221
フォームを作成する.. 222
コンポーネントとモデルの作成 223
main.js を修正する 225
テンプレートファイルを利用する 226
テンプレートファイルの作成 227
チェックボックスとラジオボタンの利用 228
コンポーネントでの <select> の利用................................ 229
テンプレートの修正.. 230
スタイルをバインドする.. 232
クラスを操作する.. 234
コンポーネントを作成する.. 235
この先の学習 237

Chapter 7 React 239

7-1 React の基本.. 240
React とは？.. 240
React を入手する 241
React を利用する 242
CDN を利用する 243
npm を利用する.. 243
Create-React-App の利用 245

7-2 React を利用する 248
　HTML ファイルを用意する 248
　MyComponent の作成 249
　コンポーネント作成の流れを整理する 250
　JSX を使わない方法 252
　props による値の受け渡し 253
　スタイルの設定 254
　Create-React-App によるアプリケーションについて 256

7-3 React を更に理解する 258
　複数コンポーネントを組み合わせる 258
　イベントの利用 260
　入力フィールドと state プロパティ 262
　State 利用の流れを整理する 263
　チェックボックスとラジオボタン 264
　<select> の利用 267
　ダイナミックなリストの生成 269
　map の働き 271
　<ol> によるダイナミックリスト 272
　Virtual DOM にアクセスする 274
　ECMAScript 6 によるコンポーネントクラスの作成 276
　この先の学習 277

Chapter 8 Aurelia
279

8-1 Aurelia の基本 280
　Aurelia とは？ 280
　Aurelia を用意する 281
　プロジェクトの内容 283
　アプリケーションの実行 283

8-2 Aurelia の利用 284
　サンプル Web ページをチェックする 284
　コンポーネントについて 286
　双方向バインディング 287
　イベント処理について 288
　SPA のページ管理（ページ切り替え）................................. 289
　NavBar の作成 291
　app.html の修正 292
　app.ts の修正 293
　ルーティングの設定 295

8-3 Aurelia を使いこなす 296
　チェックボックスとラジオボタン 296

目 次

JavaScript 側の処理を作成する 297
選択リストの利用.. 299
ValueConveter について 301
Number Formatter を作る.. 302
Number Formatter を利用する....................................... 303
日付と時刻の ValueConverter....................................... 304
Date Component の作成.. 305
Date Component を利用する... 306
コンポーネントに属性を追加する 307
属性を持った my-tag の作成... 308
カスタム属性の利用... 310
my-attr 属性を作成する 310
my-attr 属性を利用する 311
カスタム属性に値を設定する 312
コンテンツの利用は？ 314
HttpClient の利用 316
HttpClient 利用のコンポーネント 316
other.html の変更.. 318
この先の学習 319

Chapter 9 パッケージ管理ツール   321

9-1 Node.js と npm 322
npm なんていらない !? 322
Node.js と npm 323
Node.js を用意する 324
npm を利用する.. 327
npm のアップデート.. 327
npm によるインストール... 328
インストールされたフレームワークの利用 330
package.json について.. 330
npm の初期化... 331
パッケージを追加する.. 332

9-2 Bower の利用 333
Bower とは？.. 333
Bower でインストールする 335
bower.json について 336
bower.json の基本形 338
パッケージを bower.json に追加する 339

9-3 webpack.. 340
webpack とモジュールバンドラー..................................... 340
Web ページを用意する.. 342

XI

目 次

webpack.config.js の作成 344
webpack でビルドする 344
style-loader/css-loader をインストールする 345
この先の学習 347

Chapter 10 JavaScript フレームワークの今後　　349

10-1 フレームワークの未来 350
JavaScript フレームワークはまだ「若い」 350
jQuery は盤石？ 351
Vue.js と Backbone.js の今後は？ 352
Angular はデファクトスタンダードとなるか？ 352
React は No.1 決定？ 353
Aurelia の実力は未知数？ 354
TypeScript と AltJS の未来 354

10-2 JavaScript の未来 355
もっとも注目すべきは ECMAScript 6 355
JavaScript 以外の言語は？ 355
asm.js から WebAssembly へ 356
パッケージマネージャとモジュールバンドラー 356
Web コンポーネントの時代は来るか？ 357
開発環境の今後 357
JavaScript は「なんでもあり」 358

さくいん 359
著者紹介 363

Chapter 1

JavaScriptとフレームワーク

JavaScriptのフレームワークというのは、一体どんなものなのでしょう。どうやって使うのでしょうか。まずは、そうしたフレームワークの基礎から説明していきましょう。

JavaScript フレームワーク入門

Chapter 1　JavaScriptとフレームワーク

1-1　フレームワークの基本

JavaScriptとWebの進化

　昨今のITの進化は、すなわち「インターネットの進化」だ、といってもよいでしょう。スマートフォンのアプリやIoT（モノのインターネット）なども、すべてはインターネットというネットワークがここまで発展してきたからこそ可能となったものです。
　この「インターネットの進化」を考えたとき、私たちがもっとも恩恵を受けているのは、「Web」という分野でしょう。

　Webは、インターネットの開始とほぼ同じ頃に誕生しました。が、その当初のWebは、今のWebとはかなり違ったものでした。
　今から20年ほど前のWebがどのようなものだったか覚えているでしょうか。それは、ただ「テキストと静止画がずらっと並んでいて、リンクをクリックして他のページに移動できるだけのもの」でした。Webは、ただ必要な情報（主にテキスト）が表示されるだけのもので、それ以上のものではなかったのです。

　それが今ではどうでしょう。今や、Webでできないことはない、というほどに多くのWebアプリケーション、Webサービスがあふれています。ワープロや表計算などのビジネスソフト、グラフィックの描画やレタッチ、リアルタイムや高度なシミュレーションまで行うゲーム、もちろんTwitterやFacebookなどのSNSやSkypeなどのビデオ電話も。ありとあらゆるものがWebの世界には存在します。とても「絵と文字だけしかなかったWeb」と同じものとは思えないでしょう。

　これだけの大きな進化がなぜ起こったのか。それは、Webの世界の世界にある、たったひとつのプログラミング言語「JavaScript」のおかげなのです。

▎図1-1：世界初のWebサイト（復刻版）。文字とリンクだけしかない。昔のWebサイトはだいたいこんなものだった。

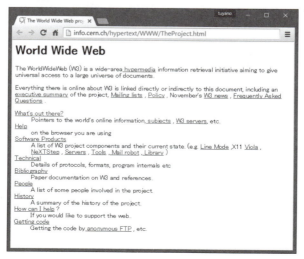

すべてはJavaScriptが実現する！

今日の膨大なWebアプリケーションのすべては、「JavaScript」というシンプルなプログラミング言語で作られています。もちろん、Webに表示されている画面からサーバーに通信するようなものなら、サーバー側で別の言語によるプログラムが動いていますが、Webブラウザの中に表示されて動いているアプリそのものは、すべてJavaScriptだけでできているのです。Webブラウザには、JavaScript以外のプログラミング言語は存在しません。ただこの一つだけしか使えないのです。

世の中には山のような数のプログラミング言語があります。WindowsでもMac OS XでもLinuxでも、そのOSの中で動いているプログラムは、さまざまなプログラミング言語で作られています。が、Webに関しては、ただ一つの言語しかないのです。

▌Web の簡易言語から Web 全体を制御する言語へ

もともとJavaScriptは、Webページの中でちょっとした処理を実行するための簡易言語のようなものでした。入力された値を計算したり、結果を表示したりする、その程度のもの。それが、JavaScriptにいくつかの機能が組み込まれたことで劇的に変化をしていきます。

▼DOM

1つは、「DOM」の採用です。これはData Object Modelの略で、HTMLやXMLなどの要素をプログラミング言語からアクセスできるようにするためのオブジェクトモデルを提供するものでした。このDOMにより、JavaScriptはWebページにある、あらゆる要素にアクセスできるようになりました。

▼Ajax

そしてもう1つは、「Ajax」です。既にご存知でしょうが、AjaxはJavaScriptを使ってサーバーに非同期通信するための仕組みです。これにより、JavaScriptはサーバーと連携して処理を組み立てていくことが可能となりました。

こうした機能が追加され、更に言語として強化されることで、JavaScriptを使ってWebを本格的なアプリケーション開発のプラットフォームへと進化させていった、といえるでしょう。

フレームワークは必要か？

JavaScriptで高度なWebアプリケーションが開発されるようになるにつれて、HTMLとJavaScriptの立場は次第に逆転し始めました。Webはもともと、HTMLでページ全体を記述し、それにJavaScriptのコードが付け足されるような形で作られていました。

が、本格的な開発を行うようになると、すべてをJavaScriptで作成したほうがいいことに開発者たちは気がつきます。そして、HTMLはただの入れ物でしかなく、ページのすべてをJavaScriptが生成し、管理するような方向へと進んでいくことになったのです。

その結果、1つのWebページに膨大な量のJavaScriptのコードが記述されることになりました。もう、「HTMLの中にちょっとJavaScriptのコードが追加してあるだけ」といった、牧歌的な世界ではなくなってきたのです。

ここに至って初めて、プログラマは、JavaScriptに多くのものが足りないことに気がついたのです。各種のライブラリ、そしてさまざまなプログラムの枠組みを実現する**フレームワーク**です。

フレームワークの必要性

HTMLによる表示が中心で、JavaScriptはそれに付け足しをするだけ、というなら、これらは特に必要はないでしょう。が、「JavaScriptでWebを作る」というようになると、有用なライブラリやフレームワークの有無は開発効率を大きく左右するようになります。

「JavaScriptにフレームワークなんて必要なのか？」と思われる人は、おそらく「HTMLでWebページを書いている」のでしょう。一度、「JavaScriptでWebページを書く」ことを試してみて下さい。ごく単純な表示を作るだけでイヤになってくるはずです。が、そうした面倒な記述を効率的に作成できる仕組みさえあれば、JavaScriptプログラマにとって「すべてをスクリプトで扱える」ことが圧倒的に便利だと気がつくでしょう。

すなわち、「フレームワークが必要か？」は、「Web全体をJavaScriptで作成するのか？」に大きく関係してくる、といえます。全てではないにしろ、Webページの多くの部分をJavaScriptで作るようになったら、そろそろライブラリやフレームワークの導入を真剣に考えるべき時が来た、といえるでしょう。

図1-2：HTMLで画面を表示するだけなら特にフレームワークは必要ない。が、JavaScriptを使って画面全体を制御するような場合は、フレームワークがあるととても便利！

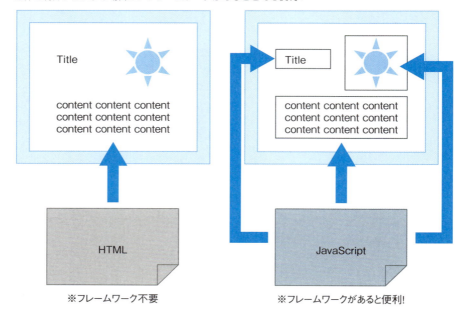

JavaScriptフレームワークの仕組み

　では、JavaScriptのフレームワークがどういうものなのか、考えてみましょう。まず、「ライブラリ」とか「フレームワーク」といったものの違いについてです。

　一般に、ライブラリとフレームワークは性質が異なるものとして考えられています。何が違うかというと、以下のようなことです。

■ライブラリ

　ライブラリは、「機能を付け足すもの」です。さまざまな便利な機能を追加し、プログラマがそれらを利用できるようにします。つまり、用意されるのは機能だけであり、それを具体的にどう使うかはプログラマの手に委ねられています。プログラマが未熟だと、うまく使うこともできません。ただし、機能の羅列ですから、利用したい機能を覚えればそれだけ使うことができます。

■フレームワーク

　フレームワークは、プログラムに「仕組みを付け足すもの」です。もちろん、各種の機能が追加されますが、それらは用意されている仕組みをプログラマが利用する上で必要となってくるものです。仕組みそのものが提供されるので、プログラマは自分で勝手にその中の機能を使うことはできません。

　予め用意されている仕組みに従って作らなければいけません。また仕組み全体を理解しなければいけないため、習得にもかなりの労力がかかるでしょう。ただし、全体を理解して使えるようになれば、プログラムの基本的な骨格をすべてフレームワークが用意してくれるため、開発は遥かに容易になります。

　このように、両者は基本的に異なるものですが、JavaScriptではそれほどはっきりと区別されていない感はあります。JavaScriptは、Webブラウザ内でのみ動作するものであるため、それ以外の環境へのアクセスが制約され、Web内部に最初から用意された機能を利用するためのものしか作成できません。サーバー側の開発では、たとえばデータベースと連携するための仕組みなどがいろいろと考えられていますが、そうしたものはないのです。ですので、フレームワークも「ライブラリ・プラスアルファ」的なイメージで捉えられている感があります。

Column 用語の使い分けについて

　「ライブラリ」と「フレームワーク」は、もちろん上記で説明したように違いはあります。が、これらについて学ぶ上で、両者の定義を明確にして、厳密に区分けする必要性はそれほど高くはないでしょう。細かな用語の使い分けばかり気にしていて肝心の内容の方に頭が向かなくなっては本末転倒です。

　そこで本書では、ライブラリやフレームワークなどJavaScriptを強化するもの全般をまとめて「JavaScriptフレームワーク」と呼ぶことにします。本書で取り上げるものの中には、一般に「ライブラリ」と呼ばれるものも含まれていますが、本書の中では特に「ライブラリ」と「フレームワーク」を使い分けない、ということでご承知下さい。

JavaScriptのフレームワークの種類

　では、JavaScriptにはどのようなフレームワークがあるのでしょうか。用途などから
いくつかに分類整理してみましょう。

JavaScript の基本機能を便利にするライブラリ

　JavaScriptでもっとも多用する操作、そして面倒な操作が「DOMの操作」でしょう。
JavaScript内からHTMLの要素を扱う場合、DOMと呼ばれるオブジェクトを利用します。
このDOMを必要に応じて的確に取り出して操作することが、JavaScriptによるWebペー
ジ操作の基本となります。この面倒な操作を快適に行えるようにするためのライブラリ
は開発に必須といえます。

　また、昨今のWebアプリケーションでは、必要なデータをサーバー側で用意し、随時
Ajax通信を利用してバックグラウンドでデータを取得するようなやり方を多用します。
このAjax通信の機能も、ライブラリによって簡便化することができます。

アプリケーション・フレームワーク

　Webアプリケーション全体を管理するためのフレームワークです。多くのプログラミ
ング言語では、フレームワークといえばこのタイプを指すことが多いでしょう。一般に
こうしたフレームワークでは、「MVC」と呼ばれるアーキテクチャーが使われています。
「Model-View-Controller」の略で、アプリケーション全体を「データを管理する部分」「表
示を扱う部分」「全体を制御する部分」に分けて整理していくやり方です。

　JavaScriptの場合、通称「MVCフレームワーク」と呼ばれるフレームワークは多数あり
ますが、サーバー側の開発言語（PHP、Java、Ruby、C#といったもの）で一般に用いられ
ているMVCフレームワークとはだいぶ構成や考え方などが違っており、まったく同じよ
うなものとは考えないほうがいいでしょう。特に、データ管理の部分は、JavaScriptで
はサーバー側に設置されるデータベースを直接操作できないため、扱いが異なっていま
す。そうした点を含め、「JavaScript特有のMVCフレームワークというのがある」と考え
ておきましょう。

言語拡張

　JavaScriptの世界には、一般に「AltJS」と呼ばれるものがあります。これは「Alternative
JavaScript」の略で、JavaScriptを拡張した新しいプログラミング言語のことです。
　もちろん、Webブラウザでは、JavaScriptしか実行することはできません。では、こ
れらAltJSというものは一体なのか？　というと、JavaScriptを拡張したプログラミング
言語の文法を定義し、それに従って書かれたスクリプトをJavaScriptのコードにコンパ
イルするプログラムなのです。つまり、より効率的にJavaScriptを書けるようにするた
めの仕組みです。

　これらは、ライブラリやフレームワークとは異なるプログラムですが、JavaScriptの
フレームワークを利用する上では重要になります。なぜなら、多くのフレームワークが、
こうしたAltJSを利用して書かれているからです。そこで本書でも、代表的なAltJSにつ
いて取り上げることにします。

1-2 開発環境とJavaScriptフレームワーク

フレームワークの利用法

　フレームワークは、基本的にはJavaScriptのスクリプトファイルの形をしています。が、単にスクリプトファイルが1つあるだけ、といった単純な形をしているものは、それほど多くはありません。もっと多くのファイルから構成されているのが一般的です。

　こうしたフレームワークを利用するには、基本的な使い方を理解しておく必要があります。

フレームワークの配布形態

　フレームワークの配布形態にはいくつかのものがあります。ざっと整理すると以下のようになるでしょう。

▼ダウンロード配布

　フレームワークのファイル一式をダウンロードする方式です。以前は一般的でしたが、最近は次第に少なくなってきつつあります。ファイル構成が比較的単純なフレームワークで用いられることが多いでしょう。

▼パッケージマネージャの利用

　パッケージマネージャとは、ソフトウェアをパッケージという形で管理するツールです。さまざまな言語でこの種のツールが用意されています。JavaScriptの場合、**Node.js**というJavaScriptランタイム環境に付属する「npm」が一般的です。

　このnpmはコマンドプログラムになっており、コマンドを実行してフレームワークをインストールします。

▼CDNの利用

　CDN（Content Delivery Network）は、オンラインでコンテンツを配信するサービスです。専用サーバーにファイルがアップロードされており、そこからロードしてコンテンツを利用します。比較的ファイルの構成がシンプルなフレームワークでは、CDNで配信をしているものも多数あります。

　——これらが利用できるかどうかは、フレームワークによって異なります。すべてに対応しているものもあれば、特定のものしか用意されていないこともあります。が、どれもそれほど複雑な作業は必要ないので、必要に応じてどのやり方も使えるようにしておきましょう。

　なお本書では、取り上げるそれぞれのフレームワークごとに利用の仕方を説明してありますので、この部分の説明を読まなくとも利用することはできるでしょう。ここでの説明は、フレームワークに関する一般的な使い方の説明と考えて下さい。

ダウンロード配布の利用

もっとも一般的なのは、「ファイルをダウンロードして入手する」という方法でしょう。フレームワークのWebサイトにアクセスし、そこに用意されているダウンロードのページやボタンなどからファイルをダウンロードします。

スクリプトファイルのみの場合

jQueryなどのように、1つのスクリプトファイルだけで完結しているものは、ダウンロードのボタンを押すとスクリプトファイルを直接開き、画面にずらりとスクリプトが表示される、といったものがよくあります。

この種のものは、自分でファイルを保存して使います。スクリプトが画面に表示されたら、＜名前をつけて保存...＞メニューを選び、そのままファイルを「○○.js」といった名前で保存します。

後は、そのファイルをWebアプリケーションのフォルダにコピーし、HTML内から<script>タグでロードして使うだけです。基本的には、普通のスクリプトファイルを利用するのと違いはありません。

図1-3：このようにスクリプトがずらっと表示されるものは、そのまま表示されたスクリプトを保存して利用すればOK。

Zipファイルの場合

ファイル構成がスクリプトファイル単体ではなく、複数のファイルから構成されている場合は、Zipファイル（あるいは、tar.gzファイルなどの圧縮ファイル）として配布するのが一般的です。ダウンロードのリンクやボタンをクリックすると、Zipファイルなどの圧縮ファイルがダウンロードされます。

こうしたものは、ダウンロードしたファイルを展開し、保存されたフォルダからフレームワークのフォルダをまるごとWebアプリケーションにコピーして利用します。この種のものは、フレームワーク本体の他にRead meやライセンスに関するファイルなどが含まれていることもあります。こうしたファイルは、利用の際には必要ありません。

パッケージマネージャについて

　最近、急増してきているのが、パッケージマネージャを利用した配布です。これは、特に多数のファイルから構成されているフレームワークで多用されています。

　パッケージマネージャには、さまざまなものが登場しています。JavaScriptでもっとも広く利用されているのは、Node.jsに組み込まれているnpmでしょう。またクライアントサイドのパッケージマネージャとしては「Bower」がよく用いられています。

　これらのパッケージマネージャは、ソフトウェアによって使い方は異なりますので、具体的な利用の方法は使うパッケージマネージャの説明を参照して下さい。

> **Note**
>
> 　本書では、**Chapter 9「パッケージ管理ツール」**にて、npmとBowerの基本的な使い方を説明しています。

CDNという選択

　これらは、基本的にすべて「フレームワークのソフトウェアを自分のWebアプリケーションの中に組み込んで使う」ものでした。が、これとは別に、「何も組み込まず、必要なものをネットワーク経由でロードして使う」というやり方もあります。それが、CDNを利用するものです。

　CDNは、JavaScriptのスクリプトを配信します。<script>タグに、CDNのサイトで公開されているスクリプトのアドレスを指定することで、簡単にそのスクリプトを利用できるようになります。CDN利用といっても、自分のWebサイトにアップロードしているスクリプトファイルを<script>タグでロードするのと基本的には違いはありません。ただ、リンク先が自サイトでなくCDNのサーバーになっているだけです。

CDN と通常の Web サーバーの違い

　では、CDNを利用するメリットは何でしょうか。もちろん、自分でフレームワークのファイル類を用意しなくていいので、面倒なインストールなども不要ですし、Webサイトのサイズも小さくて済みます。

　が、それ以上に大きな理由は、「ロードの高速化」にあります。CDNのサーバーは、単なるWebサーバーとは違います。CDNは世界各地にサーバーを用意しており、アクセスするクライアントの場所に応じて最適なサーバーからダウンロードをします。

　また、サーバー自身が多数用意されていますから、簡単にサーバーがダウンしたりすることもありません。通常のWebサーバー等よりはるかに安心といえるでしょう。

CDN の欠点とは？

　では、CDNを利用する欠点は何でしょうか？　それは「利用できる機能に制限がある」という点でしょう。当たり前ですが、CDNでサポートしていないフレームワークは利用できません。また、昨今のフレームワークは巨大化しているため、最近では**モジュールバンドラー**と呼ばれるプログラムを使ってスクリプトを統合し、利用するようなことも行われていますが、こうした仕組みにも対応できません。

> **Note**
> モジュールバンドラーについては、**Chapter 9「9-3　webpack」**で説明しています。

主なCDNサービス

　CDNを利用する場合は、「どんなCDNサービスがあるか」を知らなければいけません。CDNサービス自体は多数ありますが、もっともよく利用されているのは以下の2つでしょう。

▼npmcdn

　https://npmcdn.com/

■図1-4：npmcdnのサイト。

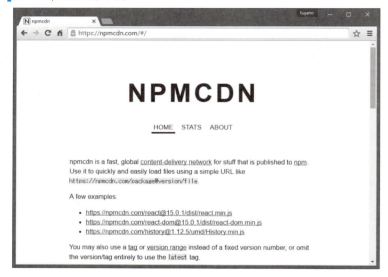

　パッケージマネージャ「npm」に用意されているパッケージを公開しているCDNです。npmでインストールされるフレームワークについてはほぼすべて公開されています。パッケージ名のディレクトリを指定するだけでそのメインスクリプトをロードできます。
　たとえば、jQueryを利用したければ、**<script src="https://npmcdn.com/jquery/">**とするだけで最新の安定版がロードされます。

▼cdnjs.com

　https://cdnjs.com/

図1-5：cdnjs.comのサイト。

　JavaScriptだけでなく、CSS、SWF（Flashのフォーマット）、イメージファイルなどあらゆるものを配信するCDNです。サイトには検索機能があり、その場で検索してURLを調べられるので、使いたいフレームワークが対応しているかどうかすぐにわかります。

　――この他、フレームワークの開発元で独自にCDNを提供していることなどもあります。たとえば、jQueryは、jQuery関連のソフトウェアすべてを**https://code.jquery.com/**という独自のCDNサイトにて公開しています。

　こうした独自CDNサイトは、更新が早いのが強みです。一般のCDNサイトは、ソフトウェアがアップデートしても、更新されるのにしばらくかかることがありますが、自身でCDNを用意しているところではほとんどタイムラグなく最新版を使うことができるようになります。

JavaScriptの開発環境について

　では、JavaScriptフレームワークを利用して開発を行う場合、開発環境ではどのように扱えばよいのでしょうか。

　そもそも、Webサイトの作成を行っている人のどれぐらいの割合が、開発環境を利用しているでしょうか。おそらく半数以上が「テキストエディタで直接スクリプトを編集している」のではないでしょうか。そのような場合は、特に設定などは必要ないでしょう。ただ、Webサイトのフォルダにコピーして、後はそのままスクリプトを編集するだけです。

　開発環境を利用する場合は、使っている開発環境によって操作が異なります。主なものについてのみ簡単にまとめておきましょう。

Eclipse での利用

　Eclipseは、Javaを中心に、特にサーバーサイドの開発において用いられています。JavaScriptの場合、「静的Webプロジェクト」としてプロジェクトを作成しているのが一般的でしょう。この場合、フレームワークのファイルやフォルダを「WebContent」内にコピーして利用するのが一般的です。

　プロジェクト・エクスプローラーなどから「WebContent」フォルダを選択し、＜ファイル＞メニュー内の＜インポート...＞メニューを選びます。そして現れたダイアログで、「ファイル・システム」を選択します。

図1-6：＜インポート...＞メニューで現れるダイアログで、「ファイル・システム」を選ぶ。

　続いて、「次のディレクトリーから」にフレームワークのプログラムが格納されているフォルダを選択します。場合によっては、その中から必要なファイルだけをチェックし、完了します。これで指定のフォルダにあるファイルを「WebContent」内にコピーします。

　注意したいのは、このままだと、選択したフォルダの中身が「WebContent」内に直接コピーされる、という点です。多数のファイルがある場合は、あらかじめ保管するフォルダなどを用意して、その中にインポートすると良いでしょう。

▌**図1-7**：インポートするフォルダを選択し、その中身をすべてインポートする。

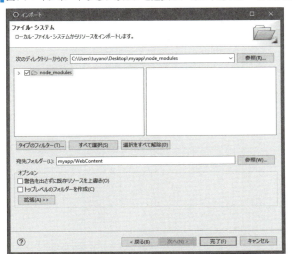

Visual Studio での利用

　Visual Studioを利用し、「ASP .NET Webアプリケーション」のプロジェクトとしてWeb開発を行っている 場合、JavaScriptのスクリプトファイルは、「Scripts」フォルダの中にまとめられています。この「Scrips」フォルダを選択し、＜プロジェクト＞メニュー内の＜既存の項目の追加...＞メニューを選んで、現れたダイアログからフレームワーク関連のファイルを選択します。ダイアログでは複数の項目を選択することもできます。

　あるいは、フォルダを直接、ソリューションエクスプローラーの「Scripts」フォルダにドラッグ＆ドロップしてもコピーすることができます。複数のファイルやフォルダから構成されているフレームワークを利用する場合は、こちらのほうが簡単でしょう。

▌**図1-8**：＜既存の項目の追加...＞メニューでファイルをインポートできる。

Visual Studio Codeの利用

Webサイトの開発では、本格的なプログラミング言語の利用などはあまりされません。またサーバーサイドの開発なども必要ないことも多いでしょう。そうした「フロントエンドのみの開発」では、Visual Studioのような開発環境よりも、ソースコードの編集に特化した**Visual Studio Code**を利用する人が増えてきているように思えます。特に、Visual Studio Codeでは、**TypeScript**などのAltJS言語にも標準で対応しているため、今後、Web開発にこのツールを利用する人は更に増えてくることでしょう。

Visual Studio Codeの場合、ファイルのインストールなどの作業は必要ありません。＜ファイル＞メニューの＜フォルダを開く...＞メニューを選び、Webアプリケーションのフォルダを選べば、そのフォルダ内のファイルが階層的に表示され編集できるようになります。

ですから、あらかじめWebアプリケーションのフォルダにフレームワーク関係のファイル類をコピーしておけば、何の作業も必要なく、普通に利用できるようになります。

図1-9：Visual Studio Code。フォルダを開くと、その中のファイルを階層的に表示し、編集できるようになる。

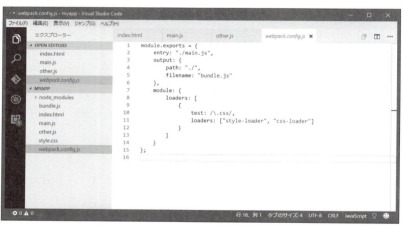

基本はVisual Studio Codeか？

本格的な開発環境は多数ありますが、その多くはプログラミング言語の開発をターゲットとして作られています。Webサイトの開発を重視して作られているメジャーな無料開発ツールとしては、おそらく「Visual Studio Code」が現時点で抜きん出ているように思えます。

EclipseやVisual Studioといったメジャーな統合開発環境は、あまりに大げさで小回りがききません。Web開発では、やたらと多機能であるよりも、HTMLやスタイルシート、JavaScriptといった限られたものを快適に編集できたほうがはるかに便利です。現時点で、こうした需要に合ったものとしては、Visual Studio Codeぐらいしかないでしょう。

現時点で、特に開発ツールを使っておらず、「テキストエディタではさすがに面倒」と

思い始めた人は、一度このツールを利用してみるとよいでしょう。Visual Studio Codeは、以下のサイトからダウンロードできます。

https://www.visualstudio.com/ja-jp/products/code-vs.aspx

図1-10：Visual Studio Codeのサイト。ここからダウンロードできる。

Chapter 1 JavaScript とフレームワーク

Column まだまだあるJavaScriptフレームワーク① Knockout.js

本書では多くのフレームワークについて説明をしていますが、これらが全てではありません。世の中には、まだまだ多くのフレームワークがあります。それらについても、ここで紹介しておきましょう。まずは、「Knockout.js」です。

Knockout.jsは、MVVMフレームワークの一つです。これは2010年に公開されており、JavaScriptフレームワークの中ではかなりな「古株」になります。

Knockout.jsは非常に小型軽量にできており、わずか十数KBのスクリプトファイルが1つあれば動作します。すべてにおいて巨大化しつつあるJavaScriptフレームワークの世界で、このミニマムなサイズは特筆に値します。

Knockout.jsは、タグに用意された「data-bind」という属性に必要な情報を用意しておくことで、それを元に独自の表示をレンダリングします。たとえば、ビューで扱うデータを管理するオブジェクトとして、以下のようなビューモデルを用意しておきます。

```
var mymodel = {
  mydata: 'Hello!'
}
```

これを利用するビューとして、HTML側に以下のような形でタグを用意しておくとしましょう。

```
<div data-bind="text: mydata"></div>
```

これで、この<div>タグのtextにmydataという値が設定されます。後は、Knockout.jsを使い、以下のような形でビューモデルをバインディングしてやります。

```
ko.applyBindings(mymodel);
```

これで、先ほどの<div>タグは、以下のような表示に変換されます。

```
<div>Hello!</div>
```

data-bindに用意された情報が、ビューモデルの値を使って変換されていることがわかるでしょう。このように、非常に簡単なやりかたで、ビューに表示されるさまざまな情報をJavaScriptのオブジェクトから操作できるようになります。

▼Knockout.js
http://knockoutjs.com/

Chapter **2**

jQuery

jQueryは、JavaScriptのデファクトスタンダードといってもよいプログラムです。その他のフレームワークでも多く利用されています。各種フレームワークを学ぶ前に、その基礎部分としてマスターしておきましょう。

JavaScript フレームワーク入門

Chapter 2 　 jQuery

2-1 jQueryの基礎知識

jQueryとは？

　jQuery(ジェークエリ)は、JavaScriptの数あるライブラリ・フレームワークの中でもっとも広く使われているソフトウェアでしょう。多くのJavaScriptプログラムで使われており、開発の世界では、「JavaScriptの標準ライブラリ」といえるほどに普及しています。

　JavaScriptでライブラリやフレームワークなどの利用を考え始めたなら、まず何よりも先に検討すべきものが、このjQueryだといえます。

jQuery の役割

　jQueryがどのような役割を果たすものか、一言で表すならば、「JavaScriptの簡便化」でしょう。jQueryは、「JavaScriptのコードをいかに簡略に表せるようにできるか」を考えて設計されました。jQueryを導入することで、JavaScriptのコードは非常にシンプルなものに変わります。

　これは、逆に「何ら新しい機能を提供するものではない」といってもよいでしょう。もちろん、実際にはいろいろと便利な機能が用意されているのですが、それらはjQueryがなくともJavaScriptで実現できるものです。ただ、jQueryを導入することで、非常にすっきりと簡単に書けるようになる、ということなのです。

　jQueryによって簡略化されるものはいろいろとありますが、大きく分けると以下のものになるでしょう。

▼DOM操作

　JavaScriptのコーディングでもっとも頻繁に使われるのは、DOMを取得してプロパティを操作する処理でしょう。必要に応じて適切なDOMを取得するにはけっこう面倒な文を書かないといけません。jQueryは、それを非常にシンプルに行えます。

▼視覚効果

　表示を切り替えるような際に、グラフィックなどをフェードイン・フェードアウトしたりロールアップしたりするような処理は、JavaScriptで全て書くのはかなり大変です。jQueryは簡単な文でそれらを実装できます。

▼Ajax通信

　サーバー側とやり取りを行う際に用いられるAjax通信は、非同期で行われるため、非常に面倒なコードを書かないといけません。jQueryはこのAjaxの処理を単純化します。

　これらは、JavaScriptのコードを書く上で多用される、もっとも基本的な処理でしょう。こうした基本部分を快適に記述できるようにすること。それがjQueryの目的です。

jQueryサイトについて

jQueryは、**http://jquery.com/**にて公開されています。ここで最新ファイルの配布やAPIの説明などの情報を得ることができます。

なお、jQueryは現在、jQueryの本体だけでなく、GUIのライブラリであるjQuery UIや、モバイル向けのjQuery Mobileといった多数のライブラリ群として構成されています。このサイトで公開されているのは、コアであるjQueryの情報のみとなります。それ以外のものはそれぞれ別サイトで公開されています。

本書では、コアであるjQuery本体についてのみ取り上げることにします。

■**図2-1**：jQueryのサイト。ここで最新情報を得ることができる。

jQueryのバージョンについて

jQueryは、開発当初から現在までの間に3つのメジャーバージョンをリリースしています。これは以下のようになります。

1.x	jQueryの初期バージョンです。これは、jQueryの中で最も長期間リリースされ続けました。2006年に1.0がリリースされ、2016年までメンテナンスされ続けます。
2.x	2013年にリリースされました。基本的には、その前に出ていた1.xの最終バージョンである1.9とほぼ互換性を保っており、メジャーバージョンというよりは、1.9のバージョンアップをそのまま順当に続けてきたもの、といえます。
3.x	2016年にリリースされた最新バージョンです。

現在、特にバージョンの指定なくjQueryを利用しようとしたなら、最新の3.xの最新バージョン(本書執筆時では3.0.0)を利用することになるでしょう。本書でも、3.0ベースで説明を行います。ただし、既に開発しているプロジェクトなどでは、それ以前の2.xや、場合によっては1.xを利用しているケースも多いことでしょう。

jQueryは1.xの期間が非常に長かったため、古くからあるWebをアップデートしているようなケースでは、今でも1.xをそのまま使っていることも多々あります。こうした場合は、最新バージョンの機能の一部が使えないケースもあることを頭に入れておく必要があるでしょう。

jQueryの利用法

jQueryを利用するには、いくつかの方法があります。それぞれの方法ごとに簡単に整理しましょう。

ファイルをダウンロードする

もっともわかりやすい使い方は、ファイルをダウンロードし、手作業で自分のプロジェクトにコピーして使う、というやり方でしょう。jQueryは、以下のアドレスにて配布されています。

http://jquery.com/download/

図2-2：jQueryのダウンロードページ。ここからファイルをダウンロードする。

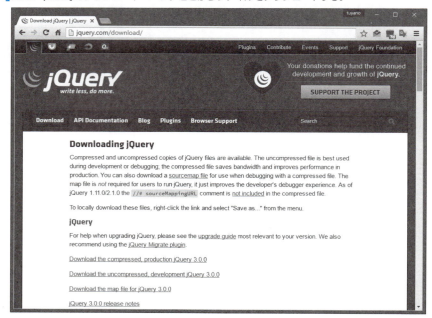

このページにある「Downloading jQuery」というところに、「Download the compressed,

2-1 jQuery の基礎知識

production jQuery 3.x」というリンクがあります。これが、圧縮版のjQueryになります。jQueryは、圧縮版と非圧縮版が用意されています。公開されるWebサイトで利用する場合は、よりコンパクトなファイルサイズにまとまっている圧縮版を利用するのが一般的です。

ダウンロードされるのは、「jquery-3.x.x-min.js」といったスクリプトファイルです。これがjQueryの本体です。jQueryは、必要となるファイルは本体のスクリプトファイルのみです。それ以外に、スタイルシートやイメージなどのファイルは一切必要ありません。

このダウンロードされたファイル (jquery-3.x.x-min.js)を、開発しているプロジェクトのWebアプリケーション内に配置し、利用します。jQueryは、1つのJavaScriptファイルのみで構成されていますから、このファイルを設置し、**<script>**タグでロードすれば、そのままjQueryを利用できるようになります。

CDN を利用する

jQueryは、CDN (Content Delivery Network)で配信されています。このCDNを利用することで、もっと簡単にjQueryを利用することができるようになります。

jQueryを配信しているCDNはいくつかありますが、ここでは本家である**jQuery CDN**を利用する方法を紹介しておきましょう。

CDNは、オンラインでコンテンツを配信するサービスです。jQueryはJavaScriptファイル1つだけで完結していますから、本体のファイルをCDNのサイトからダウンロードするだけで動くようになります。jQueryを利用したいWebページのHTMLファイル内に、以下のようにタグを追記して下さい。

リスト2-1

```
<script src="https://code.jquery.com/jquery-3.0.0.min.js"></script>
```

これは、3.0.0圧縮版を利用する場合のタグになります。これで**code.jquery.com**サイトにアップロードされているjquery-3.0.0.min.jsがロードされ、Webページ内で利用できるようになります。

Google Hosted Libraries を利用する

もう1つ、CDNの代表的なものとして、**Google Hosted Libraries**も紹介しておきましょう。これはGoogleが提供するCDNで、JavaScriptの代表的なライブラリやフレームワークを配信しています。

jQueryの場合は、以下のようなタグをHTMLファイル内に記述します。

リスト2-2

```
<script src="https://ajax.googleapis.com/ajax/libs/jquery/3.0.0/ ↵
  jquery.min.js"></script>
```

これは、3.0.0圧縮版を利用する場合の例です。jQuery CDNとはディレクトリやファイル名の構成が微妙に異なっているので注意しましょう。Google Hosted Librariesの場合、jQueryのファイル名は常に**jquery.min.js**となります。バージョンは、ディレクトリの違いで設定されます。

21

npmを利用する

　Node.jsでサーバーサイドJavaScriptを利用した開発を行っている場合、プロジェクト内にjQueryをnpm経由でインストールして利用することもできます。コマンドプロンプトあるいはターミナルを起動し、cdコマンドでNode.jsプロジェクト内に移動します。そして、以下のようにコマンドを実行して下さい。

リスト2-3
```
npm install jquery
```

図2-3：npm install jqueryでインストールする。

　これで、jQueryをインストールできます。インストールしたフォルダ内には「node_modules」フォルダが作成され、Node.jsのモジュールとして「jquery」フォルダにプログラムがインストールされます。

> **Note**
> npmおよびこの後のBowerについては、**Chapter 9「パッケージ管理ツール」**を参照して下さい。

　インストールされた「node_modules」内には「jquery」フォルダがあり、この中にある「dist」フォルダの中にjQuery関連のファイルがまとめられています。Webページから利用する際には、このフォルダ内のファイルをロードする<script>タグをHTML内に用意します。

package.jsonの記述

　npmでは、利用するパッケージ情報を**package.json**に記述することで、必要なライブラリ類を自動インストールすることができます。これには、「package.json」というJSON型式のコードを記述して設定をします。

　npm installでjQueryをインストールすると、「jquery」フォルダの中にpackage.jsonファイルが作成されているのがわかるでしょう。これが、npmによるインストールの情報を記述したものです。このpackage.jsonファイルを用意していれば、npmで必要なソフトウェア類をすべてまとめてインストールできます。

　自分でjQuery利用のNode.jsプロジェクトを作成したい場合は、あらかじめpackage.jsonを用意しておくことで必要ソフトウェアを一式インストールできます。プロジェク

トのフォルダ内に「package.json」ファイルを用意し、以下のように記述して下さい。

リスト2-4

```
{
  "name": "jquery",
  "title": "jQuery",
  "description": "JavaScript library for DOM operations",
  "version": "3.0.0",
  "main": "jquery.js",
  "homepage": "https://jquery.com",
  "License": "MIT",
  "repository": {
    "type": "git",
    "url": "git+https://github.com/jquery/jquery.git"
  },
  "dependencies": {
    "jquery"    : "3.0.0"
  },
  "readme": "ERROR: No README data found!"
}
```

図2-4：package.jsonがあれば、「npm install」でjQueryがインストールされる。

　コマンドプロンプト・ターミナルからファイルを置いたフォルダに移動し、「npm install」を実行してみましょう。自動的にjQueryおよび必要ソフトウェア類がすべて「node_modules」フォルダ内にインストールされます。この中の「jquery」フォルダ内にある「dist」フォルダの中にjQueryのスクリプトファイルが保存されますので、<script>タグでこのファイルをロードし、利用して下さい。

Bowerを利用する

　クライアントサイドのJavaScriptパッケージ管理ツールである「Bower」を利用してjQueryをインストールすることもできます。これも利用の仕方はnpmとほぼ同じです。
　コマンドプロンプトあるいはターミナルを起動し、cdコマンドでNode.jsプロジェクト内に移動します。そして、以下のようにコマンドを実行して下さい。

```
bower install jquery
```

図2-5：「bower install jquery」を実行してjQueryをインストールする。

インストールされたディレクトリには、「bower_components」フォルダが作成され、その中に「jquery」フォルダとしてjQuery関連のファイルが保存されます。実際のjQueryのファイル類は、その中の「dist」フォルダの中にまとめられています。基本的なフォルダ構成はnpmとほぼ同じですからそう迷うことはないでしょう。

bower.json の記述

Bowerも、npmと同様に設定ファイルを読み込んで、必要なソフトウェアをインストールすることができます。これは「bower.json」というファイルです。

開発中のWebアプリケーションのフォルダ内にbower.jsonファイルを作成し、そこに以下のように記述をして下さい。

リスト2-5

```
{
  "name": "jquery",
  "main": "jquery.js",
  "license": "MIT",
  "ignore": [
    "package.json"
  ],
  "dependencies": {
    "jquery"    : "3.0.0"
  }
}
```

コマンドプロンプトまたはターミナルを起動し、cdコマンドでbower.jsonを配置したフォルダに移動します。そして、「bower install」を実行してみて下さい。必要なソフトウェア類が「bower_components」フォルダ内にインストールされます。

図2-6：bower.jsonファイルを用意することで、「bower install」で必要なソフトウェアをインストールできる。

2-2 jQueryによるDOM操作

DOM操作の基本を用意する

では、jQueryをどのように利用するのか、簡単なサンプルを作成しながら説明をしていきましょう。まずは、ごく単純なWebページを用意することにします。

リスト2-6——index.html

```html
<!DOCTYPE html>
<html>
<head>
  <meta charset="utf-8" />
    <script src="https://code.jquery.com/jquery-3.0.0.min.js">
      </script>
    <script src="main.js"></script>
    <link rel="stylesheet" href="style.css"></link>
</head>
<body>
   <h1>jQuery page</h1>
   <p id="msg">wait...</p>
</body>
</html>
```

リスト2-7——style.css

```css
body {
  padding: 10pt;
  font-size: 18pt;
  color: #999;
}

h1 {
  color: #999;
  font-size: 28pt;
}
```

■図2-7：サンプルとして用意したWebページ。「wait...」とテキストが表示されている。

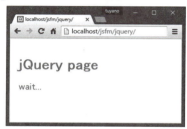

　ごく単純なWebページのリストを挙げておきます。このindex.htmlでは、スタイルシートとJavaScriptのスクリプトとして、「style.css」「main.js」といったファイルを読み込むようにしてあります。何もスクリプトがなければ、Webページにはタイトル下に「wait...」というテキストが表示されます。

main.js の作成

　では、「main.js」というファイルを作成し、簡単なスクリプトを用意してみましょう。以下のように記述をして下さい。

リスト2-8——main.js

```javascript
window.onload = function(){
  document.querySelector('#msg').textContent =
    'これは、jQueryなしの表示です。';
}
```

■**図2-8**：「wait...」のテキストが変更されているのがわかる。

これでWebページ（index.html）にアクセスすると、「wait...」のテキストが「これは、jQueryなしの表示です。」と変わります。

ここでは、**onload**イベントを使い、ページがロードされたら**id="msg"**のタグのテキスト（**textContent**）を変更する処理をしています。JavaScriptのDOM操作の基本ともいえるものですので、説明は特に不要でしょう。

jQuery利用に書き換える

では、このmain.jsを、jQuery利用の形に書き換えてみましょう。すると以下のようなものになるでしょう。

リスト2-9

```
$(function() {
    $('#msg').text('これは、jQueryで表示したテキストです。');
});
```

■**図2-9**：アクセスすると、テキストが変更される。

jQueryの基本は、$関数

ここでは、いくつかのjQueryの機能が用いられています。jQueryの基本は、「jQueryオブジェクト」です。このオブジェクトの中に、各種の機能がまとめられています。jQueryを利用する際には、まずjQueryオブジェクトを取得し、そこにあるメソッドなどを呼び出します。

Chapter 2   jQuery

これは、以下のような関数を使って取得します。

```
var 変数 = jQuery( セレクタ );
var 変数 = $( セレクタ );
```

2つ挙げましたが、これはどちらも同じものです。「jQuery」というのが、jQueryオブジェクトを得るための関数なのですが、これをいちいち書くのは面倒なので、「$」という関数も用意してあるのです。この**$関数**は「ショートハンド」といって、jQuery関数を1文字で表せるため、jQueryといえば、この$関数を使うのが基本となっています。

引数には、「セレクタ」と呼ばれる値が指定されます。これは、**jQueryオブジェクトとして取り出すHTMLの要素**を指定するための値です。このセレクタは、いろいろな記述の仕方が可能ですが、とりあえずは「スタイルシートのセレクタの記述」がそのまま使える、ということだけ頭に入れておきましょう。ここでは、**'#msg'**としていますが、これでid="msg"の要素を指定することができます。スタイルシートのセレクタそのままですね。

$(function(){}) について

この$関数は、サンプルでは2箇所使われています。1つは、スクリプトそのものを記述している、以下のような構造の中での利用です。

```
$(function(){
          ……処理……
});
```

これは、整理して考えるなら、以下のような形で書かれていることになるでしょう。

```
$( 関数 );
```

このように、**引数に関数を指定**した場合、$関数は、通常とは別の意味合いのショートハンドとして機能します。それは、

```
jQuery(document).ready(…関数…);
```

このようなものです。documentオブジェクトを引数に指定することで、ドキュメント全体を扱うjQueryオブジェクトが取得されます。その「ready」メソッドは、ドキュメントの準備が完了した際に呼び出されるメソッドです。

つまり、**$(function(){……});**という形で処理を記述することで、ドキュメントが完全に利用可能になったら処理を実行させることができる、というわけです。通常の処理でいえば、**window.onload**の処理に相当するもの、と考えてよいでしょう。

$ で DOM を取得

この中で実行しているのは、$関数でjQueryオブジェクトを取得し、その中の「text」というメソッドを呼び出す、というものです。

28

$('#msg') は、**id="msg"のDOMを扱うためのjQueryオブジェクト** を取得します。よく勘違いしがちですが、$('#msg')というのは、id="msg"のDOMを取得するもの、ではありません。取得するのは、あくまでjQueryオブジェクトです。jQueryオブジェクトで、操作対象にHTMLの要素が指定されている、ということなのです。

textとhtml

JavaScriptでDOM操作を行う場合、そのHTML要素に組み込まれているテキストなどを操作することが非常に多いでしょう。**<p>** タグや **<div>** タグの表示テキストを取り出したり変更したりする操作ですね。

こうした「HTML要素に組み込まれているコンテンツ」を扱うメソッドには、2つのものが用意されています。

▼テキストとしてコンテンツを扱うためのもの

```
《jQuery》.text( 値 );
var 変数 = 《jQuery》.text();
```

▼HTMLコードとしてコンテンツを扱うためのもの

```
《jQuery》.html( 値 );
var 変数 = 《jQuery》.html();
```

text は、指定された要素のテキストを扱うための関数です。先ほどのサンプルで使いましたね。このメソッドは、1つで値の取得と変更の両方が行える、非常にユニークなものです。引数なしだと、テキストを取得して返します。そして引数に値を指定すると、その値をテキストとして設定します。

html は、指定された要素のコンテンツをHTMLのコードとして扱うための関数です。これは、HTMLのコードを設定するのに用います。

たとえば、"<p>Hello</p>"といったテキストを設定したとしましょう。textを利用すると、「<p>Hello</p>」というテキストが表示されます。<p>タグもそのままテキストとして表示されるのです。

これに対し、htmlを使うと、「Hello」という<p>タグが挿入されます。つまり、設定したテキストがHTMLのコードとしてちゃんと機能するのです。

html の利用例

このhtmlメソッドは、実際に使ってみるとその威力がよくわかるでしょう。先ほどのmain.jsを以下のように書き換えて表示を確認してみましょう。

```
リスト2-10
$(function() {
  $('#msg').html('これは、<a href="http://google.com">リンク</a>
    のサンプルです。');
});
```

図2-10：htmlメソッドを使うと、HTMLのコードをそのまま組み込める。

　このようにすると、<a>タグを使ったリンクのあるテキストが表示されます。htmlメソッドを使い、<a>タグを含むテキストを設定したためです。一般的なJavaScriptでいえば、「innerHTML」に値を設定するのと同じ働きをする、と考えてよいでしょう。

clickイベントとフォームの入力

　HTML要素のテキスト設定がわかったところで、続いて「フォームの処理」について考えてみましょう。Webサイトでは、「フォームに何かを書いて送信する」といった処理をよく行います。通常は、サーバー側にプログラムがあり、これにフォームを送信することで、サーバー側で必要な処理を行います。

　が、JavaScriptはWebブラウザの中で処理を実行できますから、サーバーを介さず、クライアント側（Webブラウザ）だけでフォームの処理を行うこともできます。
　これには、理解しないといけないことが2つあります。整理しましょう。

　①フォームを送信せず、ボタンをクリックしたらその場でJavaScriptの処理を実行する方法。これは、送信ボタンの「click」イベントの使い方がわかればいいでしょう。
　②フォームに入力された値を取り出す方法。

　これらがわかれば、JavaScriptで（jQueryを用いて）フォームの処理を行わせることは比較的簡単です。

フォームを用意する

　では、jQueryでフォームを利用してみましょう。まずはフォームを用意します。index.htmlを開き、<body>部分を以下のように修正します。

リスト2-11

```
<body>
  <h1>jQuery page</h1>
  <p id="msg">input text...</p>
  <div>
    <input type="text" id="text1" />
    <button id="btn1">Click</button>
  </div>
</body>
```

　これで入力フィールドとボタンの表示されるWebページが用意できました。後は、これにスクリプトを割り当てるだけです。main.jsを以下のように書き換えて下さい。

リスト2-12

```
$(function() {
  $('#btn1').click(function(){
    var str = $('#text1').val();
    $('#msg').text('you typed: ' + str + '.');
  });
});
```

　これで完成です。Webページにアクセスし、入力フィールドにテキストを書いてボタンをクリックしてみましょう。「you typed: ○○」といった形で、入力したテキストが表示されます。

図2-11：テキストを書いてボタンを押すと、Messageが表示される。

click メソッドによるイベントバインド

　今回のサンプルを見て誰でもすぐに気がつくのは、「<button>タグに、イベント用のonclick属性が用意されていない」という点でしょう。通常、ボタンなどをクリックして処理を実行させるには、onclickに実行する処理（関数など）を設定しておくやり方をします。
　が、ここでは、そうしたイベントの設定はHTML側には用意していません。すべてJavaScript側で用意しています。それを行っているのが以下の部分です。

```
$('#btn1').click(function(){……});
```

「click」メソッドは、jQueryオブジェクトに設定されたHTML要素にclickイベントの処理を設定します。引数には、実行する関数を指定します。ここでは、以下のような関数が指定されています。

```
function(){
    var str = $('#text1').val();
    $('#msg').text('you typed: ' + str + '.');
}
```

入力された値を扱う「val」メソッド

ここでは、まず**id="text1"**の入力フィールドに記入されたテキストを変数に取り出しています。これは、**$('#text1').val();**という形で行っていますね。「val」は、フォームのコントロールに設定された値を扱うためのメソッドです。これもtextやhtmlなどと同様、引数なしだと値を取り出し、引数に値を指定するとその値に変更されます。

▼valメソッドの基本

```
《jQuery》.val( 値 );
var 変数 = 《jQuery》.val();
```

このようにして値を操作します。サンプルでは、val()で取り出したテキストを元にid="msg"のHTML要素にtextメソッドでテキストを設定していたのです。

jQuery を使わないと？

では、作成したスクリプトを、jQueryなしで書いたらどうなるか見てみましょう。だいたい、こんな処理になるでしょう。

リスト2-13

```
window.onload = function(){
    document.querySelector('#btn1').addEventListener('click', ↵
        function(){
        var str = document.querySelector('#text1').value;
        document.querySelector('#msg').textContent = ↵
            'you typed: ' + str + '.'
    });
}
```

jQuery利用の場合と同じく、スクリプト内からclickイベントを設定する形で書いてあります。querySelectorでid="btn1"のDOMを取得し、「addEventListener」メソッドでイベントのバインドを行っています。そして割り当てるメソッド内で、id="text1"のvalueを取り出し、id="msg"のtextContentにテキストを設定します。

それほど複雑なことはしていませんが、見た目はずいぶんと複雑そうに見えてしまいますね。jQuery利用のコードと比較してみましょう。jQueryを利用することで、ずいぶんとコードが短く整理されていることがわかるでしょう。

ラジオボタンの選択処理

　フォームには各種のコントロールが用意されていますが、その多くは1つの値が設定されているだけのシンプルなものです。これらは、すべて「val」メソッドで値を操作できます。入力フィールドだけでなく、チェックボックスなどもこれでOKです。

　が、そういう単純なやり方でないものもあります。たとえば、ラジオボタンです。ラジオボタンは、同じname属性のものを複数用意し、それらの中から1つが選択されるようになっています。複数のラジオボタンのchecked状態をすべて調べないとどれが選択されているのかわからないため、普通にJavaScriptで処理を書こうとするとけっこう面倒なものですね。

　これも、jQueryを利用すれば、選択された値を非常に簡単に取り出して処理できます。では、やってみましょう。

リスト2-14——index.html（＜body＞のみ）

```html
<body>
  <h1>jQuery page</h1>
  <p id="msg">input text...</p>
  <div>
    <input type="radio" name="radio1" id="r1" value="male">
    <label for="r1">male</label>
  </div>
  <div>
    <input type="radio" name="radio1" id="r2" value="female">
    <label for="r2">female</label>
  </div>
  <button id="btn1">Click</button>
</body>
```

リスト2-15——main.js

```javascript
$(function() {
  $('#btn1').click(function(){
    var val = $('input[name=radio1]:checked').val();
    $('#msg').text('checked: ' + val);
  });
});
```

図2-12：ラジオボタンを選択し、ボタンを押すと、選択された項目を表示する。

ここでは2つのラジオボタンを用意しています。どちらかを選択し、ボタンをクリックすると、選択したラジオボタンの値を表示します。

チェックされた項目の値を得る

今回のポイントは、「選択されたラジオボタンの値(value)を取り出す」という処理部分です。これは、実はたった1行で済んでしまいます。

```
var val = $('input[name=radio1]:checked').val();
```

「input[name=radio1]:checked」という部分は、3つの要素から構成されています。整理すると以下のようになります。

input	<input>要素を示す。
[name=radio1]	name属性が"radio1"である。
:checked	checked属性が指定されている。

つまり、これは「nameがradio1である<input>タグの中で、checkedである(チェックがONである)もの」を示していた、というわけです。「：」記号は、左側で指定されている要素の中から特定の条件で絞り込む役割をしています。

jQuery を使わない場合

このように、セレクタで「選択されているラジオボタン」を直接指定できるため、ラジオボタンの処理がわずか1行で済んでしまいます。jQueryを使わない場合、処理はざっと以下のようになるでしょう。

リスト2-16

```
window.onload = function(){
  document.querySelector('#btn1').addEventListener('click', ↵
    function(){
    var radios = document.getElementsByName('radio1');
```

```
    var str = '';
    for(var i = 0;i < radios.length;i++){
      if (radios[i].checked){
        str = radios[i].value;
      }
    }
    document.querySelector('#msg').textContent = ↵
      'you typed: ' + str + '.'
  });
}
```

　ずいぶんと面倒くさい形になってしまうことがわかるでしょう。**getElementsByName**
で、名前がclickのDOMをすべて取得し、それを繰り返しで順に取り出してvalueを調べ
ていく……といったことを繰り返しています。
　両者を見比べれば、jQueryの威力がわかるでしょう。

リストと複数項目の選択

　続いて、リストについて見ていきましょう。リストは、あらかじめ用意しておいた項
目を一覧表示して選択するためのコントロールです。単純に1つの項目しか選択できな
いなら、これまでと同様、valメソッドを呼び出すだけで可能です。

　が、複数の項目が選択できるようにしてあった場合、ただJavaScriptを使うだけでは
かなり処理が面倒です。jQueryを利用することで、もっと簡潔に処理を記述できるよう
になります。
　では、これもサンプルを作成しましょう。index.htmlとmain.jsを書き換えます。

リスト2-17──index.html（＜body＞のみ）

```
<body>
  <h1>jQuery page</h1>
  <p id="msg">input text...</p>
  <div>
    <select id="sel1" size="5" multiple>
      <option>Windows</option>
      <option>macOS</option>
      <option>Linux</option>
      <option>android</option>
      <option>iOS</option>
    </select>
    <button id="btn1">Click</button>
  </div>
</body>
```

リスト2-18——main.js

```javascript
$(function() {
  $('#btn1').click(function(){
    var msg = 'selected: ';
    $("#sel1 option:selected").each(function(){
      msg += $(this).val() + " ";
    });
    $('#msg').text(msg);
  });
});
```

　Webページにアクセスし、リストに表示されている項目を適当にクリックして下さい。そしてボタンを押すと、選択した項目すべてがリストの上に表示されます。

図2-13：リストを選択してボタンを押すと、選択した項目をすべて表示する。

eachによる繰り返し処理

　ここでは、選択した項目を取り出すのに、**$("#sel1 option:selected")**という形で$関数を呼び出しています。これは、整理すると、

#sel1	id="sel1"の要素
option	\<option\>タグ
selected	selectedがtrueの項目（選択された項目）

　このようになります。id="#sel1"という項目内にある<option>タグから、selectedがtueのものを指定していたのです。「#sel1 option」というようにスペースを開けて記した場合、「#sel1の要素内にあるoption」というように認識されます。

　今回のポイントは、実はその後にあります。こうして取り出されたjQueryオブジェクトから、「each」というメソッドを呼び出しています。これは、以下のような形をしています。

2-2　jQueryによるDOM操作

```
《jQuery》.each( 関数 );
```

　このeachは、jQueryオブジェクトに設定されているHTML要素1つ1つに対し、引数
の関数を適用していく働きをします。複数の要素があれば、それぞれで関数が実行され
るわけです。各要素は、**$(this)**として得ることができます。ここでは、**msg += $(this).
val() + " "**;としていますが、取得された要素のvalでvalueの値を取り出し、それを変数
msgに追加していた、というわけです。

jQuery を使わない場合

　では、これもjQueryを利用しなかった場合、どのように記述しなければならないか、
見てみましょう。ざっと以下のようになるでしょう。

リスト2-19

```
window.onload = function(){
  document.querySelector('#btn1').addEventListener('click', ↵
    function(){
    var sel = document.querySelector('#sel1');
    var opts = sel.getElementsByTagName('option');
    var msg = 'selected: ';
    for(var i = 0;i < opts.length;i++){
      if (opts[i].selected){
        msg += opts[i].value + ' ';
      }
    }
    document.querySelector('#msg').textContent = msg;
  });
}
```

　これも、両者を比べるとずいぶんと簡略化されていることがわかります。jQueryを利
用したeachの繰り返しは、単に関数を書くだけなのでそれほど繰り返し処理であること
を意識しません。またJavaScript特有の、「forにすべきか、for-inにすべきか」などに頭を
悩ませることもなく、確実に全要素を処理できます。

スタイルを操作する

　JavaScriptのDOM操作では、「スタイルシートのスタイルを変更する」ということもよ
く行います。jQueryでは、スタイルシートの変更は「css」というメソッドを利用して行い
ます。これは以下のように呼び出します。

```
《jQuery》.css( 名前 , 値 );
```

37

```
var 変数 = 《jQuery》.css( 名前 );
```

cssメソッドは、第1引数に操作する**スタイルの名前**を指定します。この第1引数だけの場合、そのスタイルの値を得ることができます。第2引数に**値**を指定すると、その**スタイルの値**を変更できます。すべてのスタイルは、このcssだけで操作することが可能です。

では、これも実際のサンプルを見てみましょう。

リスト2-20——index.html
```
<body>
  <h1>jQuery page</h1>
  <ul>
    <li>最初の項目です。</li>
    <li>真ん中の項目です。</li>
    <li>最後の項目です。</li>
  </ul>
  <button id="btn1">Click</button>
</body>
```

リスト2-21——main.js
```
$(function() {
  $('#btn1').click(function(){
    $("li").css('color', 'white').css('background', 'red');
  });
});
```

図2-14：ボタンをクリックすると、リストの全項目の色が一斉に変わる。

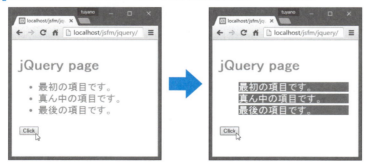

テキストの色を操作するサンプルです。ボタンを押すと、リスト表示されているテキストの色と背景がすべて変わります。

ここでは、わずか1行だけでスタイルの変更を行っています。

2-2　jQuery による DOM 操作

```
$("li").css('color', 'white').css('background', 'red');
```

　$("li")で、<li>タグの要素をすべてまとめて取得しています。そしてcssメソッドを2つ連続して呼び出し、colorとbackgroundを変更しています。

　jQueryオブジェクトにあるメソッドは、値を設定する場合、すべて**そのjQueryメソッド自身**を返すように設計されています。このため、「メソッドで返されたjQueryオブジェクトからメソッドを呼び出し、それから返されたjQueryオブジェクトからメソッドを呼び出し……」というように、メソッドをどんどんつなげて呼び出していくことができます。

　このような書き方を「メソッドチェーン」と呼びます。スタイルを変更する場合、1つのスタイルだけということはあまりないでしょう。同時にいくつかのスタイルを変更することが多いものです。このようなときにメソッドチェーンの書き方は非常に役に立ちます。

クラスの操作

　まとまったスタイルの変更を行うような場合には、1つ1つのスタイルを操作するより、あらかじめクラスを定義しておいてこれを設定するほうが簡単です。jQueryによるクラスの設定は、これまでのメソッドのようにただ呼び出すだけで値が変更できる、というようなシンプルなものではありませんが、それでも元のJavaScriptに比べればずいぶんと簡単に行えるようになっています。基本的なメソッドを以下に整理ましょう。

▼クラスを追加する

```
《jQuery》.addClass( クラス名 );
```

▼クラスを削除する

```
《jQuery》.removeClass( クラス名 );
```

▼クラスが設定されているか調べる

```
var 変数 = 《jQuery》.hasClass();
```

　クラスの面倒は、「複数のクラスを設定可能である」という点にあります。単に値を変更するだけでは、既に設定されているクラスが取り除かれてしまうかもしれません。そこで、設定されている他のクラスには影響を与えないようにして、特定のクラスだけを追加したり削除したりできないといけません。

39

Chapter 2 jQuery

そこで用意されているのが、「addClass」と「removeClass」です。これらは、引数に指定したクラスを追加したり取り除いたりします。また「hasClass」を利用することで、特定のクラスが既に設定されているかどうかを知ることもできます。

クラスを操作する

では、これも簡単なサンプルを挙げておきましょう。まず、利用するクラスをstyle.cssに追加しておくことにしましょう。今回はサンプルとして「A」「B」という2つのクラスを用意しておきました。

リスト2-22──style.css

```css
.A {
  color:green;
  background:white
}
.B {
  color:white;
  background: blue;
}
```

クラスの内容は適当に修正して構いません。ここではcolorとbackgroundを設定しておくだけにしてあります。

後は、index.htmlとmain.jsを修正すればいいでしょう。以下に簡単なリストを掲載しておきます。

リスト2-23──index.html

```html
<body>
  <h1>jQuery page</h1>
  <ul>
    <li name="a">最初の項目です。</li>
    <li name="b">2番目の項目です。</li>
    <li name="a">真ん中の項目です。</li>
    <li name="b">最後の項目です。</li>
  </ul>
  <button id="btn1">Click</button>
</body>
```

リスト2-24──main.js

```javascript
var flg = false;

$(function() {
  $('#btn1').click(function(){
    if (flg){
      $("li[name=a]").addClass('A').removeClass('B');
```

40

```
      $("li[name=b]").addClass('B').removeClass('A');

    } else {
      $("li[name=a]").addClass('B').removeClass('A');
      $("li[name=b]").addClass('A').removeClass('B');
    }
    flg = !flg;
  });
});
```

図2-15：クリックするとリスト表示の偶数行と奇数行で異なるスタイルが設定され、更にクリックすると両者が入れ替わる。

　Webページにアクセスし、ボタンを押してみましょう。リスト表示されたテキストの色と背景が1行ごとに変わります。再度ボタンをクリックすると、表示されていた偶数行と奇数行のスタイルが逆に入れ替わります。ボタンを押すごとに表示が切り替わる様子をよく観察してみて下さい。

addClass と removeClass

　ここでは、「flg」という変数を用意してあります。この真偽値の値を元に、2つあるク

ラスのどちらを使うかを設定しようというわけです。

　ボタンクリック時の処理は、この変数flgをチェックし、これがtrueかfalseかで設定するクラスを変更しています。

```
if (flg){
  $("li[name=a]").addClass('A').removeClass('B');
  $("li[name=b]").addClass('B').removeClass('A');
  } else {
  $("li[name=a]").addClass('B').removeClass('A');
  $("li[name=b]").addClass('A').removeClass('B');
}
```

　ここでは、$("li[name=a]")あるいは$("li[name=b]")として、それぞれname="a"とname="b"の要素を別々に取り出しています。そしてそれぞれでaddClassとremoveClassを呼び出し、クラスを操作しています。

　JavaScriptでは、classNameでクラスを設定することができますが、既にクラスが設定されている場合、それらを知らずに消してしまったりする危険もあります。特に、複数のクラスを設定しているような場合には、他のクラスに影響を与えずにクラス操作を行うのは大変でしょう。jQueryを使えば、安全にクラスの操作が行えるのです。

2-3 より複雑な操作を行う

　jQueryは、DOMの属性やスタイルを操作するためだけにあるわけではありません。その他にも様々な働きを持っています。そうした「DOM操作」以外の機能についても説明をしましょう。

エレメントの作成と追加

　まずは、「エレメントの作成・追加」です。エレメントを新たに作成することは、(jQueryを利用しない)JavaScriptでも行えます。こんな感じですね。

▼HTMLのコードを追加して作る

```
《エレメント》.innerHTML = "…HTML のコード…";
```

2-3 より複雑な操作を行う

▼オブジェクトを作成して追加する

```
var 変数 = document.createElement( タグ名 );
《エレメント》.appendChild( エレメント );
```

innerHTMLに、たとえば"\<p>Hello\</p>"というようにHTMLのコードをそのまま設定すれば、エレメントを追加することができます。エレメントをオブジェクトとして作成して追加する場合は、**createElement**で作成し、**appendChild**で追加することになります。どちらもそれほど面倒でも難しくもありません。

では、jQueryを利用する場合はどうなるのでしょうか。実際にサンプルを見てみましょう。まず、表示をわかりやすくするため、style.cssに\<p>タグのスタイルを追加しておくことにします。

リスト2-25——style.css

```
p {
    margin:5px;
    border: 2px solid lightgray;
}
```

続いて、index.htmlとmain.jsのコードを修正しましょう。以下のように書き換えて下さい。

リスト2-26——index.html

```
<body>
    <h1>jQuery page</h1>
    <div id="msg"></div>
    <input type="text" id="text1" />
    <button id="btn1">Click</button>
</body>
```

リスト2-27——main.js

```
$(function() {
    $('#btn1').click(function(){
        var obj = $('<p>' + $('#text1').val() + '</p>');
        $('#msg').append(obj);
    });
});
```

43

図2-16：テキストを書いてボタンを押すと、<p>タグとして追加される。

入力フィールドにテキストを書いてボタンを押すと、それが<p>タグとして追加されます。ここでのエレメントの追加を見てみると、以下のように行われていることがわかります。

▼<p>タグのjQueryオブジェクトを用意する
```
var obj = $('<p>' + $('#text1').val() + '</p>');
```

▼id="msg"のタグ内にエレメントを追加する
```
$('#msg').append(obj);
```

エレメントの作成は、「<p>○○</p>」といったテキストを引数に指定して$関数を呼び出しています。これで、引数に指定したHTMLコードを要素として設定されたjQueryオブジェクトが得られます。$関数は、既にある要素を指定するだけでなく、このように新しい要素をHTMLコードとして設定して使うこともできます。

エレメントの追加は、**append**メソッドで行います。引数にjQueryオブジェクトを指定すると、そのオブジェクトに設定されていた要素が組み込まれます。

基本的に、処理そのものはとても簡単ですね。ただし、jQueryを使わなくとも同様に簡単に行えることを考えると、単純なエレメント追加のためだけにjQueryを使う必要はあまりないでしょう。

エレメントで囲む

jQueryの強力さを感じるのは、単純にエレメントを追加するのではなく、もう少し高度な組み込み方を行う場合でしょう。その最たるものが、「エレメントで囲む」という処理です。

あるHTML要素を、<p>タグや<div>タグで囲む、というのは、JavaScriptでは非常に面倒な作業が必要になります。その要素を一度ドキュメントから取り除き、それがあった場所に囲む<div>タグなどを追加して、更にその中に取り除いた要素を組み込む、といった作業をしなければいけません。が、jQueryを使えば、非常に簡単に行うことができます。

実際に試してみましょう。これは、表示をわかりやすくするため、style.cssに以下のようなスタイルを記述しておきましょう。なおpは、先ほど追加したpタグのスタイルを修正して利用して下さい。

リスト2-28──style.css

```css
p {
  margin:5px;
  border: 2px solid lightgray;
}
div {
  margin:5px;
  border: 1px solid red;
}
```

後は、index.htmlとmain.jsの修正ですね。今回は以下のような形に書き直しておきましょう。

リスト2-29──index.html

```html
<body>
  <h1>jQuery page</h1>
  <p name="msg">One.</p>
  <p name="msg">Two.</p>
  <p name="msg">Three.</p>
  <button id="btn1">Click</button>
</body>
```

リスト2-30──main.js

```javascript
$(function() {
  $('#btn1').click(function(){
    $('p[name=msg]').wrap('<div></div>');
  });
});
```

図2-17：ボタンを押すと、3つのメッセージ表示それぞれを赤い枠線で囲む。クリックするたびに囲む枠線は増えていく。

ボタンをクリックすると、画面に表示されている3つのメッセージそれぞれの周りを赤い枠線で囲みます。この枠線は、<div>タグを使って表示しています。つまりボタンをクリックするたびに、メッセージの<p>タグのまわりを<div>タグで囲っているのです。

これをJavaScriptで行うのは面倒ですが、jQueryを使うとたった一文で済んでしまいます。

```
$('p[name=msg]').wrap('<div></div>');
```

`$('p[name=msg]')`で、nameが"msg"の要素すべてを指定するjQueryオブジェクトが得られます。そして「wrap」メソッドを使って、これらの要素の周りを囲むように新たな要素を組み込みます。このwrapは、以下のように呼び出します。

```
《jQuery》.wrap(…囲む HTML 要素のコード…);
```

引数には、囲む要素をHTMLコードのテキストとして指定します。非常に単純ですね。引数は、HTMLのコードをそのまま指定すればいいのですが、囲む要素を示すjQueryオブジェクトを指定しても動作します。

要素全体を囲む

ここでは3つの要素それぞれを<div>タグで囲いましたが、3つの要素全体を囲うこともできます。これには「wrapAll」というメソッドを使います。先ほどのサンプルを以下のように修正してみましょう。

リスト2-31——main.js

```
$(function() {
  $('#btn1').click(function(){
    $('p[name=msg]').wrapAll('<div></div>');
  });
});
```

▎図2-18：ボタンをクリックすると、メッセージのタグ全体を赤い線で囲む。

　今度は、ボタンをクリックすると、3つのメッセージ全体を赤い枠線で囲います。実行している処理は、先ほどのwrapメソッドを、そのままwrapAllに変更しただけのものです。wrapとwrapAllの違いがよくわかるでしょう。

Ajaxによるデータ受信

　JavaScriptで重要でありながら、処理が比較的煩雑なものといえば、「Ajax通信」が挙げられるでしょう。Ajaxは、現在のWebサイト開発には不可欠な技術ですが、一から実装しようとすると意外に面倒くさいものです。

　Ajaxの利用は、jQueryを使うと非常に簡単に行えます。jQueryにはAjax利用のためのメソッドがいくつか用意されています。もっとも簡単なのは、「load」というメソッドです。これは、指定したアドレスからデータを受け取り、HTML要素に設定して表示するものです。

　実際にやってみましょう。まず、データのテキストを用意しましょう。indexhtmlと同じ場所に「data.txt」というファイル名で適当にテキストを記述したものを用意して下さい。そして、index.htmlとmain.jsを以下のように書き換えます。

▎リスト2-32——index.html
```
<body>
   <h1>jQuery page</h1>
   <p id="msg">message...</p>
   <button id="btn1">Click</button>
</body>
```

▎リスト2-33——main.js
```
$(function() {
  $('#btn1').click(function(){
     $('#msg').load('data.txt');
  });
});
```

図2-19：ボタンをクリックすると、data.txtをサーバーから読み込んで表示する。

これは、サーバーにAjaxでアクセスし、data.txtをロードして表示します。ボタンをクリックすると、data.txtの内容が画面に表示されます。

load の働き

ここでは、「load」メソッドでサーバーからデータを受け取っています。これは、以下のように利用します。

《データを表示する要素の jQuery オブジェクト》.load(アクセス先);

受け取ったデータを表示しようと思う要素を設定したjQueryオブジェクトを用意し、そのloadを呼び出します。引数には、アクセスするアドレスのテキストを用意します。これで、指定のアドレスにアクセスしてデータを取得し、それをjQueryオブジェクトで指定している要素にテキストとして表示します。

アクセスして得たものをそのまま表示するシンプルな設計のため、受け取ったデータを何らかの形で処理して利用するような場合には使えません。あくまで、データを直接表示するためのものです。

getによるデータ取得

この他にもAjax関連のメソッドはいくつか用意されています。loadよりもう少し賢いものとしては「get」が挙げられるでしょう。

これは、loadと同様にデータを取得した後、事後処理をこちらで用意できるようにしたものです。main.jsのソース・コードを書き換えて試してみましょう。

リスト2-34
```
$(function() {
  $('#btn1').click(function(){
    $.get('data.txt', function(response, status, xhr){
      var ol = $('<ol></ol>');
      var arr = response.split('\n');
```

```
      for(var item in arr){
        ol.append('<li>' + arr[item] + '</li>');
      }
      $('#msg').append(ol);
    });
  });
});
```

これは、data.txtを読み込み、それを段落ごとに分解して、頭に「1.」「2.」「3.」と番号をつけて表示していきます。data.txtに複数行のテキストを記述して表示を確かめましょう。

図2-20：ボタンを押すとdata.txtを読み込み、行ごとに行番号を割り振りながら表示する。

getの働き

今回使っている「get」というメソッドは、引数に**通信完了後の処理**を用意します。このような具合です。

```
$.get( アクセス先 [, オプション] [, 関数] );
```

getは、$から直接呼び出します。$というのはjQuery関数の短縮形（ショートハンド）といいましたが、これ自体はオブジェクトでもあります。ここから直接メソッドなどを呼び出して利用することもできるのです。

getでは、第2引数にオプションとして用意する情報を、第3引数にアクセス後に呼び出されるメソッドを指定できます。これらは省略できますが、アクセス後に呼び出されるメソッドについては必須と考えていいでしょう。Ajaxは非同期メソッドです。非同期メソッドは、呼び出し後、すぐに次の処理に進み、実際の処理はバックグラウンドでメイン処理と並行して行われます。したがって、処理が完了した段階で、あらかじめ用意しておいた関数を呼び出し、そこで事後処理を行わせる必要があります。

こうした「非同期の処理完了後に呼び出される関数」を「コールバック関数」と呼びます。

getのコールバック関数は、以下のような引数を持っています。

```
function( 取得したデータ , ステータス , オブジェクト ){……}
```

第1引数に、サーバーから受け取ったデータが渡されます。第2引数にはステータス情報が渡されます。たとえば、何らかの形でエラーになっていた場合、ここに"error"というテキストが渡されます。第3引数には「jqXHR」オブジェクトといって、Ajax通信を行う**XMLHTTPRequest**というオブジェクトを扱うためのjQueryが用意したオブジェクトです。

まぁ、第3引数のオブジェクトの使い方まで覚える必要はありません。第1引数でサーバーからの値を受け取れる、問題が起きた場合は第2引数のステータスで調べられる、この2点だけ頭に入れておきましょう。

JSONデータを受け取る

テキストデータによるデータの取得は、ごくシンプルなデータを受け取るならばいいのですが、複雑な構造のデータを受け取るのには不向きです。例えばデータベースのようなものをサーバーに用意してデータを受け取る場合、さまざまな値をひとまとめにして受け取れる仕組みが必要でしょう。

こうした場合、JavaScriptでは「JSON」を利用するのが一般的です。JSONは「JavaScript Object Notation」の略で、JavaScriptのオブジェクトを記述するために生成されたフォーマットです。このJSONの形式に従ってデータを用意することで、簡単にオブジェクトとしてデータを扱えるようになります。

JSONのフォーマット自体はテキストで記述するようになっていますから、サーバー側で利用される各種の言語でも簡単にデータを作成できます。後はAjaxで受け取って処理をすればいいわけですね。

jQueryには、JSONデータを受け取るための専用メソッドが用意されています。「getJSON」というもので、これは以下のように呼び出します。

```
$.getJSON( アクセス先 [, オプション ] [, 関数 ] );
```

このように、利用の仕方は「get」メソッドと基本的に同じです。コールバックとして用意する関数の定義も基本的には同じです。

```
function( 取得したデータ , ステータス , オブジェクト ){……}
```

こうですね。ただし！ 1つだけ違っているのは、「取得したデータは、テキストではなくオブジェクトである」という点です。

JSONは、JavaScriptのオブジェクトを定義するフォーマットです。getJSONでJSONデータを受け取ると、そのままJavaScriptのオブジェクトに変換して受け渡されるのです。後は、そのオブジェクトから必要な情報などを取り出すだけです。

サーバー側プログラムを用意する

では、実際に簡単なサンプルを考えてみましょう。まず、サーバー側にJSONデータを出力するプログラムを用意しましょう。ここでは、PHPのプログラムを例として掲載しておきます。本書はサーバー開発の本ではないため、サーバー環境については特に説明はしません。

> **Note**
>
> サーバー環境を整えたい人は、**Chapter 5「Backbone.js」5-4節**内の**「XAMPPについて」**を参照して下さい。

では、サンプルのindex.htmlと同じ場所に「data.php」という名前でPHPのプログラムを設置した想定で説明を行いましょう。

リスト2-35──data.php

```php
<?php
$data =array(
    array('name'=>'Taro', 'mail'=>'taro@yamada', ↵
        'tel'=>'090-999-999'),
    array('name'=>'Hanako', 'mail'=>'hanako@flower', ↵
        'tel'=>'080-888-888'),
    array('name'=>'Sachiko', 'mail'=>'sachiko@happy', ↵
        'tel'=>'070-777-777'),
);

$id = $_GET['id'] * 1;
if ($id < count($data)){
    $result = $data[$id];
} else {
    $result = $data[0];
}
header('Content-type:application/json; charset=utf8');
echo json_encode($result);
```

ここでは、name、mail、telといった項目を持つデータベースのようなものを考えています。アクセス時にidを送信し、その値に応じてデータをJSON型式で送り返すようにしています。本書はPHPの解説書ではないので詳細は省きますが、たとえば、

```
http://○○/data.php?id=1
```

こんな具合にアクセスすると、サーバーから、

```
{'name':'Hanako', 'mail':'hanako@flwer', 'tel':'080-888-888'}
```

こんなデータが送り返される、といった仕組みになっていると考えて下さい。

Webページを修正する

では、Webページの修正をしましょう。index.htmlとmain.jsのそれぞれを修正する必要があります。以下のように変更して下さい。

リスト2-36——index.html

```
<body>
  <h1>jQuery page</h1>
  <p id="msg">message...</p>
  <input type="text" id="text1">
  <button id="btn1">Click</button>
</body>
```

リスト2-37——main.js

```
$(function() {
  $('#btn1').click(function(){
    var id = $('#text1').val();
    $.getJSON('data.php', {'id':id}, function(response, 
      status, xhr){
      var ol = $('<ul></ul>');
      ol.append('<li>名前:' + response.name + '</li>');
      ol.append('<li>メールアドレス:' + response.mail + '</li>');
      ol.append('<li>電話番号:' + response.tel + '</li>');
      $('#msg').empty().append(ol);
    });
  });
});
```

図2-21：入力フィールドに0～2の数字を書いてボタンを押すと、その番号のデータが表示される。

Webページにアクセスすると、入力フィールドが現れます。ここに「0」と書いてボタンを押してみて下さい。Taroのデータが画面に表示されます。このように、調べたいデータの番号を記入してボタンを押すと、そのデータが画面に現れるようになっているのです。

getJSON の処理の流れ

ここでは、以下のような形でgetJSONを呼び出しています。

```
$.getJSON('data.php', {'id':id}, function(response, status, xhr){……
```

第2引数に、**{'id':id}** が用意されていますね。今まで第2引数は使ってませんでしたが、これはアクセスするサーバー側に必要な情報を送るために使います。ここでは、idというパラメータに変数idの値を設定して送っています。このように、サーバー側に送りたい値を連想配列にまとめて用意します。

コールバック関数では、サーバーから受け取った値（**response**）を画面に表示する処理をしています。が、コールバック関数で渡されるresponseは、既にJavaScriptのオブジェクトになっています。ですから、このresponseから直接、値を指定して利用すればいいのです。

```
var ol = $('<ul></ul>');
ol.append('<li>名前：' + response.name + '</li>');
ol.append('<li>メールアドレス：' + response.mail + '</li>');
ol.append('<li>電話番号：' + response.tel + '</li>');
```

ここでは、response.name、response.mail、response.telというように、引数で渡されたresponseオブジェクトから直接プロパティの値を取り出し設定しています。このように、渡された**引数から直接、値を取り出せる**のがJSONの特徴です。

```
$('#msg').empty().append(ol);
```

後は、**append**でオブジェクトをid="msg"のタグ内に組み込めば、受け取ったデータを表示できます。ここでは、よく見ると$('#msg'のあとに、「empty」というメソッドが呼びだされていますね。これは、指定した要素内にあるすべての要素を削除する、というものです。これで一度中身をカラにし、それからappendでオブジェクトを組み込んでいたわけですね。

視覚効果とshow/hide

jQueryの用途として意外に大きいのが「HTMLの表示アニメーション」でしょう。jQueryには、HTMLの要素を表示したり非表示にしたりするメソッドが用意されています。それらを利用することで、簡単に表示のON/OFFを行うことができます。

まずは、ごく単純なサンプルを作ってみましょう。ちょっとしたイメージを用意し

ておき、それを表示・非表示するプログラムを考えてみます。サンプルで作ったindex.htmlと同じ場所に、「image1.jpg」というファイル名でイメージファイルを用意しておきましょう。

図2-22：image1.jpgという名前でイメージファイルを用意する。

このイメージファイルを表示するWebページを用意します。index.htmlの内容を以下のように変更してください。

リスト2-38——index.html
```html
<body>
  <h1>jQuery page</h1>
  <div id="frame">
    <img id="image" src="image1.jpg">
  </div>
  <div><button id="btn1">Click</button></div>
</body>
```

これで、**<img>**タグを使ってイメージが表示されます。では、このイメージの表示をON/OFFするスクリプトをmain.jsに用意しましょう。

リスト2-39——main.js
```javascript
$(function() {
  var flg = false;

  $('#btn1').click(function(){
    if (flg){
      $('#image').show(500);
    } else {
      $('#image').hide(500);
    }
    flg = !flg;
  });
});
```

Webページにアクセスし、ボタンをクリックしてみて下さい。イメージが次第に小さく縮小して消えていきます。もう一度クリックすると、今度は次第に大きくなって現れます。

▌図2-23：ボタンをクリックすると、イメージが縮小しながら消えていく。再度クリックすると拡大しながら現れる。

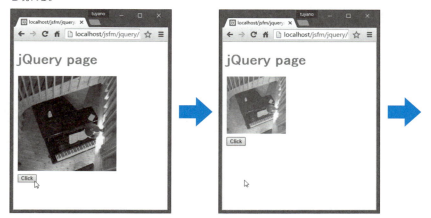

show/hide メソッド

ここでは、変数flgの値をチェックし、それに応じて「show」「hide」というメソッドを呼び出しています。これらのメソッドは、指定の要素を表示・非表示にするもので、以下のように呼び出します。

```
《操作する要素の jQuery オブジェクト》.show( ミリ秒数 );
《操作する要素の jQuery オブジェクト》.hide( ミリ秒数 );
```

これらのメソッドは、操作するHTML要素のjQueryオブジェクトを用意して利用します。いずれも、引数に表示・非表示にかかる時間をミリ秒数の値で指定します。今回は、show(500)というように設定していますので、0.5秒で表示・非表示を行います。

55

Chapter 2   jQuery

表示・非表示を切り替える「toggle」

このshow/hideは非常に簡単に表示をON/OFFできますが、いちいちフラグ変数などを用意して状態をチェックして……というのはあまりスマートではありませんね。実は、もっとシンプルなメソッドも用意されているのです。それは「toggle」です。

リスト2-40

```
$(function() {
  $('#btn1').click(function(){
    $('#image').toggle(500);
  });
});
```

これは、先ほどのサンプルとまったく同じ働きをします。が、フラグ変数もifによる条件チェックもありません。ただ、**$('#image').toggle(500);**を実行しているだけです。

toggleは、対象となる要素が表示されているなら非表示にし、非表示なら表示します。つまり、toggleを連続して実行していくだけで、表示・非表示・表示・非表示……と繰り返すことができるのです。表示の状態などをチェックして処理するような場合は別ですが、単に表示をON/OFFしたいだけなら、show/hideよりこちらのtoggleのほうが圧倒的に簡単でしょう。

アニメーション後の処理

show/hideやtoggleなどのアニメーションは、非同期で実行されます。つまりアニメーションがスタートすると同時に次の処理が実行されるわけです。このため、そのまま処理を書くと、「アニメーションと並行して処理が実行される」ことになります。

では、アニメーションが完了した後で処理を実行したい場合はどうするのでしょうか。これは、アニメーションのメソッドに**コールバック関数**を指定するのです。

《jQuery》.show(ミリ秒数 ,関数);

たとえば、このような具合です。これでアニメーションが完了した後に関数が呼び出されるようになります。ここに必要な処理を用意すればいいのです。

これを利用すれば、たとえば複数のアニメーションを連続して行わせることもできます。

リスト2-41——index.html

```
<body>
  <h1>jQuery page</h1>
  <div>
    <img id="image1" src="image1.jpg">
  </div>
  <div>
```

56

```
    <img id="image2" src="image1.jpg">
  </div>
  <div><button id="btn1">Click</button></div>
</body>
```

リスト2-42——main.js

```
$(function() {
  $('#btn1').click(function(){
    $('#image2').toggle(500, function(){
      $('#image1').toggle(500);
    });
  });
});
```

図2-24：ボタンをクリックすると、1つがアニメーションして消え、続いてもう1つも消える。

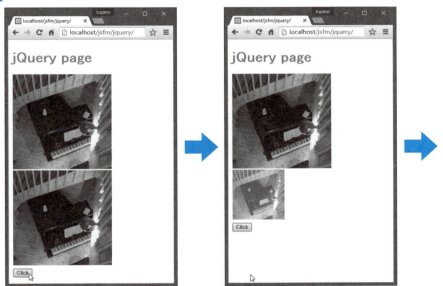

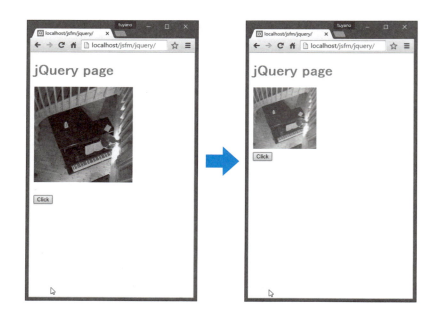

　これは、2つのイメージを連続してアニメーションさせるサンプルです。ボタンを押すと、下のイメージが消えていき、それから上のイメージが消えます。再度クリックすると、下のイメージが現れ、続いて上のイメージが現れます。

　単純にtoggleを2つ続けて実行すると、2つのイメージはほぼ同時に表示・非表示します。コールバック関数を使うことで、このように順に実行させることができるようになります。

fadeIn/fadeOut/fadeToggle、slideUp/slideDown/slideToggle

　show/hide/toggleは表示のON/OFFを行うための基本メソッドですが、この他にも特殊効果を使って表示をON/OFFするためのメソッドは用意されています。ここで整理しておきましょう。

フェードイン・フェードアウト

　要素が次第に薄れて消えていく「フェードアウト」、逆に何もないところからゆっくりと現れる「フェードイン」は、非常に多用される視覚効果でしょう。これらは、以下のようなメソッドとして用意されています。

```
《jQuery》.fadeIn( ミリ秒数 [, 関数] );
《jQuery》.fadeOut( ミリ秒数 [, 関数] );
《jQuery》.fadeToggle( ミリ秒数 [, 関数] );
```

　メソッド名を見れば改めて説明するまでもないでしょうが、fadeInは現れるもの、fadeOutは消えるもの、fadeToggleは表示・非表示を繰り返すものになります。それぞ

れ引数にはアニメーションにかかる時間を示す値とコールバック関数を用意できます。

リスト2-43——index.html

```html
<body>
   <h1>jQuery page</h1>
   <div id="frame">
      <img id="image1" src="image1.jpg">
   </div>
   <div><button id="btn1">Click</button></div>
</body>
```

リスト2-44——main.js

```javascript
$(function() {
   $('#image1').click(function(){
      $('#image1').fadeOut(500);
   });
   $('#btn1').click(function(){
      $('#image1').fadeIn(500);
   });
});
```

ここでは、イメージをクリックするとフェードアウトして消え、ボタンをクリックするとフェードインで現れるようにしてあります。id=#"image1"とid="btn1"にそれぞれclickイベントの処理をバインドしているのがわかるでしょう。

図2-25：イメージをクリックするとフェードアウトして消えていく。ボタンをクリックすると、フェードインして現れる。

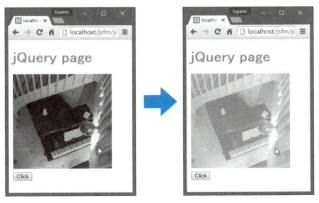

スライドアップ・スライドダウン

画面に表示されるイメージなどが、するすると上に引き上げられるようにして消えていくのが「スライドアップ」です。また上からするすると降りてきて現れるのが「スライドダウン」です。これらのメソッドも、基本的にはフェードイン・フェードアウトと同じです。

```
《jQuery》.slideUp( ミリ秒数 [, 関数] );
《jQuery》.slideDown( ミリ秒数 [, 関数] );
《jQuery》.slideToggle( ミリ秒数 [, 関数] );
```

これも、slideUpで要素が消え、slideDownで現れ、slideToggleでは表示・非表示を繰り返します。基本的な使い方はこれまでの視覚効果と同じですが、実は根本的な部分で違いがあります。

リスト2-45
```
$(function() {
  $('#image1').click(function(){
    $('#frame').slideUp(500);
  });
  $('#btn1').click(function(){
    $('#frame').slideDown(500);
  });
});
```

このようにmain.jsを修正してみましょう。イメージをクリックすると、イメージ全体が上にスクロールするようにして消えていきます。ボタンをクリックすると、上からイメージが現れてきます。

図2-26：イメージをクリックすると、イメージ全体が上にするすると動いて消えていく。ボタンをクリックすると現れる。

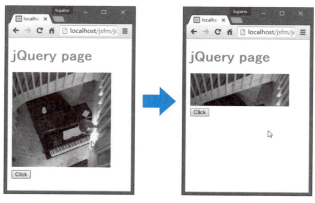

ここでのポイントは、視覚効果を設定する対象です。よく見て下さい。**$('#frame').slideUp(500);**というように、**id="frame"**の要素に対して設定をしていますね？

スライドアップ・スライドダウンは、表示・非表示したいHTML要素に直接設定してもうまく動きません。操作したいイメージの**<img>**タグが入っている、いわば「入れ物」の部分に対して設定をします。これで、この入れ物の部分がアニメーションして中のイメージなどの表示を消していくのです。

こういう仕組みであるため、当たり前ですが<img>単体では使えません。必ず、<div>などを使ってイメージを囲んでおく必要があります。

これからの学習

ごくざっとですが、jQueryの基本的な使い方について説明をしました。jQueryの基本は、「DOM操作」「Ajax」「視覚効果」です。この3つをまずはきっちりと使えるようになって下さい。そこから先は、更にjQueryを深くマスターするためにいくつか覚えておきたいものが用意されています。

プラグイン

jQueryには多数のプラグインが用意されています。jQueryの基本がわかったら、こうしたプラグインについて調べてみましょう。そして自分の開発に役立ちそうなものをいくつか使ってみると良いでしょう。更にjQueryによる表現力がアップするはずです。

jQuery UI

jQueryにはGUI関連の機能がありません。それらは、「jQuery UI」という別のフレームワークになっています。フォームなどのGUIを多用する場合は、このjQuery UIについて学習しましょう。

jQuery Mobile

スマートフォン向けのサイトを考えているなら、jQueryをベースにした「jQuery Mobile」というフレームワークが用意されています。これを使うことで、iPhoneやAndroidなどのプラットフォームの違いを吸収し、どんな機器でも同じように表示されるスマートフォン向けサイトを作ることができます。

jQueryは、「あらゆる機能の土台となるもの」といえます。この先、さまざまなフレームワークが登場しますが、それらのフレームワークの中でもjQueryは利用されていたりするのです。実際にjQueryを使うかどうかとは別に、「JavaScriptの基本」としてjQueryの主な使い方ぐらいは覚えておくべきでしょう。

Column　まだまだあるJavaScriptフレームワーク②　Ember.js

　JavaScriptフレームワークでは、MVVMやコンポーネント指向などさまざまなアーキテクチャーが用いられていますが、Ember.jsはMVCに基づいて基本設計がなされているフレームワークです。これは、正式リリースが2013年で、JavaScriptフレームワークの中では割と古くからあるものです。その後、バージョンアップが続けられ、本書執筆時現在はver. 2.7となっています。

　Ember.jsでは、アプリケーション内に「controllers」「models」「templates」「components」「helpers」「outes」といったフォルダが用意されており、それぞれのパーツを作成していきます。Ember CLIという専用のCLIツールが用意されており、このツールからコマンドを実行することで、プロジェクトの作成や各部品のファイルの生成などを行うことができます。
　こうしたアプローチは、サーバーサイドのフレームワークでは比較的多く見られますが、クライアント側であるJavaScriptのフレームワークではあまり見られないでしょう。コマンドを使って基本的なパーツを生成していけるため、多数のファイルを組み合わせて開発する複雑なフレームワークでありながら、開発は比較的容易です。

　Ember.jsでは、テンプレートとルーティングを用意してページを構成します。たとえば、テンプレートにこのような記述を用意したとしましょう。

```
<h1>{{model.title}}</h1>
<p>{{model.msg}}</p>
```

　ここでは、modelという値の中にtitleとmsgという値を指定しています。ルーティング側に、以下のような形で処理を用意することで、これらに値を渡してレンダリングすることができます。

```
export default Ember.Route.extend({
  model() {
    return {
      'title':'My Page',
      'msg': 'Hello!'
    };
  }
});
```

　Ember.jsは、この他にもコンポーネントやコントローラー、モデルなど多くの部品を作成し、利用できます。複雑ですが、コマンドを使ってさくさくファイルを作っていく開発スタイルは、一度経験するとかなり快適なことがわかります。

▼Ember.js
http://emberjs.com/

Chapter 3
TypeScript

TypeScriptは、AltJSと呼ばれる、JavaScriptを拡張した言語です。JavaScriptとは別の言語といえますが、JavaScriptのフレームワークを学ぶ上で不可欠なソフトウェアなのです。

JavaScript フレームワーク入門

Chapter 3 TypeScript

3-1 TypeScriptの基本

JavaScriptの問題点とは？

JavaScriptは、基本的にすべてテキストファイルのスクリプトを書いて動かします。どんな巨大なフレームワークであっても、すべて中身はスクリプトを書いたテキストファイルなのです。スクリプトを使って、JavaScriptを強力にしているだけなのですね。

が、そうした「スクリプトで機能を追加する」というだけでは、解決できない問題もあります。それは、「そもそもJavaScriptという言語が内包する問題」です。

JavaScriptは非常に優れた言語ですが、完璧ではありません。いえ、むしろ本格開発を行う上では困ってしまうことも多いのです。JavaScriptは、非常にわかりやすく誰でも使えるように設計されていますが、その柔軟さが逆にきっちりとした開発ではトラブルの元になってしまうのです。

■自由すぎる「型」

多くのプログラマが日頃から感じているのは、「型（タイプ）が自由すぎる」ことでしょう。JavaScriptでは、どんな変数にどんな型の値を入れても動きます。実行されるその時まで型が制約されることはありません。ということは、どこでどんなでたらめな値を放り込んでもまったくチェックする機能がない、ということでもあります。

多くのプログラミング言語は「静的型付け」言語です。すなわち、ソース・コードを書く段階で値や変数の型は決定されています。が、JavaScriptは「動的型付け」で、実際にそのプログラムを実行するまで変数などの型は決定されません。その結果、「整数型の値が必要なのに文字列型が入っていた」というような問題が起こってしまいます。

JavaScriptには強力な型変換（キャスト）機能があるため、ちょっと型の種類が違ってた、程度では問題なく動きます。そのため、多くのプログラマが、型を意識せずにプログラムを書くようになり、そのことが更に「型を特定していないことに派生する問題」を引き起こすことになってしまうのです。

■スコープの欠如

JavaScriptは、当初、それほど高度に構造化されたプログラムの開発を想定していませんでした。そのため、簡略化されている機能がいろいろとあります。中でも本格開発にあたってもっとも問題となるのが、「スコープ（利用範囲）」でしょう。

JavaScriptの変数は、グローバルか、関数内でのみ使えるか、いずれかしかありません。構文内でのみ利用できたり、オブジェクト内、あるいは決まったグループ内のオブジェクトでのみ使える、というように細かなスコープの設定が行えません。

■ユニークすぎるオブジェクト指向

JavaScriptのオブジェクト指向は、他にあまり例を見ない、「プロトタイプベース」と呼ばれるものになっています。これはこれでユニークで素晴らしいのですが、世の多く

の言語では、「クラスベース」と呼ばれるオブジェクト指向を採用しています。

これは、「オブジェクト指向の種類が違う」というだけの問題ではありません。クラスベースのオブジェクト指向で用意されている多くの機能がプロトタイプベースでは用意されていないのです。このため、オブジェクト指向的な設計をしようとしても、「あれが足りない、これが足りない」といったことになりがちです。

より本格的なオブジェクト指向プログラミングを行うためには、JavaScriptにもっと本格的なオブジェクト指向の機能が必要でしょう。

TypeScriptとは？

こうしたJavaScriptの欠点を補うことを考え、JavaScriptを機能拡張した新しい言語が登場することとなりました。これが、一般に「AltJS（Alternative JavaScript）」と呼ばれるプログラミング言語です。

AltJSはいくつか世に出ていますが、おそらく最も広く普及しているのが「TypeScript」でしょう。TypeScriptは、マイクロソフトによって開発されたオープンソースの言語です。マイクロソフトということで、「Windowsだけしか使えないのでは？」と思う人もいるかもしれませんが、その心配はありません。ちゃんとWindows、Mac OS X、Linuxすべてのプラットフォームに用意されています。

では、このTypeScriptとはどんなものなのでしょうか。その特徴を簡単にまとめましょう。

■コンパイラである！

最大の特徴は、これでしょう。TypeScriptは、コンパイラ言語です。が、一般的なコンパイラのように、そのCPUで直接実行できるネイティブコードにコンパイルをするわけではありません。

TypeScriptは、ソースコードを「JavaScriptのコード」にコンパイルします。そして生成されたJavaScriptのコードを利用するのです。（このため、TypeScriptのようなものを「トランスコンパイラ言語」と呼びます）

「WebブラウザではJavaScriptしか使えないはずなのに、どうやってTypeScriptという言語を使うんだろう？」と不思議に思っていた人も多いことと思いますが、こういうことです。すなわち、TypeScriptでプログラムを書いたら、それをJavaScriptにコンパイルして利用するのです。

■静的型付け言語である

TypeScriptは、静的な型付けを行います。プログラムを書く段階で、すべての変数には型が指定され、その型の値しか代入できません。

これにより、大規模な開発でも、多くの値の内容をあらかじめ確定できるようになり、型に関する多くの問題を取り除くことができるでしょう。

また、型を導入したことにより、たとえば「ジェネリック（総称型）」と呼ばれる、配列などへの型を特定する機能なども使えるようになりました。

クラスベースオブジェクト指向の導入

TypeScriptでは、クラスの定義が可能となりました。またこれに付随して、クラスの継承やインターフェイスなどの本格オブジェクト指向に必須の機能が利用できるようになっています。こうした本格的なオブジェクト指向が使えるようになったことで、より大規模なプログラムの開発が容易になったといえるでしょう。

このように、JavaScriptにあった欠点を解消するための機能を多く追加して設計されたのがTypeScriptだといえるでしょう。非常に強力ですが、反面、コードをコンパイルしてJavaScriptコードにしてから利用しなければいけないなど、注意すべき点もあります。

TypeScriptのインストール

では、TypeScriptの準備をしましょう。TypeScriptは、現在、以下のWebサイトにて公開されています。

http://www.typescriptlang.org/

■**図3-1**：TypeScriptのサイト。ここで必要な情報が得られる。

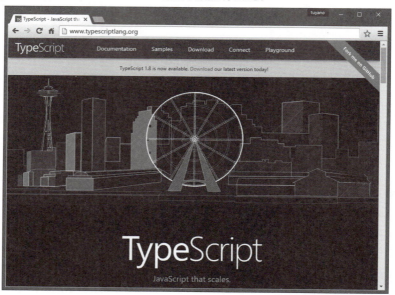

ただし、実をいえばここでTypeScriptを配布しているわけではありません。TypeScriptを利用するためには、TypeScriptのコンパイラを用意する必要があります。が、これは一般的なソフトウェアとして配布されてはいないのです。どういうことか？　というと、JavaScriptの**パッケージマネージャ**である「npm」を利用してインストールするのです。

npmについての説明は、本書**Chapter 9**「9-1 Node.jsとnpm」にて説明してあります。

まだnpmを用意していない方は、こちらを参考にインストールして利用できる状態にしておきましょう。

では、コマンドプロンプトあるいはターミナルを起動し、以下のようにコマンドを実行して下さい。

```
npm install -g typescript
```

図3-2：npm installコマンドを使ってTypeScriptをインストールする。

これで、TypeScriptがnpmモジュールとしてインストールされます。インストールされたTypeScriptは、そのままコマンドプロンプトからコマンドとして実行できるようになります。

コンパイラの使い方

TypeScriptは、「①TypeScriptのソースコードを作成する」「②ソースコードをコンパイルする」という手順で利用します。先ほどnpmでインストールしたのは、TypeScriptのコンパイラです。このコンパイラを使って、ソースコードのコンパイルを行います。

コンパイルは、「tsc」というコマンドとして用意されています。これは、単純にコンパイルするだけなら非常に簡単に実行できます。

```
tsc ファイル名
```

このようにコマンドプロンプトなどから実行するだけです。これで指定したファイルをコンパイルし、JavaScriptのスクリプトファイルを生成します。

サンプルを作成しよう

では、実際に簡単なサンプルを作成して試してみましょう。ここではごく単純なメッセージを表示するプログラムを作成してみます。

まず、HTMLファイルを作成しましょう。以下のような内容でファイルを用意して下さい。

Chapter **3**　TypeScript

リスト3-1

```html
<!DOCTYPE html>
<html>
<head>
  <title>Hello</title>
  <link rel="stylesheet" href="style.css"></link>
</head>
<body>
  <p><script src="hello.js"></script></p>
</body>
</html>
```

　ここでは、hello.jsというスクリプトファイルを<script>タグで埋め込んでいます。後は、このhello.jsを作成すればいいだけです。

hello.ts の作成

　では、スクリプトファイルを作成しましょう。といっても、JavaScriptではありません。TypeScriptを使って作成をします。テキストエディタ（メモ帳などでかまいません）を起動し、以下のリストを記述して下さい。

リスト3-2

```typescript
class MyClass {
  constructor(public title: string, public message: string){}

  print(){
    return "<h1>" + this.title + "</h1>" +
      "<p>" + this.message + "</p>";
  }
};

var msg:MyClass = new MyClass("Hello", ↵
  "this is TypeScript sample!");

document.write(msg.print());
```

　これが、今回のTypeScriptのサンプルです。記述したら、「hello.ts」というファイル名で、先ほどのHTMLファイルと同じ場所に保存をして下さい。

　TypeScriptのスクリプトは、「○○.ts」というように「ts」という拡張子を付けて保存するのが基本です。また、テキストファイルのエンコードは、すべて「BOM付きUTF-8」にしておきましょう。TypeScriptはファイルをコンパイルするため、テキストエンコードの種類によっては日本語が文字化けすることがあります。

　ソースコードを見ると、「class」だの「constructor」だのといったJavaScriptでは見かけ

ない単語がいくつも見られるのに気がつきます。これらの内容については今は理解する必要はありません。ただ、「JavaScriptにはない、独自の言語仕様である」ということがわかれば十分でしょう。

コンパイルと実行

作成したhello.tsをコンパイルしましょう。コマンドプロンプトあるいはターミナルを起動し、hello.tsがある場所にcdコマンドで移動して下さい。そして以下のように実行します。

```
tsc hello.ts
```

図3-3：tscコマンドでhello.tsをコンパイルする。

これで、hello.jsというファイルが同じ場所に作成されます。これがJavaScriptのスクリプトファイルです。ファイルが生成されなかったら、ソースコードに問題があるためでしょう。改めてリストをよく見直して下さい。

ファイルが生成されたら、先ほどのHTMLファイルをWebブラウザで開いてみて下さい。「Hello, this is TypeScript sample!」というメッセージが表示されます。これが、スクリプトで作られている部分です。

図3-4：WebページでHTMLファイルを開いてみる。

コンパイルされたコード

では、コンパイルして作成されたJavaScriptのソースコードはどのようになっているのでしょうか。hello.jsを開くと、以下のようになっていることがわかるでしょう。

Chapter 3 TypeScript

リスト3-3

```
var MyClass = (function () {
    function MyClass(title, message) {
  this.title = title;
  this.message = message;
    }
    MyClass.prototype.print = function () {
  return "<h1>" + this.title + "</h1>" + ↵
    "<p>" + this.message + "</p>";
    };
    return MyClass;
})();
;

var msg = new MyClass("Hello", "this is TypeScript sample!");

document.write(msg.print());
```

　今度は、JavaScriptとして正しいソースコードになっていることがわかります。MyClassというオブジェクトの定義などはかなり大幅に書き換わっていますね。そして、全体として、TypeScriptのソースコードより複雑そうなものになっていることがわかるでしょう。

　両者を比較すると、明らかにTypeScriptのほうがシンプルなソースコードになっていることが直感的にわかるはずです。TypeScriptを利用することで、JavaScriptのソースコードをかなりわかりやすくシンプルにできるのです。

Visual Studio Codeでの利用

　TypeScriptは、このようにコマンドラインからコマンドとしてコンパイルを実行し、ファイルを生成します。したがって、利用しているエディタや開発環境などに関係なく利用できます。ただ、開発ツールとは別にコマンドプロンプトを開いて使わなければいけないため、面倒といえば面倒ですね。

　また、TypeScriptは比較的新しい言語であるため、エディタや開発ツールなどによっては対応していないものもあるでしょう。特に、文法などをチェックして入力支援を行うようなエディタでは、言語が対応していないとせっかくの機能も使えません。

　このように、「自分が使っている環境がTypeScriptに対応していない」というような場合には、マイクロソフトが提供する「Visual Studio Code」という無料の開発ツールがあるので、これを利用するのがよいでしょう。これは以下のアドレスで公開しています。

https://www.visualstudio.com/ja-jp/products/code-vs.aspx

▌図3-5：Visual Studio Codeのサイト。

　ここからダウンロードページに移動し、使っているプラットフォーム向けのソフトウェアをダウンロードしてインストールします。Windows、Mac OS X、Linuxそれぞれのエディションが用意されています。ダウンロードページは以下になります。

https://code.visualstudio.com/download

▌図3-6：ダウンロードページ。ここからダウンロードできる。

Visual Studio Codeは、マイクロソフトの本格開発環境「Visual Studio .net」の編集部分を切り離したようなツールです。フォルダを開き、その中にあるファイル類をその場で開いて編集できます。C#などの本格言語だけでなく、JavaScriptやHTML、スタイルシート、そしてTypeScriptなどにも対応しており、それぞれの言語の予約語の保管やオートインデント、色分け表示などを行ってくれます。

tasks.json の生成

Visual Studio CodeでTypeScriptを利用する場合、開いているフォルダ内に「タスクランナー」と呼ばれる機能のための設定ファイルを用意することで、アプリケーション内からTypeScriptのコンパイラを実行することができるようになります。その手順について説明しておきましょう。

まず、Visual Studio Codeの＜表示＞メニューから、＜コマンドパレット...＞メニューを選んで下さい。

図3-7：＜コマンドパレット...＞メニューを選ぶ。

ウインドウ上部に、コマンドを選択するためのリストが現れます。ここで「task」とタイプすると、「タスクランナーの構成」という項目が見つかります。これを選んで下さい。

図3-8：「タスクランナーの構成」を選ぶ。

続いて、「タスクランナーを選択」というリストが現れます。ここから「TypeScript -tsconfig.json」という項目を選択して下さい。これがTypeScript実行のための設定を作成するためのものです。

図3-9：「TypeScript -tsconfig.json」を選ぶ。

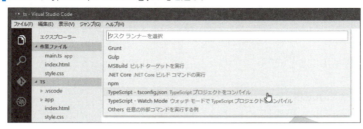

フォルダの「.vscode」というフォルダの中に、「tasks.json」というファイルが作成されます。これが、タスク実行のための設定情報を記述したファイルになります。

設定ファイルを編集する

作成されたtasks.jsonには、TypeScriptのファイルをコンパイルするための設定が自動生成されています。ファイルを開いてみましょう。以下のような内容が記述されているはずです。

リスト3-4
```
{
  // See https://go.microsoft.com/fwlink/?LinkId=733558
  // for the documentation about the tasks.json format
  "version": "0.1.0",
  "command": "tsc",
  "isShellCommand": true,
  "args": ["-p", "."],
  "showOutput": "silent",
  "problemMatcher": "$tsc"
}
```

tasks.jsonというファイルは、実行するタスクに関する情報を記述したものです。ここで「"command": "tsc"」とありますが、これがtscコマンドを実行することを指定するものです。

args を修正する

tasks.jsonには、tscでコンパイルするファイルが指定されていません。実際の利用の際には、用意したTypeScriptファイルをこの中に記述する必要があります。

ビルドするファイルの指定は、「args」という項目で行います。

```
"args": ["-p", "."]
```

このような項目が記述されているはずです。これがファイル名の指定です。たとえば「hello.ts」というファイルがあって、これをコンパイルしたいのならば、以下のように書き換えます。

```
"args": ["hello.ts"]
```

これで、hello.tsがtscコマンドで引数に指定され、コンパイルされるようになります。

コンパイルについて

▼コンパイルの実行

コンパイルの実行は、キーボード操作で行います。Visual Studio Codeでは、Ctrlキー＋Shiftキー＋「B」キーを押すことで、タスクが実行されます。

▼自動コンパイル

毎回、修正する度にCtrlキー＋Shiftキー＋「B」キーでコンパイルするのは面倒だ、という人もいることでしょう。この場合、コンパイラを常時起動し、ファイルが保存されたら自動的にコンパイルさせることもできます。これには、argsを以下のように記述します。

```
"args": ["--watch", "hello.ts"]
```

これで、Ctrlキー＋Shiftキー＋「B」キーでコンパイラを実行させると、そのまま終了せずに待機状態となります。そしてスクリプトファイルの状態を監視し、書き換えられると自動的にコンパイルを行うようになります。

3-2 TypeScriptの基本文法

値と変数

TypeScriptは、プログラミング言語です。ですから、「TypeScriptを使いこなす」というのは、イコール「TypeScriptという言語をマスターする」ということでもあります。

TypeScriptは、JavaScriptを拡張したものですから、基本的な部分はJavaScriptと非常に似ています。既に皆さんは、JavaScriptの文法はほぼ頭に入っているでしょうから、その違いを中心に説明していくことにしましょう。

まずは、値と変数についてです。

値の宣言とタイプ

TypeScriptでは、すべての値と変数には「型（タイプ）」が決められています。この型は、基本的に以下のようになります。

▼真偽値(boolean)

真偽値は、基本的にJavaScriptと変わりません。trueまたはfalseで設定される二者択一の値です。これらは「boolean」型として用意されています。

▼数値(number)

数値は、すべてnumber型という型になります。TypeScriptでは、整数も実数も区別なくnumber型として扱われます。

▼テキスト(string)

テキストの値(前後をクォートでくくって記述したもの)は、すべてstring型として扱われます。

この3つの他、オブジェクトなどはそれぞれの型として扱われますし、配列などは独自の型として用意されます。また、それ以外の値(列挙型など。後述します)もTypeScriptにはあります。一般的な値の型としては上記の3つが基本になる、と考えて下さい。

any 型について

時には、意図的に「どんな型であっても利用できる変数」を使いたい場合もあります。このような場合、型名を書かないで宣言するというやり方もありますが、「any」という型を使う方法もあります。

anyは、文字通り「どんな型でもいい」という場合のための型名です。「変数：any」と指定することで、どのような型の値でも代入できる変数が用意できます。

変数の宣言

型が導入されたため、変数を宣言する際にも型の指定を記述するようになっています。変数の宣言は、TypeScriptでは以下のようになります。

```
var 変数 : 型 ;
var 変数 : 型 = 値 ;
```

変数名の後にコロンを付け、形名を記します。これで、この変数は指定した型の値しか代入できなくなります。

実をいえば、この「型の指定」は、必ず行わなければいけないというものではありません。JavaScriptと同様、「var x = 0;」というように、型を指定しないで書いても問題なく動きます。

ただ、「型の指定」はTypeScriptを使う大きな利点であり、わざわざこれを使わないで書く意味はあまりないでしょう。TypeScriptを利用するのであれば、型の指定は「必須」と考えたほうがよいでしょう。「どうしても型を特定したくない」という場合は、any型を指定するのがよいでしょう。

型を利用する

では、実際に型を利用した例を見てみましょう。先ほどのサンプルで作成したhello.jsを以下のように書き換えて実行してみて下さい。

リスト3-5
```
var price:number = 12300;
var tax:number = 0.08;

var res:number = price * (1.0 + tax);
var msg:string = price + '円の税込金額は、' + res + '円です。';

document.write('<h1>Sample</h1>');
document.write(msg);
```

図3-10：アクセスすると、消費税込み価格を計算して表示する。

ここでは、price、tax、resといったnumber型の変数とmsgというstring型変数を用意しています。基本的にはJavaScriptと同じような書き方で、ただ1つ1つの変数に形名を指定する、という点だけが違っているのです。

型名を指定しないと？

この「型の指定」を考えたとき、「一体、どうやってJavaScriptに変換しているのか？」と思うかもしれません。先ほどのサンプルをコンパイルすると、以下のようなJavaScriptコードが得られます。

リスト3-6
```
var price = 12300;
var tax = 0.08;

var res = price * (1.0 + tax);
var msg = price + '円の税込金額は、' + res + '円です。';

document.write('<h1>Sample</h1>');
document.write(msg);
```

基本的には、型の指定などない、ごく一般的なJavaScriptのコードです。では、**リスト3-5**で、型名の指定をすべて削除したらどうなるでしょう？

つまり、このようにするのです。

リスト3-7

```
var price = 12300;
var tax = 0.08;

var res = price * (1.0 + tax);
var msg = price + '円の税込金額は、' + res + '円です。';
……以下略……
```

実をいうと、コンパイルして生成されるJavaScriptコードは、まったく変わらないのです。つまり、生成されるJavaScriptのコードでは、型のチェックなどは一切考慮されていないのです。

「じゃあ、型の指定は、何の意味もないのか？」というと、そうではありません。型の指定は、コンパイル時にチェックされるのです。たとえば、異なる型の値を代入するような文があると、コンパイラはエラーを発生し、コンパイルできません。すべての値と型が正しく代入されるように記述されていて、初めてコンパイルが通りソースコードが生成されるようになっています。

すなわち、TypeScriptの型は、コンパイルされたJavaScriptのコードの記述には特に影響を与えませんが、型を指定することで、生成されたコードに「異なる型への代入」がされていないことが保証されるのです。

var、let、const

ここまで、変数の宣言にはすべてvarを使ってきましたが、実をいえばTypeScriptには、宣言のためのキーワードは3つあります。

通常の変数宣言「var」

```
var 変数 ;
```

JavaScriptにもある、変数宣言の基本ですね。varで宣言された変数は、関数などに含まれていないものはグローバル変数として扱われ、関数内ではその関数の中でのみ利用される変数として扱われます。

またvarは、何度でも宣言することが可能です。たとえば、

```
var a:any = 1;
var a:any = "hello";
```

こんな具合に、varで宣言した変数をまたvarで宣言してもエラーにはなりません。ただし！再宣言で型を変更することはできません。たとえば、

```
var a:number = 1;
var a:string = "hello";
```

このような使い方はエラーになります。varの再宣言は、「既に宣言してあるものは無視する」と考えたほうが良いでしょう。

■ローカル変数宣言「let」

```
let 変数 ;
```

これは、ローカル変数を作成するものです。varは、関数内で宣言されたものはその関数内でのみ利用可能でした。が、関数以外の構文については無視されていました。

letを使うと、宣言された構文内でのみ利用できるようになります。ifやforなどの中で宣言されたものは、その制御文の中でのみ利用でき、そこを抜けると利用できなくなります。

また、letは再宣言ができません。たとえば、

```
let a:any = 1;
let a:any = 'hello';
```

このような記述は文法エラーとなり、コンパイルできなくなります。必ず最初の宣言時のみletを付け、それ以降は付けないようにして下さい。

■定数宣言「const」

```
const 定数 = 値 ;
```

これは、定数を宣言するものです。constで宣言をした変数は、以後、値の変更が行えなくなります。また、constもletと同様、構文内のスコープを持ちます。constで宣言された構文を抜けると、constされた定数は使えなくなります。

letとconstは、実をいえばJavaScriptでもサポートされているものです。といっても、あまり馴染みはないかもしれません。これは、**ECMAScript 6 (ES6)** と呼ばれる、最新のJavaScript標準仕様から追加されたものなので、現時点ではほとんど使われてはいないでしょう。

TypeScriptの仕様には、こうしたJavaScriptの最新仕様の機能を先取りしたものも多数含まれています。「TypeScriptを覚えておけば、来るべき次世代JavaScriptにもスムーズに移行できる」というわけです。

配列の宣言

型の指定は、配列においても有効です。TypeScriptでは、配列を作成する際にもやはり型を指定します。

```
var 変数 : 型 [] = [……配列リテラル……];
```

このように、配列では型名の後に**[ ]**を付けて、それが配列であることを示します。ということは、JavaScriptと違い、TypeScriptの配列では、「同じ配列に異なる型を代入できない」ということになります。これは非常に重要です。JavaScriptでは、型が何であっても関係なく配列に値を入れてしまうことができたため、同じ感覚でプログラムを書くとTypeScriptでは文法エラーを引き起こしてしまいます。

では、これもサンプルを挙げておきましょう。

リスト3-8
```
let arr:number[] = [123, 456, 789];
let total:number = 0;
for(let i = 0;i < arr.length;i++){
   total += arr[i];
}
document.write('<h1>Array</h1>');
document.write('<p>total: ' + total + '</p>');
```

図3-11：配列の値の合計を計算して表示する。

ここでは、**let arr:number[] =**……というように配列を宣言しています。こうすることで、数値のみが代入可能な配列が用意されます。配列は多数の値が代入されますので、あらかじめ指定された型だけが代入できるようにしておくことで、予想外の値が代入されることをある程度防ぐことができます。

型のエイリアス

型は、TypeScriptでは非常に重要です。すべての変数に型を指定して書くことで、おかしな値が代入されるのを防ぎます。が、用意されている型を書いただけでは、どういう値を代入すべきかよくわからない場合もあるでしょう。

たとえば、こんな値を考えてみて下さい。

```
let mail:stirng;
let tel:string;
```

　mailとtelという変数が用意されています。これらは変数名を見れば、なんとなくどういう値が保管されるかわかりますね。けれど、どちらもstringですから、変数名がもっと曖昧なものだった場合、どういう値が代入されるのかが、わかりにくくなります。

```
let a:string;
let b:string;
```

　たとえば、変数宣言がこうなっていたら、もうお手上げです。コードをよく読み、これらがどういう役割を果たす変数かを自分で調べなければいけません。

　こういうとき、型名を変更できればずいぶんとわかりやすくなります。たとえば、「let a:mail;」というように型名を指定できれば、それがどんな値か一目瞭然ですね。

　TypeScriptでは、型名に**エイリアス**（別名）を設定することができます。これは以下のようにして簡単に作れます。

```
type 名前 = 型名 ;
```

　たとえば、先ほどの変数a、bの例を考えてみましょう。あらかじめ型名をこんな具合に用意しておきます。

```
type myname = string;
type mail = string;
```

　これで、mynameとmailがstring型のエイリアスとして用意されます。これらはstringと同じ型名として利用することができます。これらの型名を使って、

```
let a:myname;
let b:mail;
```

　このように書けば、変数名がどのようなものでも型名で値の内容がわかります。変数名だけでなく、型のエイリアスを活用することで、よりわかりやすいコードの記述が行えるようになります。

列挙型（enum）について

　TypeScriptでは、JavaScriptにはなかった新しい型もいくつか追加されています。その代表ともいえるのが「列挙型」です。

　列挙型とは、あらかじめ用意されたいくつかの値のいずれかのみ代入できる型です。用意されたもの以外の値は一切入れることができません。

　この列挙型は、まず以下のようにして形の定義をしておきます。

▼型の定義

```
enum 型名 { 値1, 値2, …… };
```

　これで、指定された名前の列挙型が作成されます。後は普通の型と同様、変数を宣言する際に型を指定すれば、作成した列挙型の変数を作成することができます。
　では、これも実際のサンプルを見てみましょう。

リスト3-9

```
enum Season {spring, summer, autumn, winter};

let s:Season = Season.summer; // いろいろ変更してみる

switch(s){
case Season.spring:
  document.write('<h1>Spring</h1>');
  break;
case Season.summer:
  document.write('<h1>Summer</h1>');
  break;
case Season.autumn:
  document.write('<h1>Autumn</h1>');
  break;
case Season.winter:
  document.write('<h1>Winter</h1>');
  break;
}
document.write('<p>今の季節を表示しています。</p>');
```

図3-12：変数sの内容をチェックして季節を表示する。

　アクセスすると、タイトルに「Summer」と表示されます。変数sの値を調べてタイトルを表示しているのがわかります。ここでは、

```
enum Season {spring, summer, autumn, winter};
```

Chapter 3　TypeScript

このようにして列挙型Seasonを定義しています。これで、4つの値を持つ列挙型Season
が定義されました。列挙型の値は、このように{ }内にカンマで区切って記述します。
　そして、このSeason型の変数を以下のように作成しています。

```
let s:Season = Season.summer;
```

　Seasonは、s:Seasonというように1つの型として扱えるようになります。またこの
Season型の値は、Season.summerというように、「型名.値」という形で記述をします。

タプル(Tuple)型について

　複数の値を扱う場合、JavaScriptでは配列を使うのが基本でした。が、配列は基本的
にどんな値でも入れられるため、決まったフォーマットのデータなどを保管する場合、
値をチェックする仕組みなども考えなければいけませんでした。
　TypeScriptでは、配列も型の指定が可能となったため、特定の種類の値を大量に集め
るような場合には役立ちます。が、種類の異なる値のセットを用意するような場合には
向きません。「異なる値のセット」というのは、わかりやすくいえば、「データベースの
レコード」のようなものです。

　たとえば、名前(string)・メールアドレス(string)・性別(boolean)・年齢(number)と
いったデータを扱う場合を考えてみましょう。この形式のデータが多数用意されていて、
それを扱うプログラムを作成するとき、すべてのデータがきっちりこの型式で保管され
ていることを保証するにはどうすればよいでしょうか。

　JavaScriptでは、配列やオブジェクトを使い、値を設定する際に正しい値が設定され
るかどうかをチェックするような仕組みを考える必要があるでしょう。が、TypeScript
の場合、もっとスマートな方法があります。それは「タプル(Tuple)」という値を使うの
です。
　タプルは、複数の値のセットです。配列の1つ1つの要素に型を指定したようなものを
イメージするとよいでしょう。このタプルを利用することで、決まった型式のデータセッ
トを簡単に用意できるようになります。
　タプルは以下のように利用します。

▼タプルの宣言

```
let 変数 : [ 型1 , 型2 , ……];
```

▼タプルへの代入

```
変数 = [値1, 値2, ……];
```

　見ればわかるように、タプルは配列と似た形をしています。[ ]を使い、その中に保管
する値の型を記述しておきます。こうすることで、指定した種類の値を配列の形にまと

82

めたものだけが代入できるようになります。タプルで宣言した型と異なる型が混じっていると、正しく代入できません。

タプルの簡単な利用例を見てみましょう。

リスト3-10

```
enum gender {male, female};
type myname = string;
type mail = string;
type age = number;

let person:[myname, mail, gender, age];
person = ['taro', 'taro@yamada', gender.male, 23];

document.write('<h1>Tuple</h1>');
document.write('<p>' + person + '</p>');
```

図3-13：タプルで用意した値を表示する。

ここでは、personという変数にタプルを設定してあります。ここに代入する値の内容をいろいろと書き換えてみて下さい。[myname, mail, gender, age]という型式でなければ、正しく代入できない(コンパイル時にエラーになる)ことがわかるでしょう。

タプルと配列

このタプルの説明を読んでも、これだけでは何が便利なのかピンと来ないかもしれません。が、タプルは、先程述べたように決まったフォーマットのデータを多数扱うような場合に役立ちます。先ほどのサンプルに少し処理を追加してみましょう。

リスト3-11

```
enum gender {male, female};
type myname = string;
type mail = string;
type age = number;

type Person = [myname, mail, gender, age];
```

```
let data:Person[] = []
data.push(['taro', 'taro@yamada', gender.male, 23]);
data.push(['hanako', 'hanako@flower', gender.female, 45]);
data.push(['sachiko', 'sachiko@happy', gender.female, 67]);

document.write('<h1>Tuple</h1>');
document.write('<p>' + data[0] + '</p>');
document.write('<p>' + data[1] + '</p>');
document.write('<p>' + data[2] + '</p>');
```

▌図3-14：配列のデータを表示する。

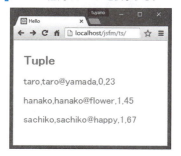

　ここでは型のエイリアスを使い、タプルを使った型「Person」を定義しています。そしてPerson型の配列を作成し、そこに値を保管しています。このようにすると、決まった型式のデータだけを配列に蓄積していくことができます。

　1つ1つの型が決まっているため、それぞれの値の型を前提にして処理を作成していくことが可能です。たとえば、Personの4番目の値はnumberですから、数値として処理する関数などを作成しておけます。この4番目の値に数値以外のものが保管されていることはないのですから、その前提で処理を組み立てていけるのです。
　タプルも、広い目で見れば「静的型付け」をより便利に使えるように拡張したもの、といえます。TypeScriptでは、「型をきっちりと指定する」ことが何よりも重要なのです。

3-3 関数とオブジェクト指向

TypeScriptの関数定義

　関数は、プログラムの構造化を考えるとき最初に覚えるべき機能でしょう。関数を定義することで、プログラムを必要に応じて切り分け、整理していけます。

この関数定義は、TypeScriptでもJavaScriptと非常に近い形になっています。ただ、「引数に型の指定が可能」「戻り値の型指定が可能」という点が強化されているだけです。

▼関数の定義

```
function 関数名 ( 変数 : 型 , ……) : 戻り値の型 {
        ……内容……
}
```

TypeScriptも、functionの後に関数名を指定し、その後に**( )**で引数を指定する、という基本的な形はJavaScriptと同じです。ただし、引数を使う場合には、1つ1つの引数について型を指定することができます。

また、引数の( )の後に**コロン**を付け、戻り値の型を指定することもできます。これにより、関数で利用されるすべての値の型を特定することができます。

では、簡単なサンプルを作ってみましょう。今回は、値を入力してもらい、その処理を実行して表示するものを考えてみます。まずは、HTMLファイルのソースコードから修正します。

リスト3-12

```
<!DOCTYPE html>
<html>
<head>
  <title>Hello</title>
  <script src="hello.js"></script>
  <link rel="stylesheet" href="style.css"></link>
</head>
<body>
  <h1>sample</h1>
  <p id="msg"></p>
  <input type="text" id="text1">
  <input type="button" onclick="doClick();" value="CLICK">
</body>
</html>
```

ボタンをクリックするとdoClick関数を呼び出すようにしてあります。では、このスクリプトを作成しましょう。hello.jsを以下のように書き換えてみます。

リスト3-13

```
function calc(price:number, tax:number):number {
  return Math.floor(price * (1.0 + tax));
}

function doClick():void {
```

```
    let text1:HTMLInputElement = document.querySelector('#text1');
    let msg:Element = document.querySelector('#msg');
    msg.innerHTML = calc(text1.value, 0.08) + '円';
}
```

図3-15：金額を入力し、ボタンを押すと税込価格を計算して表示する。

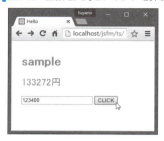

　ごく単純な関数が2つあるだけのスクリプトです。doClickは、onclickにバインドされています。これは、こんな具合に書かれていますね。

```
function doClick():void {……}
```

　イベントに割り当てられている関数は、特に何かの値を返すわけではありません。こうしたものは、「void」という型を戻り値に指定します。これは、戻り値を持たないことを示す特殊な型です。
　この中で呼び出されているのが、calcという関数です。これは以下のように定義されています。

```
function calc(price:number, tax:number):number {……}
```

　引数にはpriceとtaxが用意されており、それぞれnumber型に指定されています。また戻り値にもnumberが指定されています。これで、「2つの数値を渡して呼び出すと、計算結果の値を返す」という、関数の基本的な働きがなんとなく見えてくるでしょう。

オプション引数について

　引数の中には、「それほど重要度の高くないもの」というのもあります。「通常はデフォルトで設定された値を使い、必要があれば引数で値を渡して設定することもできる」というようなものですね。

　たとえば消費税を計算する関数を作ったとき、金額は必須ですが、税率まで引数で毎回指定するのは煩わしいものです。といって、税率固定では「税率が上がった時の計算」などができません。「税率を引数で渡した時はそれを使うけど、省略した時は現在の税率を使って計算する」となっていれば、だいぶ使いやすくなります。

　このように、「オプションとして利用できる引数」というものをTypeScriptでは作るこ

とができます。これには、「？」を使います。引数の変数名の後に「？」を付けることで、その引数は省略可能となるのです。省略されると、その引数の値は**undefined**となります。

オプション引数を使う

では、実際にオプション引数を使ってみましょう。先ほどの消費税計算の関数を修正してみることにします。

リスト3-14

```
function calc(price:number, tax?:number):number {
  let tx = 0;
  if (tax){
    tx = tax;
  } else {
    tx = 0.08
  }
  return Math.floor(price * (1.0 + tx));
}

function doClick():void {
  let text1:HTMLInputElement = document.querySelector('#text1');
  let msg:Element = document.querySelector('#msg');
  msg.innerHTML = calc(text1.value) + '円';
}
```

内容は先程とまったく同じです。doClick関数内から、calc関数を呼び出して処理をしています。ここでは、関数は以下のように定義されています。

```
function calc(price:number, tax?:number):number {……
```

第2引数のtaxに、「？」が付けられていますね。これでtaxはオプション引数となります。実際の処理では、

```
if (tax){
  ……taxがある場合の処理……
} else {
  ……taxがない場合の処理……
}
```

このようにして、変数taxが用意されているかどうかをチェックしています。taxがtrueならば、taxが存在していると判断することができます。falseの場合は、taxはないものと考え、デフォルトの値を利用します。

オーバーロードについて

　型が明確に指定されるようになると、「異なる型の処理を作成しなければならない」というケースも増えてくることでしょう。たとえば、ある関数を書くとき、引数がテキストの場合と数値の場合で利用できるようにしたい、と考えることもあるでしょう。

　こんなときに役立つのが「オーバーロード」という考え方です。オーバーロードとは、同じ名前の関数を複数用意できるようにする機能です。JavaScriptでは、同じ名前の関数を複数用意することはできませんでした。が、TypeScriptでは、引数や戻り値が異なる関数を複数用意することができます。

　といっても、同じ名前の関数をいくつも用意して動かすわけではありません。TypeScriptでは、引数や戻り値の異なる関数の宣言部分だけをいくつも用意しておき、最後にそれら全体をまとめた関数の実装を用意することで、異なる型の引数に対応できるようにしています。

　これも、説明しただけではわかりにくいのでサンプルを挙げておきましょう。

リスト3-15

```
function convert(item:number):string;
function convert(item:string):string;
function convert(item:boolean):string;

function convert(item:any):string {
  switch (typeof item) {
    case 'number':
    return Math.floor(item).toString();
    case 'string':
    return item.toUpperCase();
    case 'boolean':
    return item ? 'yes' : 'no';
  }
}

function doClick():void {
  let val:string = 'hello'; // ★いろいろと書き換えてみる
  let msg:Element = document.querySelector('#msg');
  msg.innerHTML = convert(val);
}
```

▌図3-16：変数valにテキスト値を指定すると、すべて大文字に変換して表示する。数字の場合は小数点以下を切り捨て、真偽値の場合はyes/noのいずれかを表示する。

ボタンをクリックすると、「HELLO」と画面に表示されます。これは変数valの'hello'を、convert関数ですべて大文字に変換して表示したためです。表示を確認したら、このvalの値を数値や真偽値に書き換えてみましょう。数値の場合は小数点以下を切り捨てて表示し、真偽値の場合は「yes」「no」といったテキストに変換して表示します。

ここでは、まず関数の宣言部分だけがいくつも記述されています。

```
function convert(item:number):string;
function convert(item:string):string;
function convert(item:boolean):string;
```

これが、convert関数でオーバーロードされるものです。引数がnumber、string、booleanのものが用意されているのがわかります。そして実際の関数の実装は、その後に用意されます。

```
function convert(item:any):string {……
```

引数にはanyが指定されています。そして関数内では、switch (typeof item)を使い、itemの型に応じて異なる処理をしてreturnしているのがわかります。

このように、オーバーロードを使うことで、引数が数値でもテキストでも真偽値でも問題なく関数を呼び出せるようになります。ここでは引数の数はすべて1つにしてありますが、引数の異なる関数をオーバーロードすることも可能です。

総称型(Generics)について

このようにオーバーロードを使って複数の関数宣言を用意するやり方の他に、「総称型」と呼ばれるものを使ったやり方もあります。

総称型とは、**型そのものをパラメータ化し、後から特定して呼び出せるようにする手法**です。これは、関数を定義する際に、＜＞記号でパラメータ化する型を指定します。これは、実際の例を見てみないとわかりにくいでしょう。

先ほどのconvert関数を、総称型を利用して書き直してみると、以下のようになります。

リスト3-16

```typescript
function convert<T>(item:T):string {
  switch (typeof item) {
    case 'number':
    return Math.floor(item);
    case 'string':
    return item.toUpperCase();
    case 'boolean':
    return item ? 'yes' : 'no';
    default:
    return 'any';
  }
}
```

基本的に、やっていることはほぼ同じです。オーバーロードと違い、関数宣言をいくつも用意する必要もなく、ただ1つの関数を定義するだけで済みます。ここでは、

```typescript
function convert<T>(item:T):string
```

このような形で関数を定義しています。この**<T>**というのが、パラメータ化された型です。この**T**に型を指定することで、その型を使ったconvert関数が得られるようになります。たとえば、こんな具合です。

```typescript
let a:number = convert<number>(1.23);
let b:string = convert<string>('hello');
let c:boolean = convert<boolean>(true);
```

convertの後に、**<number>**といった具合に型の指定を記述しています。これにより、引数の**item:T**は**item:number**と判断されるようになり、number型の値を引数にして呼び出せるようになります。

総称型は、引数だけでなく戻り値で指定することもできます。ただし、渡される値の型をチェックし、どのような型であっても常に正しく処理できるようにするのはプログラマの責任です。総称型を使うことで、どんな型の値でも正しく処理されるようになるわけではありません。

可変長引数について

TpeScriptでは、同じ種類の引数をいくつも必要なだけ用意する「可変長引数」に対応しています。これは、以下のように記述します。

```typescript
function 関数名 ( ... 変数 : 型 ){……}
```

引数の前に「...」というようにドットを3つ付けると、その変数は可変長引数として扱わ

れるようになります。これで、その型の引数をいくつ付けても処理できるようになるのです。

では、可変長引数のサンプルを挙げておきましょう。

リスト3-17
```
function total(...item:number[]):number {
  let re:number = 0;
  for(let i:number = 0;i < item.length;i++) {
    re += item[i];
  }
  return re;
}

function doClick():void {
  let msg:Element = document.querySelector('#msg');
  msg.innerHTML = total(1, 2, 3, 4, 5); // ●
}
```

図3-17：「1, 2, 3, 4, 5」を引数に指定して呼び出した場合。引数の合計を計算して表示する。

ボタンを押すと、1、2、3、4、5の合計を計算して表示します。●のtotal呼び出し部分をいろいろと書き換えて動作を確かめてみましょう。

ここでは、以下のようにtotal関数を定義しています。

```
function total(...item:number[]):number {……}
```

これで、引数itemは、numberの値をいくつでも用意できるようになります。これで、たとえばこんな具合に関数を呼び出せるようになります。

```
total(1);
total(1,2);
total(1,2,3);
total(1,2,3,4);
……
```

Chapter 3　TypeScript

このように、引数をいくつ付けてもエラーにはなりません。これが可変長引数の特徴です。引数の部分をよく見ると、**number[ ]**というように配列になっていることがわかるでしょう。可変長引数は、引数に渡された値を配列として扱うのです。ですから、関数内では引数の配列を処理する形でコードを考えます。ここでは、

```
for(let i:number = 0;i < item.length;i++) {……}
```

このようにして、引数itemの全要素を取り出して処理をしています。可変長引数は、すべて同じ型の値でなければいけません。また、可変長引数は、それ以外の通常の引数と合わせて使うこともできます。ただし、可変長引数とそうでない引数がわかりにくくなるので、関数の設計に注意する必要があるでしょう。

アロー関数について

TypeScriptでは、functionを使う他にもう1つ、関数の書き方が用意されました。それは**アロー関数**と呼ばれるもので、以下のように記述します。

```
( 引数の指定 ) => 実行する処理 ;
```

引数の部分は、通常の関数と同様に、変数名と型をカンマで区切って記述します。**=>**の後には、実行する処理を用意します。1行のみなら、そのまま式を記述すれば、式の結果が戻り値として返されますし、複数行の処理がある場合は、**{ }**記号を付けて処理を行えばいいでしょう。

このアロー関数の利点は、**関数の定義を値として利用できる**、という点にあります。引数と実行する処理のところに、それぞれ引数の型と戻り値の型を指定することで、指定された引数と戻り値の関数の型を記述できます。

たとえば、「引数の値を2乗して返す」という関数があったとしましょう。これは、こういう型になるでしょう。

```
(number) => number
```

この型の関数を具体的に作成すると、以下のような文になります。

```
(n:number)=> n * n;
```

たとえば、この型の変数を宣言して関数を代入することを考えると、以下のように記述することができます。

```
let fnc:(number) => number = (n:number)=> n * n;
```

変数fncの**型**は、(number) => numberです。そして、代入される**値**は(n:number)=> n * nという関数式の値になります。

関数を引数に使う

このアロー関数が活躍するのは、「関数の引数」でしょう。関数の型と実装を記述できるようになったことで、関数を値として引数に指定することが容易になったのです。
　実際の利用例を見てみましょう。

リスト3-18
```
function print(n:number, f:(number)=>number):string{
  var re:number = f(n);
  return '<p>結果: ' + re + '<\p>';
}

function doClick():void {
  let val:number = document.querySelector('#text1').value * 1;
  let msg:Element = document.querySelector('#msg');

  let a:(number)=>number = (n:number)=> n * n;
  let b:(number)=>number = (n:number)=>{
    let total:number = 0;
    for(let i:number = 1;i <= n;i++) {
      total += i;
    }
    return total;
  };

  msg.innerHTML = print(val, b); // 第2引数にaまたはbを指定する
}
```

図3-18：printの引数にbを指定すると、合計を計算し表示する。

　ここでは、printという関数を定義してあります。この関数は、number型の引数と、**(number)=>number型の引数**を持っています。そして、引数に渡された関数を実行し、その結果を画面に表示します。
　ここでは、2つの関数を変数a、bに代入しています。以下の2つですね。

Chapter 3 TypeScript

▼引数の2乗を計算する関数

```
let a:(number)=>number = (n:number)=> n * n;
```

▼引数の合計を計算する関数

```
let b:(number)=>number = (n:number)=>{
  let total:number = 0;
  for(let i:number = 1;i <= n;i++) {
    total += i;
  }
  return total;
};
```

　いずれも、(number)=>number型の値として用意しています。後は、print関数を呼び出す際に、変数aかbを引数に指定すれば、指定の関数を使って処理を行うようになります。

　アロー関数を利用することで、関数の具体的な処理を**外挿**することができるようになります。処理の一部を引数で渡せるようになるため、より汎用的で柔軟な関数を作成できます。

　このアロー関数のように、**その場で作成される匿名の関数**は、一般に「ラムダ式」と呼ばれます。TypeScriptは、アロー関数により、このラムダ式の概念を取り込んでいるのです。

3-4 クラス型オブジェクト

classによるクラス定義

　TypeScriptには、JavaScript以外のオブジェクト指向言語で導入されている「クラス型オブジェクト指向」の概念が組み込まれています。これは、クラスと呼ばれるオブジェクトの設計を作成し、これを元にオブジェクトを作成していく考え方です。

　JavaScriptでは、オブジェクトはコンストラクタ関数を使ったり、new Objectしたものに必要に応じてプロパティやメソッドを追加して作っていきますが、TypeScriptでは、まずクラスを定義することから始めます。これは以下のように記述します。

```
class クラス名 {
      ……クラスの内容……
}
```

94

具体的なクラスの書き方は後述するとして、このように定義されたクラスは、「インスタンス」と呼ばれるものを作成して利用します。インスタンスは、クラスを実体化したオブジェクトです。これは以下のように作成します。

```
var 変数 : クラス = new クラス ( 引数 );
```

これで、変数にクラスのインスタンスが代入されます。後は、JavaScriptの一般的なオブジェクトと同様に操作すればいいのです。

クラスに保管できるもの

クラスの中には、さまざまなものが用意できますが、整理すると以下の3つになるでしょう。

コンストラクタ	インスタンスを作成する際の初期化処理を用意する特別なメソッドです。
プロパティ	オブジェクト内に値を保持するための変数です。
メソッド	オブジェクト内に用意される関数です。

この3つをクラスの定義として用意することで、クラスは作成されるのです。これらの書き方さえわかれば、クラスはすぐに使えるようになります。

クラスを作成する

では、実際に簡単なクラスを作って利用してみることにしましょう。以下のようにスクリプトを記述して下さい。

リスト3-19

```
class Person {
  name:string;
  age:number;

  constructor(n:string, y:number){
    this.name = n;
    this.age = y;
  }

  print():string {
    let msg:string = '<p>My name is ' + this.name + ↵
      '. I am ' + this.age + 'years old.</p>';
    return msg;
  }
}
```

```
function doClick():void {
  let val:string = document.querySelector('#text1').value;
  let arr:string[] = val.split(',');

  let obj:Person = new Person(arr[0], parseInt(arr[1]));

  let msg:Element = document.querySelector('#msg');
  msg.innerHTML = obj.print();
}
```

これは、Personというクラスを用意し、そのインスタンスを作成して利用するサンプルです。入力フィールドに、「hanako,25」といった具合に、名前と年齢をカンマで区切って記述し、ボタンをクリックしてみましょう。Personインスタンスが作成され、その内容が画面に表示されます。

図3-19：「名前,年齢」という形でテキストを書いてボタンを押すと、Personインスタンスが作成され、その内容が表示される。

クラス定義の内容

では、今回作成しているPersonクラスがどのように記述されているか、よく見てみましょう。そして、それぞれの要素がどのように記述されているのか考えてみましょう。

```
class Person {
    // プロパティ
    name:string;
    age:number;

    // コンストラクタ
    constructor(n:string, y:number){
        ……略……
    }
```

```
        // メソッド
        print():string {
                ……略……
        }
}
```

プロパティ

　プロパティは、そのままクラス内に変数宣言を用意すれば、それがプロパティとなります。ここでは、nameとageというプロパティが用意されていますね。プロパティは、クラス内のメソッドから利用されるとき、「this.○○」という形で記述されます。nameなら、this.nameと書きます。

メソッド

　メソッドは、関数と同じような形で記述します。が、最初に付けるべきfunctionがありません。他の引数や戻り値などは関数定義と同じです。

コンストラクタ

　コンストラクタは、**constructor**という名前のメソッドとして定義されます。これは、**new**する際に呼び出される特別なメソッドです。newの際に引数などを指定してインスタンスを初期化するような場合は、このコンストラクタに引数を用意してやります。

　ここではstringとnumberを引数に用意し、nameとageの値を設定するようにしてあります。

インスタンスの作成

　こうして定義されたクラスは、インスタンスを作成して利用します。これは以下のように記述されていますね。

```
let obj:Person = new Person(arr[0], arr[1]);
```

　objは、Person型の変数です。インスタンスを代入する変数は、このように**クラス名**が**型名**として使われます。newでは2つの引数が指定されていますが、これはコンストラクタに用意されているのと同じものです。

　こうしてnewすると、クラスに用意されていたコンストラクタが実行され、インスタンスが作成されるのです。

インスタンス内のメソッド呼び出し

　作成されたインスタンスは、その中にあるメソッドを呼び出して操作できます。ここでは、obj.print(); というようにしてprintメソッドを呼び出しています。この辺りの感覚は、JavaScriptのオブジェクト操作とほぼ同じと考えていいでしょう。

アクセス修飾子について

クラスにあるプロパティやメソッドは、基本的に外部から利用することができます。インスタンスを作成し、その中にあるプロパティの値を書き換えたりすることもできるわけです。

このことは、場合によっては困った問題を引き起こすこともあります。開発する側が想像していなかったような値が代入されることで、正常な処理が行えなくなることもあるでしょう。こうした「予想外のところでアクセスされてしまう」問題を解消する機能がTypeScriptにはいくつか用意されています。

その1つは「アクセス修飾子」です。アクセス修飾子は、プロパティやメソッドがどの範囲からアクセス可能かを指定します。これは、以下のような種類が用意されています。

public	どこからでもアクセス可能です。
private	クラスの中からしかアクセスできません。
protected	基本的にprivateと同じくクラス内でしかアクセスできませんが、後述する「継承」を利用したとき、サブクラスからもアクセスできます。

protectedについては、継承について理解しないといけません。ここでは、publicとprivateについて、まず覚えておくとよいでしょう。publicを付ければ外部から利用でき、privateにするとクラス外から使えなくなる、ということですね。

これらのアクセス修飾子は、プロパティやメソッドの定義をする際、最初に付けて記述します。たとえば、以下のような形です。

```
class Person {
  private name:string;
  protected age:number;

  constructor(n:string, y:number){
    ……略……
  }

  public print():string {
    ……略……
  }
}
```

これで、nameは外部から使えなくなり、ageも自身とサブクラスというものからしか使えなくなります。printは外部から自由に利用できるようになります。

プロパティとアクセサ

クラス内に用意されるものの中でも、特に注意が必要なのがプロパティです。プロパ

ティは、ただの変数ですから、外部からアクセスできるようにすると、どんな値でも設定できてしまいます。それでは困る、という人も多いことでしょう。

そこでTypeScriptに用意されたのが「アクセサ」という機能です。アクセサは、プロパティへのアクセスを制御するための機能を提供します。

```
get 名前 (){……}
set 名前 ( 引数 ){……}
```

アクセサは、基本的にメソッドとして定義されます。通常のメソッドとの違いは、冒頭に「get」「set」といったキーワードがつくことです。getは、値を取得するためのもの、setは値を設定するためのものです。getは、値を取得するものであるため、引数を用意することはできません。またsetは値を設定するものであるため戻り値を用意してはいけません。

これらのメソッドに、値を読み書きする際に必要な処理などを用意することで、予想外の値が代入されることを防ぐことができます。では、実際に使ってみましょう。

リスト3-20

```
class Person {
  public name:string;
  private _age:number;

  get age():number {
    return this._age;
  }
  set age(y:number) {
    this._age = y < 0 ? 0 : y;
  }

  constructor(n:string, y:number){
    this.name = n;
    this.age = y;
  }

  print():string {
    let msg:string = '<p>My name is ' + this.name + ↵
      '. I am ' + this.age + 'years old.</p>';
    return msg;
  }
}
```

これは、先ほどのPersonクラスを修正したものです。ここではageプロパティにアクセサを用意しています。この部分です。

```
private _age:number;
```

```typescript
get age():number {
  return this._age;
}
set age(y:number) {
  this._age = y < 0 ? 0 : y;
}
```

　実際に値を保管するプロパティは、_ageという名前でprivateに作成しておきます。これは、privateですからクラス外から利用されることはありません。

　get/setでは、いずれもageという名前でメソッドを用意しました。これで、ageというプロパティが作成されます。このageでは、_ageに値を保存し、その値を取り出して利用します。ただし、setでは設定する値がゼロより小さい場合にはゼロに設定するように処理してあります。こうすることで、マイナスの値が設定されるのを防ぐことができます。

> **Note**
> getには引数がなく、setには戻り値の制定がありません。これらが記述されているとコンパイル時にエラーとなるので注意しましょう。

クラスの継承

　クラスベースオブジェクト指向がプロトタイプベースより優れている点の一つに挙げられるのが「継承」です。継承は、既にあるクラスのすべての機能(プロパティやメソッド)を引き継いで新しいクラスを定義する機能です。この継承を利用することで、同じようなクラスをいくつも作る必要がなくなり、既に作成したクラスを有効に活用できるようになります。

　継承は、クラスを作成する際、以下のように記述することで利用できます。

```
class クラス extends 継承するクラス {……}
```

　クラス名の後に「extends」をつけ、継承したいクラスを指定します。これにより、extendsしたクラスの全機能を受け継いで新しいクラスが作成されます。

スーパークラスとサブクラス

　このように継承を利用したとき、新たに継承して作られたクラスを、継承元の「サブクラス」といいます。逆に、継承する元になったクラスを、新たに作ったクラスの「スーパークラス」といいます。

　サブクラスは、スーパークラスを継承して更に機能追加されています。ということは、サブクラスは「スーパークラスの一種」と考えることができます。逆にスーパークラスにはサブクラスの新たに追加された機能がたりませんから、「サブクラスの一種」と考えることはできません。

Personを継承したStudentクラス

では、実際に継承を利用してみましょう。ここまで利用してきたPersonクラスを継承し、新しくStudentクラスを作って利用してみます。

リスト3-21

```
class Person {
  public name:string;
  public age:number;

  constructor(n:string, y:number){
    this.name = n;
    this.age = y;
  }

  print():string {
    let msg:string = '<p>My name is ' + this.name + ↵
      '. I am ' + this.age + 'years old.</p>';
    return msg;
  }
}

class Student extends Person {
  public grade:number;

  constructor(n:string, y:number, g:number) {
    super(n, y);
    this.grade = g;
  }

  printAll():string {
    let msg:string = '<p>私は、' + this.name + ' です。' + ↵
      this.age + '歳です。現在、' + this.grade + '年生です。</p>';
    return msg;
  }
}

function doClick():void {
  let msg:Element = document.querySelector('#msg');
  let val:string = document.querySelector('#text1').value;

  let arr:string[] = val.split(',');
  if (arr.length == 2){
    let obj:Person = new Person(arr[0], parseInt(arr[1]));
    msg.innerHTML = obj.print();
```

```
      }
      if (arr.length == 3){
        let obj:Student = new Student(arr[0], parseInt(arr[1]), ↵
          parseInt(arr[2]);
        msg.innerHTML = obj.printAll();
      }
    }
```

▌**図3-20**：名前と年齢を記入するとPersonインスタンスを作成する。更に学年を追加するとStudentインスタンスを作成する。

　入力フィールドに「たろう,14」と書くと、Personインスタンスが作成され、表示されます。「たろう,14,2」と3つの要素を書くと、Studentインスタンスが作成され、表示されます。
　ここで注目すべきは、Studentクラスです。これは、以下のように定義されています。

```
class Student extends Person {
  public grade:number;
  ……略……
```

　Personクラスを継承し、新たにgradeというプロパティが追加されています。このことを踏まえて、コンストラクタを見てみましょう。

```
constructor(n:string, y:number, g:number) {
  super(n, y);
  this.grade = g;
}
```

　コンストラクタには3つの引数が用意されています。このうち、第1、2引数は、そのまま「super」というメソッドを呼び出すのに使われています。このsuperは、特殊な働きをするメソッドで、スーパークラスにあるコンストラクタを呼び出すものです。スーパークラス（Person）には、引数が2つのコンストラクタが用意されていましたね？　それがsuperにより呼び出されるのです。

　その後に、第3引数をgradeプロパティに設定する処理が追加されています。これで3

つの引数の値が全てプロパティに設定されたことになります。prrintAllメソッドを見てみると、

```
let msg:string = '<p>私は、' + this.name + ' です。' + ↵
  this.age + '歳です。現在、' + this.grade + '年生です。</p>';
```

このように、name、age、gradeのそれぞれのプロパティを取り出してテキストにまとめていることがわかります。このように、3つのプロパティはきちんと機能しています。
　Studentクラス自体には、gradeプロパティしかありません。が、Personを継承しているため、Personにあるnameとageもちゃんと使えるのです。もちろん、Personにあるprintメソッドもちゃんと使えます。

メソッドのオーバーライド

　ところで、サンプルのPersonにはprint、StudentにはprintAllというメソッドが用意されています。これは、ちょっと混乱しそうですね。どうせなら「内容をテキストで取り出すのは全部print」と決めてしまったほうがいいでしょう。

リスト3-22
```
class Student extends Person {
  public grade:number;

  constructor(n:string, y:number, g:number) {
    super(n, y);
    this.grade = g;
  }

  print():string {
    let msg:string = '<p>私は、' + this.name + ' です。' + ↵
      this.age + '歳です。現在、' + this.grade + '年生です。</p>';
    return msg;
  }
}
```

　Studentクラスをこのようにすれば、どちらも同じprintメソッドで内容のテキストを取り出すことができます。同じ名前のメソッドが用意されると、スーパークラスのPersonにあったprintはStudentからは呼び出されなくなります。同じメソッドがサブクラスのStudentにあるため、常にこちらが実行されるようになるのです。

　このように、スーパークラスにあるメソッドをそのままサブクラスに用意して上書きすることを「オーバーライド」と呼びます。オーバーライドすると、スーパークラス側にあったメソッドは呼び出されなくなります。サブクラスに用意したメソッドで上書きされてしまうのです。

Chapter 3　TypeScript

▌print メソッドの呼び出し

では、修正したStudentを利用するようにdoClick関数を修正するとどうなるか、見てみましょう。

リスト3-23

```
function doClick():void {
  let msg:Element = document.querySelector('#msg');
  let val:string = document.querySelector('#text1').value;

  let arr:string[] = val.split(',');
  let obj:Person = null;
  if (arr.length == 2){
    obj = new Person(arr[0], parseInt(arr[1]));
  }
  if (arr.length == 3){
    obj = new Student(arr[0], parseInt(arr[1]), parseInt(arr[2]);
  }
  msg.innerHTML = obj.print();
}
```

arr.lengthの値によってnew Personするかnew Studentするか決めています。よく見ると、どちらも、変数objに代入されていますね？　このobjは、

```
let obj:Person = null;
```

このように宣言されています。つまり、Person型変数なのです。これにPersonインスタンスも、Studentインスタンスも代入されています。

Studentは、Personのサブクラスですから、Personの機能をすべて持っています。つまり、**Personとして使うことも可能**なのです。このように、クラスは、継承するスーパークラスとして扱うこともできます。逆に、スーパークラスをサブクラスとして扱うことはできません。

クラスプロパティとクラスメソッド

ここまで、クラスに用意したプロパティやメソッドは、すべて「インスタンスから呼び出して使う」というものでした。が、プロパティやメソッドなどの中には、「インスタンスの1つ1つに用意する必要のないもの」もあります。すべてのインスタンスで共通して利用するようなものです。

こうしたものは、個々のインスタンスではなく、クラス本体に置いておくことができます。これは「static」という修飾子を使います。プロパティやメソッドの宣言の冒頭にstaticを付けることで、そのプロパティやメソッドはクラスに置かれるようになるのです。

104

こうしたクラスに置かれるものを「クラスプロパティ」「クラスメソッド」と呼びます。クラスに配置したプロパティやメソッドは、各インスタンスから利用せず、クラスから直接利用します。例を見てみましょう。

リスト3-24

```
class Person {
  public name:string;
  public age:number;
  public static tag = 'p';

  constructor(n:string, y:number){
    this.name = n;
    this.age = y;
  }

  print():string {
    let msg:string = '<' + Person.tag + '>My name is ' + ↵
      this.name + '. I am ' + this.age + 'years old.</' + ↵
      Person.tag + '>';
    return msg;
  }
}

function doClick():void {
  let msg:Element = document.querySelector('#msg');
  let val:string = document.querySelector('#text1').value;

  let arr:string[] = val.split(',');
  let obj:Person = new Person(arr[0], parseInt(arr[1]));
  Person.tag = 'h1'; // ●クラスプロパティ tagを変更する
  msg.innerHTML = obj.print();
}
```

▌図3-21：tagクラスプロパティを変更したため、メッセージが<h1>タグを使って表示される。

　ここでは、Personクラスに「tag」というクラスプロパティを追加しています。printでテキストを生成する際、このtagの値を使ってメッセージ文を作るようにしてあります。tagプロパティは、

```
public static tag = 'p';
```

このように書かれています。staticを指定することで、クラスに配置されるようになります。そしてこのtagの値を変更するには、

```
Person.tag = 'h1';
```

このように行っていることがわかるでしょう。クラスプロパティは、このように「クラス.プロパティ」という形で指定します。プロパティの後に付けて呼び出した場合、コンパイル時に警告が表示されます（ただし、コンパイル自体は通ります）。

インターフェイスについて

　各種のクラスを定義してプログラムを作成するようになると、さまざまなクラスのインスタンスを扱うようになります。このようなとき、注意が必要となるのが「異なるクラスのインスタンスを同じように処理していく場合」です。

　たとえば、さまざまなクラスのインスタンスを配列にまとめ、その中にある「abc」というメソッドを呼び出すような関数があったとしましょう。このとき、考えなければならないのは「すべてのインスタンス内にabcメソッドが用意されているか？」という点です。特定のクラスしか配列に入れられないのなら、そのクラスにabcメソッドが用意されていることを確認するだけで済みます。が、さまざまなクラスのインスタンスが利用される場合、そのインスタンスにabcというメソッドがあることを保証する仕組みが必要です。

　このような場合に使われるのが「インターフェイス」と呼ばれる機能です。これは、クラスに必須となるプロパティやメソッドをまとめたもので、以下のように記述します。

▼インターフェイスの定義

```
interface 名前 {
        ……プロパティ、メソッドなど……
}
```

「interface」というキーワードの後にインターフェイス名を記述し、{ }内にプロパティやメソッドを記述します。このとき、メソッドに関しては実装部分(引数・戻り値の後に続く{ }の部分)は必要ありません。

こうして記述したインターフェイスは、クラスに設定することができます。これは以下のように記述します。

▼インターフェイスの利用

```
class クラス implements インターフェイス {……}
```

クラスの宣言文の最後に「implements」というキーワードを付け、その後に組み込むインターフェイス名を記述します。複数のインターフェイスを組み込みたい場合は、それぞれカンマで区切って記述をします。

このようにしてインターフェイスを組み込んだクラスでは、そのインターフェイスに記述されたプロパティやメソッドをすべてオーバーライドしなければいけません。記述していないものがあるとコンパイル時にエラーとなります。

インターフェイスを用意することで、**特定のプロパティやメソッドをクラスに強制的に実装**することができるようになる、というわけです。

インターフェイス利用の実際

では、実際に簡単なサンプルを挙げておきましょう。ここでは「Man」というインターフェイスを用意し、これを実装したPerson、Studentというクラスを作成してみます。

リスト3-25

```
interface Man {
  name:string;
  age:number;

  print():string;
}


class Person implements Man {
  public name:string;
  public age:number;
```

```typescript
    constructor(n:string, y:number){
      this.name = n;
      this.age = y;
    }

    print():string {
      let msg:string = '<p>My name is ' + this.name +
        '. I am ' + this.age + 'years old.</p>';
      return msg;
    }
  }

class Student implements Man {
  public name:string;
  public age:number;
  public grade:number;

  constructor(n:string, y:number, g:number) {
    this.name = n;
    this.age = y;
    this.grade = g;
  }

  print():string {
    let msg:string = '<p>私は、' + this.name + ' です。' + ↵
      this.age + '歳です。現在、' + this.grade + '年生です。</p>';
    return msg;
  }
}

var data:Man[] = [];
data.push(new Person('taro', 37));
data.push(new Student('hanako', 17, 3));
data.push(new Person('sachiko', 45));

function doClick():void {
  let msg:Element = document.querySelector('#msg');
  let val:number = document.querySelector('#text1').value * 1;

  let obj:Man = data[val];
  msg.innerHTML = obj.print();
}
```

　これは、ごく単純なデータベースのサンプルです。入力フィールドに0〜2の整数を
記入してボタンをクリックして下さい。そのデータの内容が表示されます。

図3-22：入力フィールドに0～2の番号を書いてボタンを押すと、そのデータが表示される。

ここでは、以下のような形でManインターフェイスを用意しています。

```
interface Man {
  name:string;
  age:number;

  print():string;
}
```

name、ageというプロパティ、そしてprintメソッドが用意されています。このManをimplementsしたクラスとして、PersonとStudentが用意されています。いずれも、name、age、printといったプロパティ・メソッドを用意しているのがわかるでしょう。

ここでは、これらのクラスのインスタンスを配列にまとめて保管しています。

```
var data:Man[] = [];
data.push(new Person('taro', 37));
data.push(new Student('hanako', 17, 3));
data.push(new Person('sachiko', 45));
```

配列は、「data:Man[]」と型指定されていますね。Man型の値が保管されるようになっています。TypeScriptでは、このように**インターフェイスも型として扱う**ことができます。Man型配列では、Manをimplementsしたクラスのインスタンスはすべて保管することができます。

また、Manがimplementsされているものは、どのクラスでも必ずprintメソッドを持っているため、

```
let obj:Man = data[val];
msg.innerHTML = obj.print();
```

このように、配列から取り出したインスタンスのprintを呼び出して利用することができます。Man型配列に保管されているインスタンスは、どんなクラスのものであれ必ずprintメソッドがあることが保証されているので、その前提でプログラムを作成することができるのです。

これからの学習

　以上、TypeScriptの基本について一通り説明しました。ここでは、プログラミングの基本である「値・変数」「関数」「オブジェクト（クラス）」といったものに絞って説明を行いました。この程度の知識が頭に入っていれば、TypeScriptでプログラムを作成するのもかなり容易になるでしょう。

　ただし、ここで説明したことがTypeScriptの全てというわけではありません。まだまだ説明していない機能が多数盛り込まれています。

ドキュメント

　言語習得の基本は、一にも二にも「ドキュメントを読むこと」でしょう。TypeScriptの文法などのドキュメントは、Webで公開されています。以下のアドレスにアクセスして下さい。

http://www.typescriptlang.org/docs/

図3-23：TypeScriptのドキュメントページ。

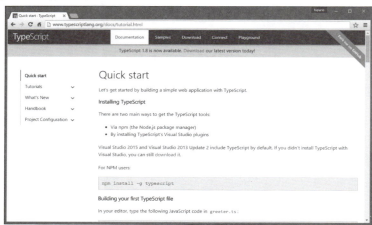

　残念ながら、現時点ではドキュメントは英語のみで日本語は用意されていません。が、とりあえずここにあるドキュメントを流し読みしていけば、どのような機能が追加されているか一通りわかるでしょう。

プレイグラウンド

また、TypeScriptのサイトには、「プレイグラウンド」も用意されています。これは、TypeScriptのコードを記述するとリアルタイムにJavaScriptのコードに変換し、その場で実行できる機能です。

http://www.typescriptlang.org/play/

図3-24：プレイグラウンド。左側にTypeScriptのコードを書くと右側にJavaScriptのコードが表示される。

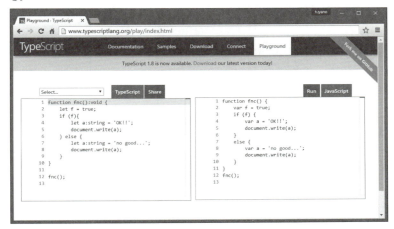

このプレイグラウンドは、その場でTypeScriptのコードを試してみることができるため、学習には最適です。ここで実際にコードを書いて動かしながら学習を進めるとよいでしょう。

Chapter 3 TypeScript

Column まだまだあるJavaScriptフレームワーク③ Riot.js

　本書では、コンポーネント指向フレームワークとして、Angular、React.js、Aureliaを紹介しましたが、最後まで取り上げるべきか悩んだのが「Riot.js」です。これもコンポーネント指向のフレームワークですが、非常にシンプルで小さいソフトウェアでありながら、コンポーネント化や仮想DOMといった技術を実現しています。

　Riot.jsでは、ユーザー定義のタグと、そこにはめ込まれるテンプレートを用意し、テンプレートを元にレンダリングした結果を独自定義のタグにはめ込みます。たとえば、

```
<script type="riot/tag">
  <my-tag>
    <p>{ msg }</p>
    this.msg = 'Hello!';
  </my-tag>
</script>
```

こんな形で<my-tag>というタグを定義したとしましょう。そして、これを利用するものとして、<my-tag></my-tag>といったタグを用意しておきます。後は、以下のようにスクリプトを実行するだけです。

```
riot.mount('*');
```

　これで、<my-tag>の部分が、以下のようにレンダリングされます。

```
<p>Hello!</p>
```

　<script type="riot/tag">の<my-tag>に定義されている内容が、そのまま<my-tag>にレンダリングされます。これらは、すべてHTMLの<body>内に書くだけで済みます。

　コンポーネント指向だ、仮想DOMだというとなんだか大げさになってくるなぁ……と思っている人も、Riot.jsなら簡単にそれらを体験することができます。ちょっとしたWebサイトでも手軽に利用できるコンポーネント指向フレームワークといえるでしょう。

▼Riot.js
http://riotjs.com/ja/

112

Chapter 4
Vue.js

Vue.jsは、MVVM（Model-View-ViewModel）アーキテクチャーに基づくフレームワークです。値をバインドしリアルタイムに更新する仕組みはとてもシンプルです。この種のシステムの入門として最適なVue.jsの使い方をここで覚えましょう。

JavaScript フレームワーク入門

Chapter 4　Vue.js

4-1 Vue.jsの基本

JavaScriptにおけるMVC（MVVM）

昨今、大規模なアプリケーション開発で多用されるようになっているのが「MVCフレームワーク」と呼ばれるものです。これはアプリケーションのプログラムを「Model（モデル）」「View（ビュー）」「Controller（コントローラー）」の3つに整理し、その組み合わせとして構築していく手法です。

Webアプリケーションにおいても、このMVCフレームワークは広く浸透しています。特にサーバーサイドのプログラム開発を行う場合、MVCフレームワークを使うのはごく当たり前になっているでしょう。

では、Webのクライアント側（表示されるWebページ）の開発ではどうでしょうか。クライアント側は、基本的にWebに表示されるだけのものですから、MVCのようなアーキテクチャーは必要ない、と思われてきました。が、Webが高機能化し、プログラムが複雑になっていくにつれ、何らかの形でWebページのプログラムを整理して管理する仕組みが必要であることは多くの人も気づいていました。

そうした要望に応える形で登場したのが、「MVVM」アーキテクチャーです。

Model-View-ViewModel

MVVMとは、「Model」「View」「ViewModel」の略です。これは、プログラムを「データを管理するもの（Model）」「画面表示に関するもの（View）」「データと表示の橋渡しをするもの（ViewModel）」に分けて管理する考え方です。

Webページでは、JavaScriptを使って画面の表示や各種の処理を行いますが、ここでもっとも大変なのが「データと表示をうまくやり取りする」部分です。データが変更されたら遅延なく表示を更新しなければいけないし、画面表示に入力があればデータを更新しなければいけない。こうした「フロントにある表示と、バックにあるデータ」のやり取りこそが、JavaScriptのコーディングで一番面倒な部分といえます。ここをわかりやすくシステム化できれば、Webページの開発は随分と捗るはずです。

114

図4-1：MVVMは、ViewModelによって画面表示（View）とデータ（Model）の間の処理を行う。どちらかが更新されれば自動的にもう一方が更新されるようになっている。

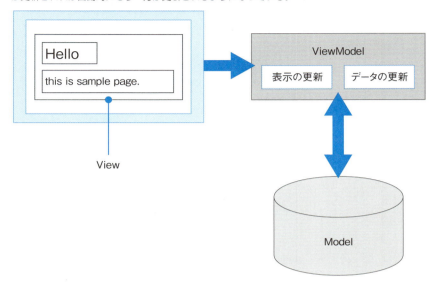

Vue.jsとは？

　このMVVMの代表ともいえるのが、「Vue.js」です。Vue.jsは、画面表示とデータを管理するモデルの間をつなぎ、スムーズにデータ更新などを行う機能を提供します。これは単純に指定したデータを表示するだけでなく、双方向に接続し、どちらかが更新されるとリアルタイムにもう一方も更新されるような仕組みも持っています。

　このVue.jsにより、画面に表示される具体的な内容を、すべてJavaScriptにあるモデル側で管理し、処理することが可能になります。HTMLに用意するのは、情報を表示する枠組みだけであり、その内容はすべてJavaScript側で決めることができるようになるのです。

　Vue.jsは、以下のアドレスで公開されています。

　http://jp.vuejs.org/

図4-2：Vue.jsのサイト。日本語ページも用意されている。

　Vue.jsのサイトでは、英語だけでなく日本語によるドキュメントも用意されています。また、ここからプログラムをダウンロードすることも可能です。

Vue.jsのインストール

　Vue.jsを利用するには、いくつかの方法があります。npmやBowerといったパッケージマネージャを使う方法、ファイルをダウンロードして利用する方法、そしてCDNを使う方法です。

npm の利用

　Vue.jsは、npmに対応しています。npmでインストールを行う場合は、コマンドプロンプトあるいはターミナルを起動し、Webアプリケーションのフォルダに移動してから以下のように実行します。

```
npm install vue
```

図4-3：npm install vueを実行する。

　これでVue.jsがnpmのモジュールとして「mode_modules」フォルダ内にインストールされます。

package.json の利用

　npmでは、**package.json**ファイルを用意することで、必要なライブラリ類をインストールしたプロジェクトを生成できます。Vue.jsを利用するプロジェクトを作成する場合は、以下のような内容を記述したpackage.jsonファイルを作成します。

リスト4-1

```
{
  "name": "vue",
  "title": "Vue.js",
  "version": "1.0.26",
  "description": "Composable MVVM library.",
  "main": "index.js",
  "license": "MIT",
  "repository": {
    "type": "git",
    "url": "git://github.com/hughsk/envify.git"
  },
  "dependencies": {
    "vue": "1.0.26"
  },
  "readme": "ERROR: No README data found!"
}
```

　ファイルを保存した後、コマンドプロンプトなどを起動し、cdコマンドでpackage.jsonのある場所に移動します。そして「npm install」コマンドを実行して下さい。「node_modules」フォルダが作られ、その中の「vue」フォルダにプロジェクト関連のファイル一式が保存されます。

　Vue.js本体は、「vue」フォルダ内の「dist」フォルダ内にスクリプトファイルが保存されます。ここにあるファイルを<script>タグなどで読み込ませれば、利用できるようになります。

図4-4：package.jsonを用意し、npm installでプロジェクトを生成する。

Bowerの利用

　Bowerを使ってVue.jsをインストールすることもできます。この場合は、コマンドプロンプトなどを起動し、インストールするプロジェクトのフォルダに移動して以下のように実行します。

```
bower install vue
```

図4-5：bower install vueでVue.jsをインストールする。

　これでBowerのコンポーネントとしてVue.jsがインストールされます。

bower.json の利用

　Bowerも、**bower.json**ファイルを用意することで、必要なライブラリ一式を組み込んだプロジェクトの生成が行えます。Vue.js利用プロジェクトを作成する場合は、以下のような内容を記述したbower.jsonファイルを作成します。

リスト4-2
```
{
  "name": "vue",
  "main": "index.js",
  "license": "MIT",
  "ignore": [
    "package.json"
  ],
  "dependencies": {
```

```
    "vue"  : "1.0.26"
  }
}
```

　コマンドプロンプトからcdコマンドでbower.jsonのある場所に移動し、「bower install」を実行すれば、必要なファイル類が「bower_components」フォルダの中に保存されます。Vue.jsのスクリプトファイルは、この中の「vue」フォルダ内にある「dist」フォルダの中に保存されています。

図4-6：bower.jsonを使い、bower installでプロジェクトを生成する。

ファイルをダウンロードする

　もっともシンプルでわかりやすい方法は、必要なファイルをダウンロードし、自分のプロジェクトにコピーして利用するという昔ながらのやり方でしょう。Vue.jsのファイルは、以下のWebページからダウンロードすることができます。

https://jp.vuejs.org/guide/installation.html#スタンドアロン

図4-7：Vue.jsのダウンロードページ。ボタンをクリックすればスクリプトファイルがダウンロードされる。

　このページの「スタンドアロン」というところにあるボタンをクリックするとファイルをダウンロードします。「開発バージョン」では開発中の最新版が、「プロダクションバージョン」では安定版が、それぞれダウンロードされます。実際の開発に利用する場合は、

プロダクションバージョンをダウンロードするようにしましょう。

ダウンロードされるのは、「vue.min.js」というスクリプトファイルです。これはVue.jsを圧縮したもので、Webアプリケーションの正式公開時にはこのスクリプトファイルを利用します。HTMLファイルのヘッダー部分に、

```
<script src="vue.min.js"></script>
```

このような形で<script>タグを書き、ファイルをロードすれば、Vue.jsが利用できるようになります。

CDNを利用する

Vue.jsは、CDN（Content Delivery Network）を利用することもできます。現在、Vue.jsをダウンロードできるサイトとしては、以下のようなものがあります。

▼npm CDN

https://npmcdn.com/vue/dist/vue.min.js
（https://npmcdn.com/vue@1.0.26/dist/vue.min.js）

▼JS DELIVR

https://cdn.jsdelivr.net/vue/1.0.26/vue.min.js

▼CDNJS

https://cdnjs.cloudflare.com/ajax/libs/vue/1.0.26/vue.min.js

これらのURLを<script>タグの**src**に指定すれば、スクリプトファイルがダウンロードされ、Webページ内から利用できるようになります。

とりあえず使ってみたい、という人は、CDNを利用するのがもっとも手っ取り早いでしょう。npm CDNはアップデートも高速で、バージョンを指定していない場合は常に最新のバージョンがダウンロードされます。

4-2 Vue.js を利用する

4-2 Vue.jsを利用する

HTMLファイルを用意する

　では、実際にVue.jsの使い方を説明していきましょう。Vue.jsは、**HTMLに基本的なタグを用意しておき、JavaScript側でそれらのタグの表示を操作**します。したがって、HTMLファイルとスクリプトファイルを用意する必要があります。HTML内にスクリプトを直接記述しても構いませんが、プログラムが長くなるとわかりにくくなるので、別ファイルにしたほうがよいでしょう。

　まずは、HTMLファイルの簡単なサンプルを作成しましょう。

リスト4-3

```
<!DOCTYPE html>
<html>
<head>
  <title>Hello</title>
  <script src="https://npmcdn.com/vue/dist/vue.js"></script>
  <script src="main.js"></script>
  <link rel="stylesheet" href="style.css"></link>
</head>
<body onload="initial();">
  <h1>Vue.js</h1>
  <p id="msg">{{ message }}</p>
</body>
</html>
```

　ここでは、<script>タグを使って、CDNのVue.jsファイル（**https://npmcdn.com/vue/dist/vue.js**）をロードしています。また**main.js**というスクリプトファイルも読みこむようにしていますね。このmain.js内に、プログラムを記述していきます。

Mustashe タグについて

　このHTMLには、Vue.js特有の記述が1箇所だけあります。それは<p>タグの部分です。このようになっていますね。

```
<p id="msg">{{ message }}</p>
```

　<p>タグのコンテンツとして、**{{ message }}**が記述されています。これは、「Mustashe（ムスタッシュ）タグ」と呼ばれるもので、「Mustashe」というテンプレートエンジンで使われている特殊なタグです。Mustasheタグは、{{○○}}というように、前後を{{ }}という二重のブレース記号を使って記述されます。

121

Mustasheタグは、Vue.jsでデータをはめ込むために利用されます。ここでは、messageという名前のタグを用意しておいた、というわけです。後でJavaScript側で、ここに値を設定することになります。

■スタイルシートを用意する

併せて、スタイルシートファイルも用意しておきましょう。ここでは、**style.css**という名前で用意されたファイルを読み込むようにしてあります。この名前でファイルを作成し、以下のようにスタイルを記述しておきます。

リスト4-4

```css
body {
    color:#999;
    padding:5px 16px;
    font-size:14pt;
    line-height:150%;
}
h1 {
    font-size:24pt;
}
p {
    font-size:18pt;
}
```

これは表示スタイルのサンプルですので、この通りでなければいけないわけでもありません。それぞれで調整しておきましょう。

スクリプトを作成する

では、Vue.jsを利用するスクリプトを書きましょう。HTMLファイルと同じ場所に「main.js」という名前でファイルを作成します。そして以下のリストのように内容を記述しましょう。

リスト4-5

```javascript
function initial(){

    new Vue({
        el: '#msg',
        data: {
            message: 'this is Vue.js sample!'
        }
    })
}
```

図4-8：アクセスすると「this is Vue.js sample!」とメッセージが表示される。

　記述したら、HTMLにアクセスしてみて下さい。「this is Vue.js sample!」というテキストが表示されます。HTMLのソースコードと表示をよく比べてみて下さい。テキストが表示されているのは、**{{ message }}**が記述されていた場所だったことがわかるはずです。

Vueオブジェクト

　Vue.jsでもっとも重要なのは「Vue」というオブジェクトです。これは、Vue.jsに用意されているViewModelオブジェクトです。このVueオブジェクトを作成し、この中でデータと画面の表示を関連付け、処理していきます。
　このVueオブジェクトは、以下のように作成します。

```
var 変数 = new Vue( {……オプション情報……} );
```

　Vueの引数は、Vueで必要となる設定などの情報をまとめたオブジェクトが渡されます。この**引数の情報をどう用意するか**、がVue活用の一つのポイントとなる、といっていいでしょう。値を用意してWebページ側に表示することを考えた場合、ここには最低限、以下の2つを用意する必要があります。

el	値を表示する対象となるタグ（Element）を指定するものです。ここにタグのIDなどの情報を用意しておきます。ここでは、el: '#msg'として、ID="msg"のタグを指定しています。
data	渡す値を用意します。この値はオブジェクトとして用意し、その中に値をまとめておきます。ここでは、message: 'this is Vue.js sample!'として、messageという名前でテキストを保管しています。

　この2つさえ用意しておけば、とりあえずVue.jsを使えるようになります。このVueは、elで指定したタグに、dataで指定した値を割り当てて表示します。ここでは、HTML側に以下のようなタグがありました。

```
<p id="msg">{{ message }}</p>
```

　これで、ID="msg"の**タグ**（el:'#msg'）に、messageという**値**を割り当てます。ここにある{{ message }}が、値を割り当てるところです。Mustasheタグに記述した名前の値をdataの

オブジェクト内から探して割り当てているのです。

HTML側からVueに値を設定する

このサンプルでは、Vueオブジェクト側（JavaScript側）から、HTMLの表示へと値が渡されました。では、逆はどうでしょう。HTML側から入力した値をVueオブジェクト側に渡すには？

これもやってみましょう。今回は、HTMLファイルを修正するだけです。<body>タグ部分だけを抜き出して挙げておきましょう。

リスト4-6
```
<body onload="initial();">
   <h1>Vue.js</h1>
   <div id="msg">
   <p>{{ message }}</p>
   <input type="text" v-model="message">
   </div>
</body>
```

図4-9：入力テキストにテキストを書くと、リアルタイムに表示が更新される。

main.jsはそのままにしておきます。アクセスすると入力フィールドが画面に表示されます。ここにテキストを記入してみましょう。すると記入したテキストがリアルタイムに上に表示されます。

v-model 属性について

ここでは、新たに追加した**<input>**タグがポイントです。ここには、「v-model」という属性が用意されていますね。これは、この入力用コントロールが、**View Model**と接続されていることを示しています。

v-model="message"というのは、「View Modelに保存されているすべての値の中からmessageというものを探し、それをこのコントロールに設定する」ということを示します。これにより、この<input>タグの値と、Vueのdata内にあるmessageという項目の値が同期されるようになります。

図4-10：v-modelに指定した入力フィールドの値がVueのdata内に格納され、その内容がidで指定されている画面のタグに表示される。

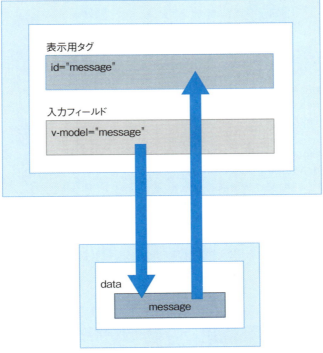

イベントとメソッドの利用

　Vueに設定された値を自動的に表示するなら、これだけでOKですが、通常はそんな単純なやり方ばかりではありません。一般的には、テキストを入力などする場合、入力が完了したところでボタンなどをクリックし、処理を行うようになっています。

　こうした「クリックしたら処理を実行する」という一般的なやり方もVueでは行えます。これにはクリックのイベント処理の利用の仕方を覚える必要があります。まずは、サンプルを見てみましょう。

リスト4-7——index.html
```html
<body onload="initial();">
  <h1>Vue.js</h1>
  <div id="msg">
    <p>{{ message }}</p>
    <input type="text" v-model="text1">
    <input type="button" v-on:click="doAction" value="click">
```

```
    </div>
</body>
```

リスト4-8——main.js

```
function initial(){

  new Vue({
    el: '#msg',
    data: {
      message: 'this is Vue.js sample!',
      text1: ''
    },
    methods: {
      doAction: function(){
        var str = this.text1;
        this.message = 'you typed: ' + str + '.';
      }
    }
  })
}
```

図4-11：テキストを記入し、ボタンをクリックすると、メッセージが表示される。

　ここでは、入力フィールドとプッシュボタンを用意しています。テキストを記入し、ボタンをクリックするとメッセージが画面に表示されます。JavaScriptのサンプルとしてはよく見るものです。が、記述されているスクリプトの内容はまるで違います。

　ここでは、Vueオブジェクト生成の引数に、新たに「methods」という項目が追加されています。これは、Webページ側に割り当てて使われるメソッドをまとめたものです。イベントなどを使ってWebページのタグなどに割り当てるメソッドは、ここに用意しておきます。

4-2 Vue.js を利用する

v-on 属性について

ここでは「doAction」という名前でメソッドを用意してあります。HTML側を見ると、`<input type="button">`タグに「v-on:click="doAction"」という属性が用意されているのに気づくでしょう。この「v-on」というのが、Vueでイベントを割り当てるための属性を示します。「v-on:click」は、clickイベントに割り当てる情報を示すものになります。ここでdoActionを指定することで、Vueのmethods内にあるdoActionという名前のメソッドがclickイベントに割り当てられるのです。

doActionでは、以下のような処理が行われています。

```
var str = this.text1;
this.message = 'you typed: ' + str + '.';
```

this.text1は、このVueオブジェクトのdata内に用意されているtext1の値を示します。data内の値はこのようにthisを使って簡単に参照できます。this.text1の値を取り出し、それを加工してthis.messageに設定しているわけです。

HTML側を見ると、messageは`<p>`タグにMustasheタグとして表示し、text1は入力フィールドに割り当てられていることがわかります。すなわち、

①入力フィールドの値がtext1にバインドされている。
②text1を取り出すことで、入力フィールドの値が得られる。
③その値を加工し、messageに設定する。
④messageが{{message}}に表示される。

このようにして、入力されたテキストを加工したものが`<p>`タグに表示されることになります。

この一連の処理を見れば気がつくことですが、この処理には、HTMLの特定のタグなどを指定する部分はまったくありません。doActionで行っているのは、あくまでVueのdataに用意されている項目の値を操作することだけです。

Webページ側に用意するものはタグや属性の指定だけです。これらの記述場所を変更すれば、値が表示される位置も変わります。「具体的な処理」と、「結果の表示」が完全に分かれており、それぞれ独立して編集できるようになっていることがわかるでしょう。

HTMLの表示

ここまでは単純なテキストを表示していましたが、HTMLのコードを設定できればもっと複雑な表現も可能ですね。では、やってみましょう。

先ほど作成したスクリプトのmethods部分を以下のように書き換えてみましょう。

リスト4-9

```
methods: {
  doAction: function(){
```

127

```
      var str = this.text1;
      this.message = 'you typed: <span style="color:white;
        background:red">'
        + str + '</span>.';
  }
}
```

このように修正してから動作を確かめてみて下さい。ボタンを押すと、HTMLのタグがそのままテキストとして表示されてしまいます。

図4-12：ボタンをクリックすると、HTMLがそのままテキストで表示されてしまう。

実をいえば、Mustasheタグ({{}}タグ)は、HTMLのタグを自動的にエスケープ処理してタグとして機能しないようになっているのです。このため、HTMLのタグを出力しても動作はしません。

HTMLのタグを含むテキストをそのまま表示させたい場合は、**{{{ }}}**というタグを使います。ブレースを3つ重ねたタグですね。こうすると、値をエスケープ処理せずそのまま表示するようになります。HTMLのタグがあれば、そのままWebページ内に書き出されるため、HTMLタグとして機能するようになります。

HTML側の{{message}}のある文を、以下のように書き換えてみましょう。

リスト4-10
```
<p>{{{ message }}}</p>
```

そして再度動作チェックをしてみて下さい。今度は、入力したテキストの部分が赤地に白い文字で表示されるようになります。HTMLのタグがきちんと機能していることがわかるでしょう。

図4-13：今度は、テキストが赤地に白で表示されるようになった。

JavaScript式を使う

　Mustasheタグには、dataの値を指定するだけでなく、もっと複雑な内容を記述することもできます。それは「JavaScriptの式」です。
　式といっても、四則演算のような式だけではありません。要するに「結果を値として返すことのできる文」と考えておけばよいでしょう。値として得られないようなものは設定できません。

　では、実際にやってみましょう。まずHTML側のMustasheタグを以下のように書き換えます。

リスト4-11

```
<p>{{ message.toString(); }}</p>
```

　messageのtoStringした値を出力するようにしてあります。これで、messageにはテキストでなく、オブジェクトが保管できるようになります（オブジェクトの内容をテキストとして表示できるようになった、ということです）。
　続いて、スクリプト側を以下のように修正しましょう。

リスト4-12

```
function initial(){
    
    new Vue({
        el: '#msg',
        data: {
            msgArray:[],
            message: '',
            text1: ''
        },
        created: function(){
            this.msgArray.push('sample message.');
            this.message = this.msgArray;
```

```
    },
    methods: {
      doAction: function(){
        this.msgArray.push(this.text1);
        this.message = this.msgArray;
      }
    }
  })
}
```

図4-14：テキストを記入してボタンを押すと、そのテキストを追加していく。

テキストを書いてボタンを押すと、そのテキストをどんどん追加していきます。今回、dataには「msgArray」という値を追加してあります。これはデフォルトで空の配列が用意されています。ボタンを押したら、この配列にテキストを追加し、それをmessageに設定して表示させよう、というわけです。

doActionを見ると、**this.msgArray.push(this.text1);** というよに、msgArrayに**push**でテキストを追加していることがわかります。そして改めて**this.message = this.msgArray;** でmessageに値を設定すれば、それがHTML側に表示されます。その際、toStringで得られたテキストが出力されるというわけです。

created について

よく見ると「created」という項目が追加されていますね。これは、**Vueオブジェクトが生成された直後に実行される処理**を指定するものです。ここに初期化のためのメソッドを定義しておけば、それが最初に実行されます。

ここでは例として配列にダミーのテキストを追加し、表示させています。こんな具合に、Vueの初期化処理を用意するのに役立ちます。

フィルターを使う

リスト4-11ではtoStringを使って配列をテキストにして表示させましたが、実は別の

やり方もあります。Mustasheタグの部分を以下のように書き換えてみましょう。

リスト4-13

```
<p>{{ message | json }}</p>
```

図4-15：JSON形式で値が表示される。

これでも配列の中身が表示されます。ただし、表示スタイルは微妙に違っていますね。前後に**[ ]**記号が付けられているでしょう。

この**{{ message | json }}**という記述は、messageの表示に「json」というフィルターを使用する、ということを指定していたのです。

フィルターとは？

フィルターというのは、指定された値を出力する際に何らかの処理を行うための仕組みです。フィルターを指定することで、指定の形で処理した値を出力するようになります。

リスト4-13でjsonというフィルターを指定しました。値をJSON形式に変換するフィルターです。これを付けることで、オブジェクトをJSON形式で表示させることが可能になります。

こうしたフィルターには、以下のような種類が用意されています。

capitalize	単語の最初の1文字目だけを大文字にし、以後を小文字にします。
uppercase	すべて大文字にします。
lowercase	すべて小文字にします。
currency	数値に貨幣単位を付け、3桁ごとにカンマを入れて金額の型式で表示します。
pluralize	引数の単語を複数形にします。
json	オブジェクトをJSON形式のテキストにします。
debounce	遅延表示します。たとえば「debounce 100」とすると100ミリ秒遅延して表示されます。

limitBy	配列などで表示する範囲を制限します。「limitBy 3 5」とすると、5つ目から3個を表示します。
filterBy	配列などで表示する項目を制限します。たとえば「filterBy 'ok'」とすると、okで始まる要素だけを表示します。
orderBy	配列などで並び順を指定します。たとえば「orderBy name」とするとnameの値を元に並べ替えます。

　これらのフィルターは、値の後に「|」記号を付けて記述します。複数のフィルターを使いたい場合は、更に「|」を付けて記述できます。

```
{{ 値 | フィルター1 | フィルター2 | ……}}
```

　このような具合ですね。これでいくつもフィルターを設定すれば、表示される内容をより詳しく設定できるでしょう。

4-3 Vue.jsを更に使いこなす

Computedプロパティ

　Vue.jsには、View Modelをより深く使いこなすための機能が多数盛り込まれています。基本的な使い方がわかったところで、覚えておくと役に立つVue.jsの機能について一通り説明していきましょう。
　まずは、**Computerプロパティ**（算出プロパティ）についてです。

▌Computed プロパティとは？

　Vueオブジェクトを作成する際には、多数の設定をまとめたオブジェクトが用意されます。これらは、Vueオブジェクトのプロパティやメソッドとして組み込まれます。プロパティとしては、dataの項目が挙げられます。ここに用意された項目は、プロパティとしてオブジェクトに組み込まれます。先にmessageなどをdataに用意した際、this.messageとして値を取り出していたのを思い出して下さい。プロパティとして組み込まれていたから、このような形で値を得ることができたのです。

　このプロパティは、基本的に値を保管するだけのものですが、場合によっては値に何らかの処理を施したいこともあります。単純に保管した値を取り出すのではなく、必要に応じて処理した結果がプロパティの値として渡るようにしたい、ということですね。
　このような場合に用いられるのが「Computedプロパティ」（算出プロパティ）です。Computedプロパティは、**メソッドを使って演算した結果を値として取り出すプロパティ**です。これは、「computed」という項目として用意されます。

4-3 Vue.js を更に使いこなす

```
computed: {
        プロパティ名 : function(){……処理……}
}
```

　このような形でプロパティを用意するのです。dataには用意しないので注意して下さい。

■合計計算のプロパティ

　では、簡単なサンプルを作成してみましょう。例として、数字（整数）を入力すると、1からその数字までの合計を得られるプロパティを作成してみます。
　まずはHTMLの修正です。<body>部分を以下のようにしておきます。

リスト4-14

```
<body onload="initial();">
  <h1>Vue.js</h1>
  <div id="msg">
    <p>{{ result }}</p>
    <input type="text" v-model="number">
  </div>
</body>
```

　続いて、スクリプトファイルです。これは以下のように記述して下さい。

リスト4-15

```
function initial(){

  new Vue({
    el: '#msg',
    data: {
      number: '0'
    } ,
    computed: {
      result:function(){
        var total = 0;
        for(var i = 0;i <= this.number * 1;i++){
          total += i;
        }
        return total;
      }
    }
  })
}
```

133

▌図4-16：整数を記入すると、リアルタイムに合計が表示される。

　入力フィールドに整数を記入すると、リアルタイムに合計が表示されます。ここでは、フィールドに入力した値としてdataに用意しているnumberと、合計の値を算出するComputedプロパティ「result」を用意してあります。resultの内容を見ると以下のようになっていますね。

```
result:function(){
  var total = 0;
  for(var i = 0;i <= this.number * 1;i++){
    total += i;
  }
  return total;
}
```

　繰り返しのforを使い、ゼロからthis.numberまでの値を変数totalに加算していきます。そして最後にreturn total;します。このreturnされた値が、このプロパティの値として扱われます。
　このように、メソッドを使って計算処理などを用意すれば、簡単にComputedプロパティを作ることができます。

Get/Setの作成

　このようにComputedプロパティは意外と簡単に作れます。ただし、このやり方だと、値を取り出す場合はいいのですが、変更する方法が用意されてないことに気がつくでしょう。
　Computedプロパティでも、値の設定を行うことは可能です。この場合、プロパティ定義の書き方を少し変更する必要があります。

```
computed: {
        プロパティ名 : {
                get : function(){……処理……},
                set : function( 引数 ){……処理……}
        }
}
```

　プロパティに直接メソッドを設定するのではなく、{ }を付けてその中にgetとsetという2つの項目を用意しています。そしてそれぞれに値の取得と値の変更のための処理を記述しておくのです。setのメソッドでは、新たに設定された値が引数に渡されます。この値を元に処理を作成すればいい、というわけです。

Get/Set を使ってみる

　では、これも簡単なサンプルを挙げておきましょう。今回は、「金額を入力すると消費税込み価格を計算して表示する」ということをやってみます。

リスト4-16

```
<body onload="initial();">
  <h1>Vue.js</h1>
  <div id="msg">
    <p>税抜価格：<input type="text" v-model="woTax"></p>
    <p>税込価格：<input type="text" v-model="wTax"></p>
  </div>
</body>
```

　ここでは、2つの入力フィールドを用意してあります。これらには、v-modelでそれぞれ"woTax"、"wTax"と名前が指定されています。これらの値をスクリプト側で用意してやります。以下のように修正しましょう。

リスト4-17

```
function initial(){

  new Vue({
    el: '#msg',
    data: {
      woTax: '0'
    } ,
    computed: {
      wTax: {
        get: function(){
          return parseInt(this.woTax * 1.08);
        },
        set: function(val){
```

```
            this.woTax = Math.ceil(val / 1.08);
          }
        }
      }
    })
  }
```

図4-17：本体価格と税込価格。どちらか一方を修正すると、もう一方が自動的に更新される。

　このサンプルでは、本体価格と税込価格の2つの入力フィールドがあります。どちらの値も、修正すればもう一方が瞬時に更新されます。
　ここでは、本体価格のフィールドにwoTaxプロパティを指定し、税込価格のフィールドにwTaxを指定しています。このwTaxが、Computedプロパティになります。

```
computed: {
  wTax: {
    get: function(){
      return parseInt(this.woTax * 1.08);
    },
    set: function(val){
      this.woTax = Math.ceil(val / 1.08);
    }
  }
}
```

　ここでは、wTaxプロパティ内にgetとsetの項目を用意し、それぞれにメソッドを設定しています。これで、値の取得と設定の処理が行えるようになりました。woTaxの値を使ってwTaxは設定されるため、woTaxの値が変更された際には、このwTaxも自動的に更新されます。

スタイルクラスのバインド

JavaScriptからHTMLの要素を操作するという場合、もっとも必要性が高いのは、フォームコントロールの値の取得と、「スタイルシートの変更」でしょう。

複雑なスタイルの設定では、**スタイルクラス**（class属性で設定するスタイル）をよく使いますが、Vue.jsではスタイルに値をバインドして簡単に操作できる仕組みが用意されています。それは「v-bind:class」という属性です。

v-bindは、Vueオブジェクト内のプロパティとHTMLのタグの要素などをバインドする機能を提供します。**v-bind:class**は、class属性をバインドするのに利用します。

```
v-bind:class="{ クラス名 : プロパティ名 }"
```

このように、{}内にクラス名とプロパティ名をコロンでつないで記述します。これで、指定の名前のクラスにプロパティがバインドされます。このプロパティは、真偽値を扱います。値がtrueならば、そのクラスがONとなり、利用されるようになります。falseならば、クラスはOFFになり、設定されません。

このように、利用するクラスにプロパティを設定し、そのプロパティの値を操作することで、クラスがON/OFFされるようになっているのです。

クラス操作のサンプル

では、実際にクラスを操作してみましょう。まずは、HTMLファイルから修正をしておきます。

リスト4-18

```
<body onload="initial();">
  <h1>Vue.js</h1>
  <p id="msg" v-bind:class="{'a':isA, 'b':isB}" ↵
    v-on:click="change();">クラスを操作します。</p>
</body>
```

<body>タグの部分のみ掲載しておきました。ここでは、<p>タグのクラスに以下のような値を設定しています。

```
v-bind:class="{'a':isA, 'b':isB}"
```

「a」と「b」という2つのクラスに、それぞれ「isA」「isB」と名前を付けています。これらの値が変更されれば、それに応じてclass属性の値も変更されるようになる、というわけです。

では、style.cssにスタイルを追記しておきましょう。

リスト4-19

```
.a {
  color:red;
```

```
  background: white;
}
.b {
  color:white;
  background: blue;
}
```

本当にシンプルですね。他に書いてあるスタイルはそのまま変更しないでおきましょう。これで、aとbという2つのクラスが用意されました。

クラス操作の実際に

では、スクリプトを作成しましょう。ここではisA、isBのプロパティの他、HTMLファイルで**v-on:click**に設定した**change**関数も用意しておく必要があります。

リスト4-20
```
function initial(){

  new Vue({
    el: '#msg',
    data: {
      isA: true,
      isB: false
    },
    methods: {
      change: function(){
        this.isA = !this.isA;
        this.isB = !this.isB;
      }
    }
  })
}
```

図4-18：メッセージのテキスト部分をクリックすると、a、bの2つのクラスが交互に設定される。

修正したらWebブラウザからアクセスしてみましょう。最初は、タイトルの下に赤い文字でメッセージが見えるはずです。このメッセージをクリックすると、青地に白抜きのテキストに変わります。クリックするごとに、この両者の間を行ったり来たりするのがわかります。

ここではchangeメソッドでプロパティの値を操作しています。

```
change: function(){
  this.isA = !this.isA;
  this.isB = !this.isB;
}
```

やっていることは非常に単純です。真偽値の値を代入しているisA、isBの値を逆転しているだけです。これで、a、bのクラスをON/OFFしていたのです。

class属性の操作は、いくつものクラスをまとめて設定できるため、設定された値の中から特定のクラス名だけを取り除いたりするのは、かなり面倒です。Vue.jsを利用すれば、こんなに簡単にクラスの操作が行えます。

スタイルの変更

この「属性にプロパティをバインドする」というやり方は、style属性でも利用できます。この場合は、**v-bind:style**という属性を利用します。やってみましょう。

リスト4-21

```
<body onload="initial();">
  <h1>Vue.js</h1>
  <div   id="msg">
  <p v-bind:style="{'color':selF, 'background':selB}"
    v-on:click="change();">スタイルを操作します。</p>

  <p><select v-model="selF">
    <option>white</option>
    <option>black</option>
    <option>red</option>
    <option>blue</option>
    <option>green</option>
  </select>
  <select v-model="selB">
    <option>white</option>
    <option>black</option>
    <option>red</option>
    <option>blue</option>
    <option>green</option>
  </select>
  </p>
```

```
    </div>
  </body>
```

<p>タグに**v-bind:style="{'color':selF, 'background':selB}"**という形で属性を用意しておきました。そして、2つの<select>タグを用意し、それぞれにv-model="selF"、v-model="selB"を用意しておきます。これで、selF、selBの値が<select>と<p>タグのstyle属性の値の間で関連付けられます。

後は、Vueクラスのプロパティを修正しておくだけです。

リスト4-22
```
function initial(){
  
  new Vue({
    el: '#msg',
    data: {
      selF:'',
      selB:'',
    },
    created: function(){
      this.selF = 'red';
      this.selB = 'white';
    }
  });
}
```

図4-19：2つのプルダウンメニューから値を選ぶと、メッセージの背景色とテキスト色が変更される。

data内に、selF、selBという値を用意してあります。createdでは、それぞれredとwhiteにしておきました。<select>タグで項目を選択すると、これらselF、selBの値が変更され、<p>タグのstyle属性の値が更新されます。

4-3 Vue.js を更に使いこなす

条件付き表示「v-if」

　画面の中で、必要に応じて表示をON/OFFしたい、ということはあります。通常はそのタグのstyle属性（visibility）を操作するなどして変更をしますが、Vue.jsの場合は、よりシンプルでわかりやすく表示のON/OFFが行えます。それは「v-if」という属性を利用します。

```
＜タグ　v-if="プロパティ"＞
        ……表示内容……
＜/タグ＞
```

　v-ifは、Vueオブジェクトに用意したプロパティを値として設定します。そのプロパティがtrueならば画面に表示され、falseならば非表示となります。非常に単純ですね。では、やってみましょう。

リスト4-23──index.html

```html
<body onload="initial();">
  <h1>Vue.js</h1>
  <div id="msg">
  <p v-if="flg">メッセージの表示を操作します。</p>

  <divp><input type="checkbox" id="ck" v-model="flg">
  <label for="ck">表示</label></div>

  </div>
</body>
```

リスト4-24──main.js

```js
function initial(){

  new Vue({
    el: '#msg',
    data: {
      flg:false
    },
    created: function(){
      this.flg = true;
    }
  });
}
```

141

図4-20：チェックボックスをONにするとメッセージが表示され、OFFにすると消える。

このサンプルではチェックボックスが1つ用意されています。これをONにするとメッセージが表示され、OFFにすると非表示に変わります。

チェックボックスのタグでは、**v-model="flg"** を指定してflgプロパティ値をバインドしています。そしてメッセージのタグは、**<p v-if="flg">** というように、v-ifの値にflgを指定しています。これで、flgの値によって<p>タグの表示が変化するようになります。

v-else の併用

v-ifは、値がtrueならば表示しますが、「falseの場合に、代わりに何かを表示させたい」という場合には、「v-else」を併用することができます。

リスト4-25

```
<body onload="initial();">
  <h1>Vue.js</h1>
  <div id="msg">
  <p v-if="flg">メッセージの表示を操作します。</p>
  <p v-else>[ ※非表示です ]</p>
  <divp><input type="checkbox" id="ck" v-model="flg">
  <label for="ck">表示</label></div>
  </div>
</body>
```

図4-21：チェックをOFFにすると、[※非表示です]と表示されるようになった。

先ほどのサンプルの<body>を少し書き換えてみました。チェックをOFFにすると、[※非表示です]と別のメッセージが表示されるようになります。

v-elseは、こんな具合に、v-ifの後にあるタグにただv-elseを付けるだけです。設定なども特にありません。

繰り返す「v-for」

v-ifが、表示の「条件分岐」に相当するものだとすれば、「繰り返し」に相当するのが「v-for」でしょう。これは以下のように利用します。

```
<タグ v-for="変数 in 配列など">
        ……表示内容……
</タグ>
```

v-forは、配列などから順に値を取り出して変数に格納し、このタグを表示します。配列にあるすべての項目について、順にこのタグが出力されていくことになります。

たとえば、配列に保管しているデータをリスト表示するような場合、このv-forが使えます。

リスト4-26──index.html

```
<body onload="initial();">
  <h1>Vue.js</h1>
  <div id="msg">
    <ul>
      <li v-for="obj in data">
        {{obj}}
      </li>
    </ul>
  </div>
</body>
```

リスト4-27──main.js

```
function initial(){

  new Vue({
    el: '#msg',
    data: {
      data:[
        'Hello!',
        'Welcome.',
        'Good-bye...'
      ]
    }
  });
}
```

図4-22:配列の内容をリストにして表示する。

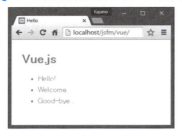

　データをリスト表示するような場合は、このように簡単にリストを作成できます。dataプロパティに配列を用意すれば、それがそのままリストになります。見ればわかるように、ここではJavaScriptのコードらしいものはありません。ただ、dataプロパティに配列を用意しているだけです。ほぼノンプログラミングで、JavaScriptに用意したデータをリスト化し、表示できるのです。

ダイナミックにリストを表示する

　Vue.jsでは、データをバインドすればダイナミックに表示を変更することもできます。たとえば、ユーザーの選択に応じてリストを表示するようなサンプルを考えてみましょう。

リスト4-28——index.html
```
<body onload="initial();">
  <h1>Vue.js</h1>
  <div id="msg">
  <ol>
    <li v-for="obj in data">
      {{obj}}
    </li>
  </ol>
  <hr>
    <select size="5" multiple v-model="data">
      <option>Windows</option>
      <option>macOS</option>
      <option>Linux</option>
      <option>Android</option>
      <option>iOS</option>
    </select>
  </div>
</body>
```

```
リスト4-29──main.js
function initial(){

  new Vue({
    el: '#msg',
    data: {
      data:[]
    }
  });
}
```

図4-23：選択した項目が一覧リストに表示される。

　<select>によるリストから項目を選択すると、それが<ol>で一覧リストとして表示されます。リストを選択すると、瞬時に一覧が更新されます。これも、具体的な処理コードは一切ありません。こんなに単純に、ダイナミックな表示更新が行えるようになるのです。

コンポーネントの作成と利用

　さまざまな表示を構築していくと、次第に「よく使われる表示」というものが見えてきます。基本的なタグやスタイルの構成、JavaScript側で必要な値の処理など、ある程度汎用化して部品化できれば、ずいぶんと開発の助けになりますね。
　Vue.jsでは、こうした汎用的な部品を「コンポーネント」として定義することができます。コンポーネントの定義の方法はいろいろとあるのですが、もっとも簡単なのは、Vueオブジェクトの「component」メソッドを使ったものでしょう。これは以下のように利用します。

```
Vue.component( 名前 , 設定情報 );
```

　第1引数には、コンポーネント名を指定します。そして第2引数に、必要な情報をまとめて用意します。これは、オブジェクトとして用意しておきます。オブジェクトには、

コンポーネントに必要な各種の値をプロパティとして用意しておきます。

最低でも用意すべきは、「template」でしょう。これは、このコンポーネントが出力する内容を示すものです。ここにHTMLを使って表示内容を用意しておけば、それがコンポーネントとして表示されます。

MyComponent を作る

では、実際に簡単なコンポーネントを作成してみましょう。まずは、スクリプトの方から作成していきましょう。

リスト4-30——main.js

```javascript
Vue.component('my-component', {
  template: '<p style="border:1px solid #ccc;">My Component</p>'
})

function initial(){

  new Vue({
    el: '#msg',
    data: {}
  });
}
```

ここでは、「my-component」という名前でコンポーネントを作成してあります。templateには、<p>タグで簡単なメッセージを出力してあります。Vueオブジェクトには、特に何も記述はしていません。

では、このmy-componentを使ってみましょう。

リスト4-31——index.html

```html
<body onload="initial();">
  <h1>Vue.js</h1>
  <div id="msg">
  <my-component></my-component>
  </div>
</body>
```

図4-24：<my-component>タグでコンポーネントの内容が表示される。

ここでは、「My Component」というメッセージが四角い枠の中に表示されます。この部分がどうなっているか見ると、**<my-component>**タグが書かれているだけです。このタグが、作成したmy-componentというコンポーネントのタグになります。

コンポーネントは、こんな具合にコンポーネント名のタグを記述することで配置できます。**template**内にもっと複雑なタグを記述しておけば、それが<my-component>というタグを書くだけで書き出されるようになります。

propsによる値の受け渡し

ただ決まったタグを出力するだけでは、あまり高度な表現は行えません。HTMLのタグでは、各種の属性を指定することでさまざまな表現を行えるようにしていますね。コンポーネントでも、同様に属性を定義することができます。それには「props」というプロパティを使います。

```
props: [ 値1, 値2, ……]
```

このように、利用する**値の名前**を配列として設定します。これらの値が、そのままtemplateのテキスト内で変数としてMustasheタグで利用できるようになります。

メッセージ属性を用意する

では、先ほどのサンプルを修正し、表示するメッセージの属性を用意してみることにしましょう。まずはmain.jsの修正です。

リスト4-32——main.js

```
Vue.component('my-component', {
  props: ['message'],
  template: '<p style="border:1px solid #ccc;">{{message}}</p>'
})

function initial(){
```

```
  new Vue({
    el: '#msg',
    data: {
      data:[]
    }
  });
}
```

propsには、**['message']**と配列を用意しています。これで、messageという値が用意できました。templateを見ると、タグの間に**{{message}}**と記されていることがわかるでしょう。ここで、propsのmessageが使われていたのですね。

では、HTMLの修正を行いましょう。

リスト4-33——index.html
```
<body onload="initial();">
  <h1>Vue.js</h1>
  <div id="msg">
  <my-component message="こんにちは！"></my-component>
  </div>
</body>
```

図4-25：<my-component>にmessage属性を追加し、表示するメッセージを設定できるようにする。

ここでは、「こんにちは！」とメッセージを表示していますが、これも**<my-component message="こんにちは！">**というようにタグを用意したためです。message属性の値がそのままタグに表示されてるのがわかるでしょう。

ここではmessage属性に直接テキストを記述していますが、更にプロパティなどにバインドすれば外部から値を操作できるようにもなります。そうなれば、コンポーネントもより柔軟な利用が可能となります。

テンプレートの利用

コンポーネントが簡単にオリジナルの表示を作れることはわかりましたが、あまり複雑なものになるとHTMLのコードをtemplateにテキストとして設定するのが大変になってきます。

このような場合に役立つのが「テンプレート」です。テンプレートは、HTML内に用意するコードで、出力する内容をそのままHTMLタグで記述しておきます。これは、以下のように記述します。

```
<template id=" テンプレート名 ">
        ……表示する内容……
</template>
```

<template>タグ内に、具体的な内容を記述します。この<template>タグは、どこに記述しておいても構いません。<body>タグ外にあっても問題なく利用できます。

こうして用意されたテンプレートは、コンポーネントのtemplateタグに**ID名**を指定することで利用できるようになります。

テンプレートを使う

では、実際に簡単なサンプルを作ってみましょう。先ほどのMy Componentを修正して使うことにします。

リスト4-34──main.js

```
Vue.component('my-component', {
  props: ['items'],
  template: '#my-template'
})
```

ここでは、**template: '#my-template'**と指定をしてあります。このようにIDは「#○○」という型式で記述します。これで、**id="my-template"**を指定したテンプレートがコンポーネントで利用されるようになります。

では、HTML側を修正しましょう。

リスト4-35──index.html

```
<template id="my-template">
  <table>
  <tr v-for="obj in items.split(',')">
  <td style="border:1px solid #ccc;padding:0px 10px;">
    {{obj}}</td>
  </tr>
  </table>
</template>

<body onload="initial();">
  <h1>Vue.js</h1>
  <div id="msg">

  <my-component items="one,two,three"></my-component>
```

149

```
        </div>
    </body>
```

▌図4-26：itemsに用意したテキストをテーブルにまとめて表示する。

　<template>タグの部分は、<body>の手前に用意してありますが、これはどこに置いても構いません。これを表示すると、「one」「two」「three」といった項目がテーブルにまとめられています。
　ここでは、<my-component>タグに、items="one,two,three"というように値が設定されています。これで、itemsにテキストが設定されます。<template>タグ内を見てみると、

```
<tr v-for="obj in items.split(',')">
```

このように記述されていることがわかります。**v-for**で、itemsをカンマで分割した配列から順に値を取り出して表示を行っているのです。これで、itemsの各単語がそれぞれ<tr>タグで書き出されることになります。

　このように、テンプレートを利用すれば、JavaScript側ではなく、HTML側に表示内容をHTMLのコードで用意することができます。コンポーネントの表示の作成がより簡単になるでしょう。

　また、このことは「コンポーネントのロジックと表示の分離」にもつながります。コンポーネントは必要な値の**構造**などを決めるだけで、実際にどう**表示**するかはHTML側に書くテンプレートで決まります。ということは、HTML側を編集するだけでコンポーネントの表示を変更できるのです。表示の修正なども簡単に行えますね。

カスタムディレクティブ

　コンポーネントは、基本的に「表示から処理まですべて独自のものを用意する」というアプローチです。これを利用するには、独自のコンポーネントを定義し、独自のタグとして記述することになります。既にWebが作成されている場合は、コンポーネントに置き換える部分を書き換えたりする必要が生じます。また、「やっぱりコンポーネントは使わない」となると、また元のコードに書き直さないといけません。

もっと手軽に独自の表示や処理を追加できないか、と思った場合は、「ディレクティブ」を使うのがよいでしょう。ディレクティブは、**タグの中に記述される属性**です。たとえば、**<p v-model=○○>**などというタグなら、**v-model**がディレクティブです。Vue.jsでは、このディレクティブを自分で作ることができるのです。

ディレクティブを使えば、既にあるタグに属性を追加するだけで独自の表示に変えることができます。元に戻す場合も、属性をカットするだけです。既にある表示に、とても簡単に独自の表示などを追加できるのです。

ディレクティブは、以下のようにして作成します。

```
Vue.directive( 名前 , 設定情報 );
```

directiveというメソッドを利用します。使い方はコンポーネント作成の場合と同じで、ディレクティブ名と、設定情報をまとめたオブジェクトを引数に用意するだけです。設定情報のオブジェクトには、だいたい以下の3つの項目が多用されます。

bind	バインドされた際の処理を指定します。
update	値が更新された際の処理を指定します。
unbind	バインドが取り除かれた際の処理を指定します。

いずれも値には関数を用意します。bindとunbindは、必要なければ用意しなくとも構いません。が、**update**は最低でも必要となるでしょう。これが、ディレクティブの中心部分といえます。このディレクティブに設定された値が変更されると自動的にこの処理が実行されるのです。とりあえずupdateさえ用意しておけば、表示については常に最新の状態を保つことができます。

ディレクティブを作成する

では、簡単なディレクティブを作ってみましょう。ここでは、値が変更されると、変更前と変更後を表示するディレクティブを作ってみます。

リスト4-36——main.js

```
Vue.directive('my-directive', {
  bind: function(){
    this.el.innerHTML = '<p>**bind now**</p>';
  },
  update: function (newValue, oldValue) {
    this.el.innerHTML = '<p>' + oldValue + ' → ' + ↵
      newValue + '</p>';
  },
  unbind: function(){
    this.el.innerHTML = '<p>**unbind**</p>';
  },
});
```

```
function initial(){

  new Vue({
    el: '#msg',
    data: {
      val:'',
      message:'this is message!'
    },
    methods: {
      myfunc:function() {
        this.message = this.val;
      }
    }
  });
}
```

　ここでは、bind、unbind、updateの3つを用意してありますが、基本的にはupdate
のみで動作します。他、HTML側で利用するためにvalとmessageプロパティ、そして
myfuncメソッドを用意してあります。

　updateに用意しているメソッドでは、2つの引数が用意されています。これは、新た
に設定された値と、それまでの値です。この2つの値を使って表示を作成しています。
このディレクティブが設定されているタグのDOMは、**this.el**で得ることができます。そ
のinnerHTMLに値を設定することで、ディレクティブのあるタグの表示内容を変更する
ことができます。

■ディレクティブの利用

　では、My Directiveディレクティブを使ってみましょう。値の変更などがよくわかる
よう、入力フィールドとボタンも用意してみます。

リスト4-37——index.html

```
<body onload="initial();">
  <h1>Vue.js</h1>
  <div id="msg">

  <div v-my-directive="message">ok.</div>

  <input type="text" v-model="val">
  <input type="button" v-on:click="myfunc();" value="click">
  </div>
</body>
```

図4-27：テキストを書いてボタンを押すと、my-directiveのタグの表示が更新される。

入力フィールドにテキストを書いてボタンを押すと、値が設定されて表示が更新されます。「前の値→新しい値」という形で、変更前と変更後の値を表示するようにしています。

ここでは、<div>タグ内に、**v-my-directive="message"**という形でディレクティブを追加してあります。ディレクティブをタグに追加する際には、このように「v-○○」という具合に、冒頭に必ず「v-」がつきます。

messageを値に指定していますが、これはVueオブジェクトに用意しておいたmessageプロパティです。その後のボタンに設定した**v-on:click="myfunc();"**により、ボタンをクリックするとmyfuncが実行されます。ここで、入力フィールドの値（valプロパティ）をmessageに設定すると、v-my-diretiveの値が更新され、updateに設定された関数が実行される、というわけです。

全体の値のつながりがわかればたいして難しいものではないのですが、慣れないうちは「何がどうつながっているのか」がつかめないかもしれません。値のつながりをしっかりと把握するように心がけましょう。

この先の学習

ここでは、Vue.jsのごく基本的な部分から、「コンポーネント」「ディレクティブ」といったカスタマイズに関するものまでを説明しました。

Vue.jsを本格的に使おうと思ったなら、まずは基本部分をもう一度しっかりと学ぶ必要があるでしょう。本書では、主な機能だけをピックアップして紹介してあります。まだまだ説明していない機能もたくさんあるのです。

ある程度の学習ができたら、コンポーネントとディレクティブについてしっかりと学び直しましょう。これでかなり独自の使い方ができるようになるはずです。また、「カスタムイベント」「ミックスイン」「カスタムフィルター」「プラグイン」といったものについて理解を広げると、更に深く使いこなすことができるでしょう。

Vue.jsのサイトには、日本語のドキュメントが用意されています。本書を一通り読み終えたら、それらに目を通し、Vue.js全体を俯瞰できるようにしましょう。

https://jp.vuejs.org/guide/

▌**図4-28**：Vue.jsの日本語ガイド。ここで基本的な機能を一通り学べる。

Chapter **5**

Backbone.js

Backbone.jsは、JavaScriptのMVCフレームワークです。ここでは、画面表示の制御を行うViewオブジェクトを中心に説明し、更にはRESTというサーバー技術を利用したデータベースアクセスの制御についても触れることにしましょう。

JavaScriptフレームワーク入門

Chapter 5　Backbone.js

5-1 Backbone.jsの基本

JavaScriptとMVC

　Webアプリケーションの開発を行うとき、多くの言語で採用されているのは、「MVCアーキテクチャー」を採用したフレームワークです。これについては前章でも触れましたが、アプリケーションをModel(モデル)、View(ビュー)、Controller(コントローラー)の3つに分けて整理し、これらを組み合わせて構築していく考え方です。

　JavaScriptの開発の場合、基本的にクライアント側だけでプログラムを作ることになるため、特にデータ管理のModel部分はサーバー側に処理を委ねるのが一般的でした。VCはJavaScript側で何とかなっても、Mは除外して考えることになります。そもそもMVCという考え方自体が、クライアント側のみの開発しか担当しないJavaScriptという言語にはそぐわない、ともいえます。

▌REST との連携

　こうした中、JavaScriptの本格的なMVCフレームワークとして登場したのが「Backbone.js」です。このBackbone.jsでは、「データベース利用部分を実装できない」という問題を、サーバー側とうまく連携することで解決しました。それは、「REST」の利用です。

　RESTは、「REpresentational State Transfer」の略で、ネットワーク上にあるリソースに決まった型式のURLでアクセスするための技術です。このRESTによって提供されるサービスでは、決まったURLにアクセスすることで必要なデータを取得したりできます。
　Backbone.jsでは、データベース側にRESTサービスを指定することで、ネットワーク経由でデータアクセスを行うようにしています。こうすることで、「サーバー側データへのアクセス」というJavaScriptでは難しかったModelの部分を解決しています。

▌図5-1：Backbone.jsでは、RESTサービスを利用することで、サーバー側のデータベースを利用できるようにしている。

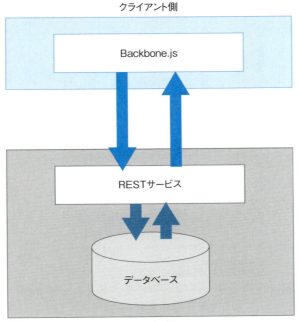

　また、JavaScriptによるプログラミングを必要とするWebページは、必ずしもデータベースを利用するものばかりではないことから、Modelを利用しないでBackbone.jsを利用することもごく普通に行えます。多くのサーバーサイド言語のMVCフレームワークでは、MVCをセットで使うのが前提で、Modelを使わない場合はかえって利用が面倒になったりすることもありますが、Backbone.jsではそうしたことはありません。

Backbone.jsについて

　Backbone.jsは、オープンソースのフレームワークです。現在、以下のWebサイトにて公開されています。

　http://backbonejs.org/

▌**図5-2**：Backbone.jsのサイト。ここでファイルをダウンロードしたり各種ドキュメントを得たりすることができる。

　ここからBackbone.jsのプログラムを得ることができます。現在、Backbone.jsは、3種類のファイルが配布されています。これらは整理すると以下のようになります。

Development Version	開発用のバージョンです。ソースコードは未圧縮でコメント付きであり、開発段階で必要な情報が記述されています。
Production Version	正式公開用のバージョンです。ソースコードは不要なものを取り除いた後圧縮されており、最小サイズになっています。
Edge Version	最先端バージョンです。開発中のもっとも新しいバージョンで、動作は保証されてはいません。次期バージョンで新たに実装される機能などをいち早く試してみたい人向けです。

　Backbone.jsサイトのトップページにそれぞれのバージョンをダウンロードするボタンが用意されていますので、これらのボタンをクリックしてダウンロードできます。ボタンをクリックすると、それぞれのソースコードファイルが直接開かれるので、それをそのまま名前を付けて保存し利用して下さい。
　学習の際には、Development Versionを使うのがよいのですが、正式に公開する際には必ずProduction Versionを利用するようにしてください。

■図5-3：Backbone.jsのサイトにはダウンロードするためのボタンが3つある。「Production Version」を選ぶのが基本。

Backbone.js利用に必要なもの

　Bakbone.jsは、フルスタック（必要なものすべて完備したもの）ではありません。Backbone.jsを利用するためには、いくつかのライブラリやフレームワークを用意する必要があります。

▌jQuery

　これは必須ではないのですが、Backbone.jsを使ったコードではjQueryを利用する形で記述されていますので、インストールしておくべきでしょう。既にjQueryについては解説してありますので、改めての説明は行いません。プログラムは以下のアドレスよりダウンロードできます。

　　https://jquery.com/download/

■図5-4：jQueryのダウンロードページ。ここからファイルをダウンロードできる。

159

Underscore.js

このUnderscore.jsは、Backbone.jsと同じA Document Cloud Projectが開発するJavaScriptライブラリです。JavaScriptを強化する各種機能が用意されています。これは以下のアドレスよりダウンロードできます。同じ開発元であるためサイトの構成などもBackbone.jsと同じですので、そう迷うこともないでしょう。

http://underscorejs.org/

図5-5：Underscore.jsのサイト。ここからファイルをダウンロードできる。

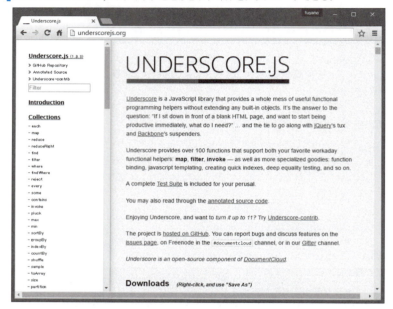

Backbone.jsを利用する際には、これらすべてを用意する必要があります。ただし、後述しますがCDNを利用することも可能ですので、ファイルをダウンロードして管理するのが面倒だという人は、CDN利用を考えるとよいでしょう。

Backbone.jsの利用法

Backbone.jsを利用する場合、必要なものすべてを用意し、HTMLの**<script>**タグからロードする必要があります。

ダウンロードしたスクリプトファイルを利用する場合は、HTMLの**<head>**内に以下のような形でタグを用意します。

リスト5-1

```
<script src="jquery-3.0.0.min.js"></script>
<script src="underscore-min.js"></script>
<script src="backbone-min.js"></script>
```

jQueryを利用する場合は、これらの手前にjQueryの<script>タグを用意しておきます。ここでは、HTMLファイルと同じ場所に、Underscore.js、Backbone.jsをそれぞれ配置した前提で記述してあります。ファイル名は、実際と異なる場合はそれぞれの環境に合わせて変更して下さい。

注意すべき点は、「Backbone.jsを最後に読み込む」という点です。Underscore.jsより先にBackbone.jsを読み込ませるとスクリプトエラーとなり、処理がそこで停止してしまいます。

CDN利用の場合

Backbone.jsは、CDN（Content Delivery Network）を利用してスクリプトを読み込ませることもできます。Backbone.jsとUnderscore.jsはCDN JS（cdnjs.com）を利用することができます。これらを利用する場合の<script>タグは、以下のようになるでしょう。

リスト5-2
```
<script src="https://code.jquery.com/jquery-3.0.0.min.js"></script>
<script src="http://cdnjs.cloudflare.com/ajax/libs/underscore.
    js/1.8.3/underscore-min.js"></script>
<script src="http://cdnjs.cloudflare.com/ajax/libs/backbone.
    js/1.3.3/backbone-min.js"></script>
```

ここでは、Underscore.js 1.8.3、Backbone.js 1.3.3を使う前提で記述してあります。これは本書執筆時の最新バージョンで、以後の説明もこれらのバージョンをベースにして進めていきます。

npmによるインストール

npmを利用している場合、これを使ってBackbone.jsをインストールすることも可能です。これは、コマンドプロンプトを起動し、Webアプリケーションのフォルダに移動してから以下のように実行します。

```
npm install backbone
```

図5-6：npm install backboneでBackbone.jsをインストールする。必須ファイルのUnderscore.jsも自動的にインストールされる。

Backbone.js内で利用しているUnderscore.jsも自動的にインストールされます。ただし、jQueryは直接参照しているわけではないので、自動インストールはされません。別途インストールして下さい。

インストールされるファイルは、「node_modules」内の「backbone」フォルダと「underscore」フォルダ内に保存されています。これらの中にあるスクリプトファイルを<script>タグなどでロードして利用します。

package.json の利用

npmでは、package.jsonファイルを用意することでプロジェクトを生成することができます。Backbone.js利用のプロジェクトを作成する場合は、以下のような形でpackage.jsonを用意しておくとよいでしょう。

リスト5-3

```
{
  "name": "backbone",
  "description": "Give your JS App some Backbone.",
  "dependencies": {
    "underscore": ">=1.8.3",
    "backbone": ">=1.3.3"
  },
  "main": "backbone.js",
  "version": "1.3.3",
  "license": "MIT",
  "repository": {
    "type": "git",
    "url": "git+https://github.com/jashkenas/backbone.git"
  },
  "readme": "ERROR: No README data found!"
}
```

このリストを記述したpackage.jsonをプロジェクトのフォルダに保存し、コマンドプロンプトまたはターミナルを起動してフォルダ内に移動します。そして、「npm install」を実行すると、必要なファイル類が「npm_modules」フォルダ内に保存されます。

Bowerの利用

Bowerを利用してBackbone.jsをインストールすることも可能です。コマンドプロンプトなどを起動し、プロジェクトに移動して以下のように実行をします。

```
bower install backbone
```

図5-7：bower install backboneを実行する。

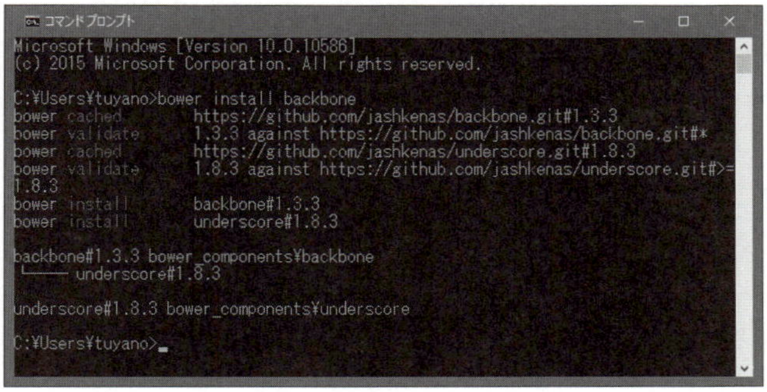

　これで、「bower_components」フォルダ内に、「backboone」および「underscore」フォルダが作成され、これらの中にスクリプトファイルが保存されます。

bower.json の利用

　プロジェクト内にbower.jsonを用意することで、bower installでBackbone.jsをインストールすることもできます。これには、bower.jsonに以下のように記述しておくとよいでしょう。

リスト5-4

```
{
  "name"    : "backbone",
  "main"    : "backbone.js",
  "dependencies" : {
    "backbone" : ">=1.3.3",
    "underscore" : ">=1.8.3"
  },
  "ignore" : ["docs", "package.json"]
}
```

　これで、コマンドプロンプトから「bower install」を実行すれば、必要なファイル類がインストールされます。

Chapter 5　Backbone.js

5-2 Backbone.jsの利用

Backbone.jsを使う

　では、Backbone.jsを利用してみましょう。まずは、サンプルとなるHTMLファイルを用意しましょう。ここではごく簡単な表示のためのHTMLファイルを用意します。ここでは、「index.html」として用意しておくことにします。

リスト5-5

```
<!DOCTYPE html>
<html>
<head>
  <title>Hello</title>
  <script src="https://code.jquery.com/jquery-3.0.0.min.js"> ↵
    </script>
  <script src="http://cdnjs.cloudflare.com/ajax/libs/underscore. ↵
    js/1.8.3/underscore-min.js"></script>
  <script src="http://cdnjs.cloudflare.com/ajax/libs/backbone. ↵
    js/1.3.3/backbone-min.js"></script>

  <script src="main.js"></script>
  <link rel="stylesheet" href="style.css"></link>
</head>
<body>
  <h1>Backbone.js</h1>
  <div id="msg"></div>
</body>
</html>
```

　ここでは、CDN利用の形でタグを用意しておきました。また、スクリプトファイル「main.js」、スタイルシートファイル「style.css」を読み込むようにしてあります。
　<body>には、<div id="msg">というタグが用意されています。このidを指定したタグが、実際にBackbone.jsの表示に用いられます。

style.css の用意

　では、スタイルシートファイルを用意しましょう。これはそれぞれで自由に作成して構いません。ここで掲載するのは、あくまでスタイルの一例と考えておいて下さい。

164

リスト5-6

```css
body {
  color:#999;
  padding:5px 20px;
  line-height: 150%;
}
p {
  font-size:18pt;
}
```

Viewオブジェクトの利用

では、「main.js」にスクリプトを作成しましょう。Backbone.jsは、MVCフレームワークですが、先ず最初に必要となるのは「View」でしょう。

Viewは、画面表示を担当するMVCの部品です。Backbone.jsでは、Viewのオブジェクトを作成し、それを利用して画面に表示される内容を作成します。このViewオブジェクトは、以下のように作成をします。

▼Viewの作成

```
var 変数 = Backbone.View.extend(……設定情報……);
```

Viewは、このようにBackbone.Viewオブジェクトの「extend」メソッドを使って作成します。引数には、このViewに必要な各種の情報をまとめたオブジェクトが用意されます（この内容については後述）。

こうして作られたViewは、オブジェクトそのものを利用できるわけではありません。このオブジェクトを元にnewして、実際に操作するオブジェクトを作成します。

```
var 変数 = new オブジェクト(……設定情報……);
```

これも引数には、設定情報などをまとめたオブジェクトを渡すことができます。が、特になければ引数なしで利用して構いません。

■MyView オブジェクトの作成

では、実際の利用例として、ごくシンプルな「MyView」オブジェクトを作成するサンプルを作ってみましょう。main.jsを以下のように修正して下さい。

リスト5-7

```javascript
$(function() {
  var MyView = Backbone.View.extend({
    render: function() {
      this.$el.text('Hello Backbone.js!');
```

```
        return this;
    }
});

var myView = new MyView();

$('#msg').append(myView.render().$el);

});
```

図5-8：アクセスすると、「Hello Backbone.js!」とメッセージが表示される。

記述したら、実際にこのWebページにアクセスしてみましょう。タイトルの下に「Hello Backbone.js!」というテキストが表示されます。これが、MyViewで表示された内容です。

renderメソッドについて

リスト5-7では、extendメソッドを呼び出す際、以下のようなオブジェクトを引数に指定しています。

```
{
    render:function(){……}
}
```

この「render」という項目は、画面表示のレンダリングを行うためのメソッドです。ここに画面の表示を作成するための処理を用意します。

$el と el

ここでは、renderに設定したメソッドで、簡単なテキストを表示するための処理を用意しています。以下のようなものです。

```
this.$el.text('Hello Backbone.js!');
```

thisは、このViewオブジェクト自身ですね。では、その後の「$el」は何でしょうか。これは、**Viewオブジェクトによって生成される表示エレメントを設定したjQueryオブジェ**

クトなのです。$elでエレメントのjQueryオブジェクトを取得し、そのtextメソッドで表示するテキストを設定していたのですね。

$elと似たものに「el」というプロパティもあります。こちらは、表示するエレメントのオブジェクト（**Elementオブジェクト**）そのものを示すプロパティです。jQueryを使わず、直接エレメントを利用する際にはこのelを利用します。

$el**と**el。非常に近いものですが、「jQueryオブジェクト」と「Elementオブジェクト」という明確な違いがあります。この2つは、Viewの基本となるオブジェクトですので、しっかり覚えておきましょう。

jQueryを使わないコード

このサンプルを見ればわかるように、Backbone.jsでは、jQueryが非常に深く関わっています。ただし、jQueryそのものが処理の中で直接使われているわけではないので、実はjQueryがなくとも動かすことができます。
先ほどのサンプルを、jQueryを使用しない形で実行するとどうなるでしょうか。

リスト5-8

```javascript
function initial() {
  var MyView = Backbone.View.extend({
    render: function() {
      this.el.textContent = 'Hello Backbone.js!';
      return this;
    }
  });

  var myView = new MyView();

  document.querySelector('#msg').appendChild(myView.render().el);

}
```

こんな形になるでしょう。なお、ドキュメントロード後に**initial**関数を実行する必要があるので、HTML側の<body>タグなどを以下のように修正しておきます。

リスト5-9

```html
<body onload="initial();">
```

これでinitial関数が実行され、**図5-8**と同じ表示が画面に現れるようになります。

どちらのやり方でも同じように表示をすることはできますが、両者を比べてみれば、jQueryを使わないことでけっこう面倒な書き方をしなければならないことがよくわかる

Chapter 5　Backbone.js

でしょう。$elなどを見ればわかるように、Backbone.jsでは、jQueryの利用を前提に作られています。特殊な事情でもない限り、jQueryを利用するのが基本と考えておきましょう。

5-3 Viewの活用

構造化されたコンテンツの操作

Backbone.jsの基本は、画面の表示を担当する「View」です。このViewの使い方について、もう少し掘り下げていくことにしましょう。

まずは、複雑なコンテンツをViewで操作する方法についてです。ここまでの例では、単純にレンダリングした内容をjQueryを利用して表示するよう、その中に追加していました。これでもまぁちょっとした表示を作るくらいなら簡単に行なえますが、もう少し複雑な表示になると、このやり方は面倒になってきます。

Backbone.jsは、基本的に「表示されるコンテンツを管理する」ということを考えたほうがよいでしょう。HTMLタグで全体の構造をすべて書くのは、スクリプトを使ってやるのは大変です。基本的なタグはHTML側に用意しておき、そこに必要に応じてコンテンツを組み込む、という部分だけをViewで行うほうが楽です。つまり、「View = 表示するコンテンツの管理」と割りきってしまうのです。

このような考え方で、構造化されたHTMLのコンテンツをViewから更新するにはどうすればいいか、簡単なサンプルを作って見てみましょう。

まずは、HTML側の修正です。<body>タグのみを掲載しておきます。

リスト5-10

```html
<body onload="initial();">
  <h1>Backbone.js</h1>
  <div id="msg">
    <p id="title"></p>
    <ul>
      <li id="item1"></li>
      <li id="item2"></li>
      <li id="item3"></li>
    </ul>
  </div>
</body>
```

ここでは**<div id="msg">**というタグの中に<p>タグと<ul>によるリストが用意されています。いずれも表示するテキストは空のままです。ここに、Viewからコンテンツを設定していきます。

main.js 側の修正

では、コンテンツを表示するためのスクリプトを記述しましょう。main.jsを以下のように修正して下さい。

リスト5-11

```
$(function() {
  var MyView = Backbone.View.extend({
    el:'#msg',

    render: function() {
      this.$('#title').text('※利用プラットフォーム')
      this.$('#item1').text('Windows');
      this.$('#item2').text('macOS');
      this.$('#item3').text('Linux');
      return this;
    }
  });

  var myView = new MyView();
  myView.render();
});
```

図5-9：<p>タグとリストの各<li>タグにテキストが設定される。

アクセスすると、「※利用プラットフォーム」というテキストと3項目のリストが表示されます。HTMLで構成されたそれぞれの項目にテキストが挿入されているのがわかるでしょう。

ここでは、「el」というプロパティが追加されています。これは、このViewが設定されるエレメントを示すもので、**el:'#msg'**とすることで、index.htmlの**id="msg"**の項目に

Chapter 5　Backbone.js

Viewが設定されます。

renderメソッドでは、**this.$(id).text**という形でコンテンツを設定しています。thisは
View自身で、その中にある特定の項目を**jQueryオブジェクト**で指定し、テキストを組み
込んでいます。ここでもjQueryがBackbone.jsに深く関わっていることがわかります。

initializeによる初期化

renderなどがある程度の長さになってくると、操作する対象などを整理して使いやす
くする必要が生じてきます。よく使うエレメントをViewのプロパティなどに登録して扱
えるようにすれば、コードもだいぶ整理されてきます。

こうした処理は、Viewの初期化処理として用意しておくことになります。これには
「initialize」というメソッドを定義して使います。例として、**リスト5-11**のサンプルを書
き換えてみましょう。

リスト5-12

```
$(function() {
  var MyView = Backbone.View.extend({
    el:'#msg',

    initialize:function() {
      this.$title = $('#title');
      this.$item1 = $('#item1');
      this.$item2 = $('#item2');
      this.$item3 = $('#item3');
    },

    render: function() {
      this.$title.text('※利用プラットフォーム')
      this.$item1.text('Windows');
      this.$item2.text('macOS');
      this.$item3.text('Linux');
      return this;
    }
  });

  var myView = new MyView();
  myView.render();
});
```

ここでは、initializeメソッドを用意し、この中で表示を操作する対象をすべてthisの
プロパティに登録しています。これにより、renderでは、**this.$title**というようにすべて
this内の値を操作する形で統一されました。処理の記述がよりシンプルに整理されわか
りやすくなっています。

多くのエレメントを操作するようになると、このように対象を整理して使いやすくすることが必要となってきます。

Column なぜ、this.titleではなくて、this.$title？

リスト5-12のサンプルでは、操作する対象を保管するのに、this.$titleやthis.$item1というように「$○○」というプロパティ名を指定しています。なぜ、普通にthis.titleではないのか、それではいけないのか？　と不思議に思ったかもしれません。

Backbone.jsでは、jQueryオブジェクトを利用することがよくあります。そのような場合、jQueryオブジェクトと通常のエレメントを区別するため、jQueryオブジェクトを保管するプロパティには「$」を付けています。このやり方はオブジェクトを整理するのに非常に役立つため、ここでそれに習って$を付けていた、というわけです。

したがって、this.titleでも何ら問題はありません。ただ、直感的にわかるように「jQueryオブジェクトのプロパティは必ず$を付ける」と考えたほうがよいかもしれません。

イベントの利用（eventsプロパティ）

Viewは、単に表示だけでなく、表示されている要素に関するさまざまな**属性**や**機能**なども扱うことができます。中でも重要となるのが「イベント」でしょう。Viewでは、表示する対象となるエレメントのイベントを設定することができます。これは、「events」というプロパティを使います。

```
events:{
        イベント名 : function(event){……処理……}
}
```

このように、events内にイベント名と実行する処理を記述していきます。あるいは、処理にはメソッド名を記しておき、別途メソッドを用意することもできます。

では、これも簡単なサンプルを挙げておきましょう。まず、HTML側を以下のように修正しておきます。

リスト5-13

```html
<body>
  <h1>Backbone.js</h1>
  <div>
    <input type="button" id="btn1" value="click">
  </div>
</body>
```

ここでは、プッシュボタンを1つだけ表示しています。このボタンに、Viewを利用してイベントを設定します。main.jsは以下のようになります。

リスト5-14

```
$(function() {
  var ButtonView = Backbone.View.extend({
    el:'#btn1',
    
    events:{
      'click':'onclick'
    },
    
    onclick(event){
      alert('click me!');
    }
  });
  
  var buttonView = new ButtonView();

});
```

図5-10：ボタンをクリックすると、アラートが表示される。

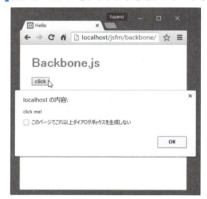

　これは、ごく単純なイベントの例です。ボタンをクリックすると、画面に「click me!」とアラートが表示されます。クリックすると、ButtonViewに用意したonclickメソッドが実行されていることがわかるでしょう。
　ここでは、**'click':'onclick'**というようにしてclickイベントにonclickメソッドを割り当てています。

新たなエレメントの生成

　Viewは、既にHTMLに用意されている要素に値などを設定するだけではなく、新たなエレメントを生成するのにも用いられます。これは、以下のような形で記述します。

```
var 変数 = Backbone.View.extend({
        tagName: タグ名,
        className: クラス名,
        id: id名,
        attributes: {……属性情報……}
});
```

新たにエレメントを作成する場合は、タグの名前やclass、id、その他の属性の値などをこのようにプロパティとして用意しておきます。このとき、注意して欲しいのは「elプロパティは用意しない」という点です。elに割り当てるタグのIDなどが指定されると、新しいエレメントの生成とは判断されなくなってしまいます。

では、これもやってみましょう。まず、HTML側を以下のような形で用意しておきます。

リスト5-15

```
<body>
  <h1>Backbone.js</h1>
  <div id="msg"></div>
</body>
```

ここでは**<div id="msg">**というタグだけを用意してあります。**ここに、Viewで生成したタグを追加します**。併せてstyle.cssにスタイルのクラスを追加しておきます。

リスト5-16

```
.msg {
  padding:5px 10px;
}
```

後は、**リスト5-15**の<div>タグに追加するViewを用意するだけです。main.jsのスクリプトは以下のようになります。

リスト5-17

```
$(function() {
  var MyTagView = Backbone.View.extend({
    tagName: 'p',
    className: 'msg',
    id: function(){ return _.uniqueId('item'); },
    attributes: {
      'style': 'color:white; background:red;padding:5px 10px;'
    }
  });

  var myTag = new MyTagView();
```

```
    myTag.el.textContent = "これは新たに追加したタグです。";
    $('#msg').html(myTag.el);
});
```

図5-11：アクセスすると、新たに作成されたタグ（赤い背景に白い文字の部分）が表示される。

アクセスしてみましょう。赤い背景に白い文字で、「これは新たに追加したタグです。」と表示されます。これが、MyTagViewで新たに作成されたタグです。ここでは、以下のようにプロパティが用意されています。

```
tagName: 'p'
```

これは、<p>タグを生成することを示します。

```
className: 'msg'
```

これで、class="msg"が設定されます。

```
id: function(){ return _.uniqueId('item'); }
```

idを指定するものですが、ここでは関数を定義しています。この関数内で、_.uniqueId('item');という値を設定しています。_.uniqueIdは、ユニークなIDを生成するメソッドです。

```
attributes: {'style': 'color:white; background:red;
            padding:5px 10px;'}
```

属性の指定です。ここでは、style属性を使ってcolorとbackgroundの設定をしています。
これで、MyTagViewは完成です。後はこのオブジェクトを生成し、id="msg"タグに組み込むだけです。まず、newでオブジェクトを作成します。

```
var myTag = new MyTagView();
```

MyTagViewでは、タグに表示するテキストは用意していないので、これを設定します。

```
myTag.el.textContent = "これは新たに追加したタグです。";
```

elは、このMyTagViewオブジェクトのエレメントを示すプロパティです。その textContentに値を代入することで、表示テキストを設定しているのです。後は、このエレメントを**id="msg"**の中に組み込むだけです。

```
$('#msg').html(myTag.el);
```

jQueryのhtmlメソッドを使い、myTag.elを組み込んでいます。あるいは、jQueryオブジェクトをそのまま利用して、こんな具合にすることもできるでしょう。

```
$('#msg').append(myTag.$el);
```

この辺りのオブジェクトの組み込みは、いろいろなやり方が考えられます。jQueryオブジェクトの**$el**と、通常のエレメントの**el**の違いをよく頭に入れて処理を考えましょう。

テンプレートの利用

より複雑な表示を行わせようとすると、すべてをJavaScriptのコードで作成していくやり方は、正直あまりいいやり方とはいえません。といって、HTMLに静的にタグを記述しておいて必要な箇所だけをViewから設定していくやり方では、ダイナミックな表示の生成が行えません。

より作成しやすい方法で動的に表示を生成することはできないのか？ 実は、できます。それは、「テンプレート」を利用するのです。テンプレートというのは、Backbone.jsから利用できる**HTMLで記述されたタグ**です。これはHTMLファイル内に以下のような形で記述します。

```
<script id="ID の指定 >
        ……表示する内容……
</script>
```

見ればわかるように、**<script>タグの中にHTMLのタグを記述**して作成します。なぜ<script>タグを使うのかといえば、<script>タグの中に書かれたものは画面には表示されないからです。

このように記述したテンプレートは、View内で以下のようにしてロードすることができます。

```
var 変数 = _.template(……テンプレートの内容……)
```

これで、テンプレートのオブジェクトが作成されます。引数には、テンプレートのコードを指定します。テンプレートにIDを指定してあれば、**$('# ID名').html();**といった形で取り出したものを利用するのがよいでしょう。

Chapter 5　Backbone.js

テンプレートを用意する

では、実際に簡単なテンプレートを用意して使ってみましょう。まずはHTML側の修正です。<body>部分を以下のように書き換えて下さい。

リスト5-18

```html
<script id="myview-template">
  <div style="border:1px solid #ccc; padding:0px 20px;">
  <p style="font-size:18pt;"><%= title %></p>
  <hr size="1" color="#ddd">
  <p style="font-size:14pt;"><%= content %></p>
  </div>
 </script>

<body>
  <h1>Backbone.js</h1>
  <div id="msg"></div>
</body>
```

<body>の手前に、<script>タグによるテンプレートを追加してあります。テンプレートは、基本的にどこに書いても構いません。<body>内においても問題はありません。
　ここでは、テンプレート内に以下のようなタグが記述されています。

```
<%= title %>
<%= content %>
```

これらは、テンプレート利用時に渡される値を出力するものです。テンプレートでは、**<%= 変数 %>**というようにタグを記述することで、テンプレートに渡された値を出力させることができます。ここでは、テンプレート利用時にtitleとcontentという値を受け取って表示するようにしていたのです。

テンプレートを表示する

では、main.jsを修正し、テンプレートを使ってViewの表示を行うようにしてみましょう。以下のように書き換えて下さい。

リスト5-19

```javascript
$(function() {
  var MyView =  Backbone.View.extend({
    el:'#msg',
    tmpl:_.template($("#myview-template").html()),

    render:function () {
      this.$el.html(this.tmpl({
        'title':'山田太郎',
```

176

```
          'content':'○○銀行勤務<br>email: taro@yamada'
      }));
      return this;
    }
  });
  
  var myView = new MyView();
  myView.render();
});
```

■図5-12：アクセスすると、名前と勤め先、メールアドレス等の情報が表示される。

　記述したら、Webページにアクセスしてみましょう。画面に名刺のような形で名前と肩書き、メールアドレス等が表示されます。
　ここでは、以下のようにしてテンプレートを用意しています。

```
tmpl:_.template($("#myview-template").html()),
```

　tmplというプロパティに、**_.template**で作成したオブジェクトを代入しています。引数には**$("#myview-template").html()**を指定し、**リスト5-18**のid="myview-template"のタグ内に記述されたHTMLコードを指定しています。
　tmplプロパティのテンプレートを実際に利用する場合は、以下のような形で記述しています。

```
this.$el.html(this.tmpl({
  'title':'山田太郎',
  'content':'○○銀行勤務<br>email: taro@yamada'
}));
```

　this.$el.htmlで、このViewが割り当てられている要素内のHTMLコードを設定しています。引数には、**this.tmpl**を指定していますが、よく見るとtmplを値としてではなく**関数として**(つまりメソッドとして)呼び出していることがわかります。テンプレートオブジェクトは、それ自体が関数オブジェクトになっており、関数として処理を呼び出すこ

ともできるのです。このtmplの呼び出しには、引数としてtitle、contentといった値をもつオブジェクトが用意されています。これらの値が、テンプレートのtitleやcontent変数に渡されていたのです。

テンプレートは、このようにView側から利用する際に必要な値を渡すことができます。高度に組み立てられたHTMLコードを必要に応じてダイナミックに表示させたい、という場合には、テンプレートを利用するのが一番でしょう。

複数Viewの連結

Viewは、**el**を指定することで特定の要素に自動的に割り当てることができます。Webページ内にJavaScript側から制御したい要素がいくつもある場合は、その数だけViewを作ることができます。このようなとき、考えなければいけないのは、「複数のViewをどのようにつなぎあわせて処理を進めるか」でしょう。

これは、実際にサンプルを見ながら動作を確認していくことにしましょう。まず、HTML側に以下のような内容を記述しておきます。

リスト5-20

```
<body>
  <h1>Backbone.js</h1>
  <p id="msg"></p>
  <div>
    <input type="text" id="input1">
    <input type="button" id="btn1">
  </div>
</body>
```

ここでは、idを指定したタグが3つあります。**<p>**タグと**<input type="text">**、そして**<input type="button">**です。これら3つそれぞれにViewを割り当て、操作することにします。

では、main.jsの内容を以下のように修正しましょう。

リスト5-21

```
$(function() {
  // メッセージ表示用のView
  var MyView = Backbone.View.extend({
    el:'#msg',

    initialize:function() {
      this.$title = $('#title');
      this.$item1 = $('#item1');
      this.$item2 = $('#item2');
      this.$item3 = $('#item3');
```

```
    },

    render: function() {
      this.$title.text('※利用プラットフォーム')
      this.$item1.text('Windows');
      this.$item2.text('macOS');
      this.$item3.text('Linux');
      return this;
    }
});

var myView = new MyView();
myView.render();

// 入力フィールドのView
var InputView = Backbone.View.extend({
  el:'#input1',

  events:{
    'keypress':'onkeydown'
  },

  onkeydown(event) {
    this.value = this.$el.val();
  }
});

var inputView = new InputView();

// プッシュボタンのView
var ButtonView =  Backbone.View.extend({
  el:'#btn1',
  input:null,
  msg:null,

  initialize:function(obj){
    this.input = obj.input;
    this.msg = obj.msg;
    this.$el.val('click');
  },

  events:{
    'click':'onclick'
  },
```

Chapter 5　Backbone.js

```
  onclick(event){
    var str = this.input.$el.val();
    this.msg.$el.text('typed: ' + str);
  }
});

var buttonView = new ButtonView({
  input:inputView, msg:myView
});

});
```

図5-13：入力フィールドにテキストを書き、ボタンを押すと、メッセージが表示される。この3つの要素それぞれに異なるViiewが設定されている。

アクセスすると、入力フィールドとプッシュボタンのある画面が現れます。テキストを記入してボタンを押すと、メッセージが画面に表示されます。

ここで用意されているViewは、MyView、InputView、ButtonViewの3つです。これらのうち、ボタンクリック時の処理を行っているのはButtonViewで、このビューの中で、その他の2つのViewを利用できるようにしておく必要があります。

ButtonViewオブジェクトをBackbone.View.extendで作成しているところをよく見て下さい。ここでは、オブジェクトの中に「input」「msg」というプロパティを追加しています。そしてButtonViewオブジェクトを新たに作成するときに、これらのプロパティへ値を渡しています。

```
var buttonView = new ButtonView({
  input:inputView, msg:myView
});
```

この部分ですね。先にテンプレートを利用するときも同じようなことを行いました。Viewを作成するときも、このように**値をまとめたオブジェクト**を引数に指定することで、プロパティに値を渡すことができるのです。

こうしてInputViewとMyViewをButtonView内のプロパティに割り付け、後はこれらのプロパティを操作して処理を行えばよいわけです。まぁ、実際問題として、この程度の内容でわざわざ3つもViewを用意することはないでしょう。普通に考えれば、1つのビューの中でそれぞれの要素をバインドして利用したほうが簡単です。が、「オブジェクトをnewする際に必要な値を渡すことで、必要な情報を外部から追加できる」ということは知っておくとよいでしょう。

5-4 Modelの利用

ModelとREST

Backbone.jsの大きな特徴は、「サーバー側のデータベースにアクセスできる」という点にあります。が、そのためには、サーバー側にRESTサービスを用意する必要があります。

RESTとは、既に説明しましたが、特定のURLにアクセスすることでサーバー側にあるデータにアクセスできるようにする仕組みです。データベースの情報を一般公開するような場合に用いられます。Backbone.jsでModelを使うには、まずRESTのサービスを用意する必要があります。

データベースサーバーとサーバーサイド開発

この辺りは、サーバーサイド開発についての話になってしまうので、本書で詳しく触れるべきものではありませんが、実際に試してみたい人のためにごくかいつまんで説明をしておきましょう。

Web経由(というより、REST経由)でデータベースへアクセスできるようにするためには、まずデータベースを用意しなければいけません。そして、そのデータベースにアクセスし、結果を出力するサーバー側プログラムを設置する必要があります。このプログラムで、RESTの仕組みを実現します。すなわち、アクセスしたURLを元にデータベースに接続し、必要な情報を取り出すなどして結果を送り返す処理を用意するのです。

XAMPPについて

ここではもっとも広く利用される環境として、データベースに「MySQL」、サーバーサイドのプログラム開発に「PHP」を使った例を紹介しておきます。もっとも簡単にこれらの環境を構築するには、「XAMPP」を利用するのがよいでしょう。以下のWebサイトで公開されています。

https://www.apachefriends.org/jp/index.html

図5-14：XAMPPのWebサイト。ここからインストーラをダウンロードし、インストールする。

　XAMPPをインストールすると、XAMPP Control Panelという操作用アプリがインストールされます。これを利用することで、HTTPサーバーやMySQLデータベースサーバーなどを個別に起動することができます。

図5-15：XAMPP Control Panel。HTTPサーバーやMySQLのボタンをクリックするだけでサーバーの起動や終了が行える。

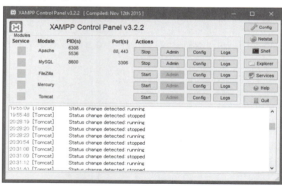

　また、MySQLについては、phpMyAdminという管理ツールがついており、以下のアドレスにアクセスすると、Web上でデータベースの作成などが行えます。

　　http://localhost/phpmyadmin/

図5-16：phpMyAdminの画面。ここでMySQLのデータベース設計が行える。

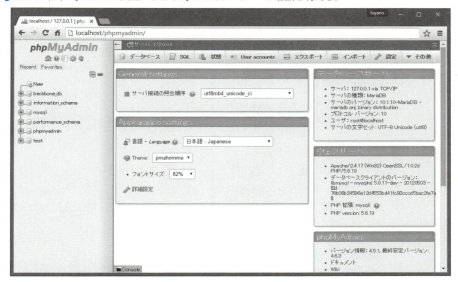

データベースを作成する

　まずは、MySQLにデータベースを作成します。MySQLは、SQLコマンドを実行してデータベース操作をします。これは、コマンドプロンプトやターミナルを起動し、MySQLに用意されている「mysql」を起動すると、SQLコマンドを入力実行できるようになります。XAMPPに用意されているphpMyAdminでは、ウインドウ上部にある「SQL」というボタンをクリックするとSQLを実行する画面が現れます。

　これらを使って、データベースのセットアップをしていきます。

図5-17：phpMyAdminの「SQL」画面ではSQLコマンドを書いて実行できる。

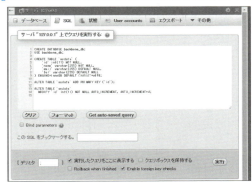

データベースの作成

最初に行うのは、データベースの作成です。新しいデータベースファイルを作成し、それを利用するようにします。以下のようにSQLコマンドを実行すると、「backbone_db」というデータベースを作成し、それを利用できます。

リスト5-22

```
CREATE DATABASE backbone_db;
USE backbone_db;
```

テーブルの作成

続いて、データベースの中にテーブルを作成します。テーブルは、保管するデータの詳細を定義した「入れ物」となる部分です。ここでは以下のようにSQLコマンドを実行してテーブルを作成します。

リスト5-23

```
CREATE TABLE `mydata` (
  `id` int(11) NOT NULL,
  `name` varchar(255) NOT NULL,
  `mail` varchar(255) DEFAULT NULL,
  `tel` varchar(255) DEFAULT NULL
) ENGINE=InnoDB DEFAULT CHARSET=utf8;

ALTER TABLE `mydata` ADD PRIMARY KEY (`id`);

ALTER TABLE `mydata`
  MODIFY `id` int(11) NOT NULL AUTO_INCREMENT;
```

これで「mydata」というテーブルが作成されます。このテーブル内には、「id」「name」「mail」「tel」といった項目が用意されます。

ダミーデータの追加

これでデータベースそのものは利用できるようになりますが、まったくデータがないのでは表示などの確認ができないので、いくつかダミーとしてデータを追加しておきましょう。

リスト5-24

```
INSERT INTO `mydata` (`name`, `mail`, `tel`) VALUES
  ('taro', 'taro@yamada', '090-999-999'),
  ('hanako', 'hanako@flower', '080-888-888'),
  ('sachiko', 'sachiko@happy', '070-777-777');
```

ここでは3つのダミーデータを追加しておきました。VALUES以降の部分が、データの内容です。この内容は適当で構わないので、それぞれで値を書き換えてみてもよいでしょう。ただし、最初にある整数(ID番号)については変更しないで下さい。

PHPプログラムを用意する

これでデータベースは用意できました。次は、RESTサービスのプログラムです。これは、XAMPPで利用できるPHPを使って用意しましょう。テキストエディタ等を使い、以下のリストを記述して、「db.php」というファイル名でXAMPPの「htdocs」フォルダ内の適当な場所に保存しておきます。

リスト5-25

```php
<?php
$method = $_SERVER['REQUEST_METHOD'];
$request = explode('/', trim($_SERVER['PATH_INFO'],'/'));
$input = json_decode(file_get_contents('php://input'),true);

$link = mysqli_connect('localhost', 'root', '', 'backbone_db');
mysqli_set_charset($link,'utf8');

$table = preg_replace('/[^a-z0-9_]+/i','',array_shift($request));
$key = array_shift($request)+0;

$columns = preg_replace('/[^a-z0-9_]+/i','',array_keys($input));
$values = array_map(function ($value) use ($link) {
  if ($value===null) return null;
  return mysqli_real_escape_string($link,(string)$value);
},array_values($input));

$set = '';
for ($i=0;$i<count($columns);$i++) {
  $set.=($i>0?',':'').'`'.$columns[$i].'`=';
  $set.=($values[$i]===null?'NULL':'"'.$values[$i].'"');
}

switch ($method) {
  case 'GET':
  $sql = "select * from `$table`".($key?" WHERE id=$key":'');
  break;
  case 'PUT':
  $sql = "update `$table` set $set where id=$key";
  break;
  case 'POST':
  $sql = "insert into `$table` set $set";
```

```
    break;
  case 'DELETE':
    $sql = "delete `$table` where id=$key";
    break;
}

$result = mysqli_query($link,$sql);

if (!$result) {
  http_response_code(404);
  die(mysqli_error());
}

if ($method == 'GET') {
  if (!$key) echo '[';
  for ($i=0;$i<mysqli_num_rows($result);$i++) {
    echo ($i>0?',':'').json_encode(mysqli_fetch_object($result));
  }
  if (!$key) echo ']';
} elseif ($method == 'POST') {
  echo mysqli_insert_id($link);
} else {
  echo mysqli_affected_rows($link);
}

mysqli_close($link);
```

　保存したら、Webブラウザからdb.phpにアクセスしてみましょう。このとき、db.php/mydataというように、「db.php/テーブル名」という形でアクセスをして下さい。これで、mydataテーブルのデータがJSON形式のテキストとして表示されます。

図5-18：db.php/mydataにアクセスすると、ダミーで登録しておいたデータがJSON形式のテキストで表示される。

　更にその後にID番号をつけてアクセスすると、特定のデータだけを表示できます。たとえば、db.php/mydata/1とすると、ID = 1のデータだけが表示されます。RESTの詳しい仕組みはわからないとしても、「特定のURLにアクセスすると必要な情報が得られる」というRESTの利用方法はわかったのではないでしょうか。

■図5-19：db.php/mydata/1にアクセスすると、ID=1のデータが表示される。

Modelオブジェクトについて

　データベースへアクセスするには、「Model」というオブジェクトを作成します。これは、基本的にViewと同じような作り方をします。

```
var 変数 = Backbone.Model.extend（……設定情報……）;
```

　このように、**Backbone.Model**というオブジェクトにある「extend」メソッドを呼び出してModelオブジェクトを作成します。引数には、Viewと同様、Modelに必要な設定などをまとめたオブジェクトを用意します。

▼MyDataModelオブジェクトを作る

　では、実際にModelオブジェクトを作ってみましょう。先ほど作成したmydataテーブルのデータを扱うModelを作成してみます。

リスト5-26
```
var MyDataModel = Backbone.Model.extend({
});

var myDataModel = new MyDataModel();
```

　このMyDataModelオブジェクトでは、特に何も用意していません。もちろん、必要なプロパティなどを渡すことはできますが、とりあえず何も渡さなくとも動いてくれます。

Collectionオブジェクトについて

　データベースのデータは、Modelを使って取り出すことができますが、このModel自体には、**多数のデータを管理する機能**はありません。そこで、Modelとセットで用意する必要があるのが、「Collection」です。これは、以下のような形で作成します。

```
var 変数 = Backbone.Collection.extend(……設定情報……);
```

Chapter 5　Backbone.js

やはり、ViewやModelなどと同じような使い方になっていますね。**Backbone. Collection**オブジェクトの「extend」メソッドを使って作成をします。引数には、例によって必要な設定などの値をまとめたオブジェクトが渡されます。

Collectionを利用する際、用意すべき設定項目は、少なくとも以下の2つになるでしょう。

model	Collectionで保管されるデータのModelオブジェクト名を指定します。
url	データベースアクセスの際に利用するRESTサービスのURLを指定します。

では、これらの情報を指定して、先ほどのMyDataModelを管理するMyDataCollectionオブジェクトを作成してみましょう。

リスト5-27

```
var MyDataCollection = Backbone.Collection.extend({
  model: MyDataModel,
  url: 'db.php/mydata',
});
```

非常にシンプルですね。modelには、MyDataModelを指定しています。またurlは、db.phpと同じ場所にmain.jsが用意されているものと考え、db.php/mydataを指定しています。

データを表示する

これで、データベースにアクセスしてデータを取り出すために必要なオブジェクトは用意できました。後は、画面に表示するためのHTMLやViewなどを作成すればいいだけです。では、RESTサービスにアクセスしてmydataを取得し、表示する簡単なサンプルを作成してみましょう。

まずは、データを表示するテーブル用にスタイルシートを追加しておきます。style.cssに以下のように追記をしておきましょう。

リスト5-28

```
th {
  border:1px solid #aaa;
  color:white;
  background: darkgray;
  padding:0px 10px;
}
td {
  border:1px solid #aaa;
  padding:0px 10px;
```

188

```
}
```

これはサンプルですので、それぞれでカスタマイズしてかまいません。自分なりに表示スタイルを調整しておいて下さい。

続いて、HTMLです。index.htmlの<body>を以下のように修正します。

リスト5-29
```
<script id="mydata_tmpl">
<tr>
  <td><%=name %></td>
  <td><%=mail %></td>
  <td><%=tel %></td>
</tr>
</script>

<body>
  <h1>Backbone.js</h1>
  <table>
    <thead>
    <tr>
      <th>NAME</th>
      <th>MAIL</th>
      <th>TEL</th>
    </tr>
    </thead>
    <tbody   id="list"></tbody>
  </teble>
</body>
```

今回は、テンプレートを利用してデータ表示を行うことにしました。HTMLの<body>内に**<table>**を使ってテーブルを用意してあります。そして実際にデータを表示する**<tr>**部分をテンプレートで用意してあります。

main.jsを完成させる

これでHTML関係は用意できました。後は、スクリプトを作成するだけです。main.jsを以下のように修正しましょう。なお、既に作成済みのMyDataModelとMyDataCollectionの内容は省略してあります。

リスト5-30
```
$(function() {

  // Model作成
```

```
var MyDataModel = Backbone.Model.extend({……略……});
var myDataModel = new MyDataModel();

// Collection作成
var MyDataCollection = Backbone.Collection.extend({……略……});
var myDataCollection = new MyDataCollection();

// データをfetchする
myDataCollection.fetch();

// View作成
var MyDataItemView = Backbone.View.extend({

  initialize(){
    this.listenTo(myDataCollection, 'add',
      this.render); // addイベント
  },

  tmpl:_.template($("#mydata_tmpl").html()), // テンプレートの用意

  render(item) {
    var data = item.attributes;
    $('#list').append(this.tmpl(data));
    return this;
  }
});

var myDataItemView = new MyDataItemView(
  {model:myDataCollection});

});
```

図5-20：Webページにアクセスすると、RESTサービス経由でmydataの内容を取得し、表示する。

完成したら、index.htmlにブラウザからアクセスしてみましょう。すると、mydataテーブルに保存してあるデータがテーブルにまとめられて表示されます。Backbone.js経由でデータベースにアクセスし、データを取得していることがこれでわかりますね。

fetchとlistenToの仕組み

データの取得は、Collectionオブジェクトにある「fetch」というメソッドを利用します。これは非常に単純で、オブジェクトから「fetch」を呼び出すだけです。引数なども必要ありません。

では、なぜ、fetchを呼び出しただけで、（画面表示に関する処理などは何もしていないのに）結果が画面に表示されたのでしょうか。これには、以下の一文が関係しているのです。

```
this.listenTo(myDataCollection, 'add', this.render);
```

この「listenTo」というのは、オブジェクトで発生するイベントをチェックするためのものです。これは、以下のように呼び出します。

```
listenTo( 対象となるオブジェクト , イベント , 実行する処理 );
```

対象となるオブジェクトにlistenToを設定すると、Backbone.jsはそのオブジェクトで指定のイベントが発生しないかをチェックするようになります。そして指定のイベントが発生すると、第3引数の処理を実行するのです。

ここでは、MyDataCollectionの「add」というイベントをlistenToしています。addは、Collectionにデータが追加された時に発生するイベントです。fetchを実行すると、Backbone.jsはAjaxでRESTサービスにアクセスします。そしてそこからデータを受け取ると、そのデータをCollectionに追加していきます。このときに、addイベントが発生します。

したがって、サーバーから受け取ったデータをaddした際に、renderを実行してそれを画面に追加していけば、全データをきれいにテーブルとして表示できるのです。

IDで検索する

REST利用の基本的な流れがわかったら、その他の操作も行ってみましょう。まず、データの検索です。ID番号を指定してデータを検索してみましょう。

ID検索用にフォームを用意しておきます。HTML側の<body>部分を以下のように修正しましょう。

リスト5-31

```html
<body>
  <h1>Backbone.js</h1>
  <div id="form">
    <div><input type="text" id="my_id"></div>
```

```
      <div><input type="button" id="findBtn" value="Get"></div>
    </div>
    <hr>
    <table>
      <thead>
      <tr>
        <th>NAME</th>
        <th>MAIL</th>
        <th>TEL</th>
      </tr>
      </thead>
      <tbody  id="list"></tbody>
    </teble>
</body>
```

　ここでは、**id="my_id"**の入力フィールドと、**id="findBtn"**のプッシュボタンを追加してあります。このボタンをクリックしたら、入力フィールドに記入したIDのデータを検索して表示しよう、というわけです。

main.js への追加処理

　では、ボタンの処理を追加しましょう。ここでは、ボタンに処理を設定することにします。今回はボタンの処理だけなので、関数を作成して直接ボタンにバインドして済ませることにしましょう。

リスト5-32

```
function onclickFind(event){
  var id = $('#my_id').val();
  var result = myDataCollection.get(id);
  var data = result.attributes;
  $('#list').empty();
  myDataItemView.render(result);
}

$('#findBtn').bind('click', onclickFind);
```

　これだけです。入力フィールドにID番号を書いてボタンをクリックして下さい。そのIDのデータが下のテーブルに表示されます。

5-4　Modelの利用

図5-21：入力フィールドにID番号を書いてボタンを押すと、そのデータが表示される。

getによるデータの取得

IDによるデータの取得は非常に簡単に行えます。それは、Collectionオブジェクトの「get」を使うだけなのです。

```
var id = $('#my_id').val();
var result = myDataCollection.get(id);
```

jQueryのvalで入力された値を取り出し、これを引数に指定して**myDataCollection.get**を実行します。後は、既にデータをそのままテーブルに表示するrenderメソッドがありますから、それを呼び出すだけです。

```
$('#list').empty();
myDataItemView.render(result)
```

ただし、そのままrenderするとどんどん前のデータに追加されてしまいますので、emptyでテーブルをクリアしてから改めてrenderを呼び出します。これで、resultされたデータだけが表示されます。

データを新規追加する

続いて、データの新規追加です。これも、専用のフォームを追加してサンプルを作ることにしましょう。まずは、HTMLの<body>を修正します。

リスト5-33
```
<body>
  <h1>Backbone.js</h1>
  <div id="form">
    <div><input type="text" id="my_id"></div>
    <div><input type="button" id="findBtn" value="Get"></div>
  </div>
```

193

```
  <hr>
  <div id="form">
    <div><input type="text" id="name" name="name"></div>
    <div><input type="text" id="mail" name="mail"></div>
    <div><input type="text" id="tel" name="tel"></div>
    <div><input type="button" id="createBtn" value="Create"> ↵
      </div>
  </div>
  <hr>
  <table>
    <thead>
    <tr>
      <th>NAME</th>
      <th>MAIL</th>
      <th>TEL</th>
    </tr>
    </thead>
    <tbody   id="list"></tbody>
  </teble>
</body>
```

　検索用のフィールドは削除してもいいのですが、ここではそのまま残し、新たにフォームを追加しました。このフォームのボタンに割り当てる処理をmain.js側に追記します。

リスト5-34

```
function onclickCreate(event){

  myDataCollection.create(
    {
      'name': $('#name').val(),
      'mail': $('#mail').val(),
      'tel': $('#tel').val()
    },{
      success: function(collection, result, options) {
        $('#name').val('');
        $('#mail').val('');
        $('#tel').val('');
      }
    }
  );
}


$('#createBtn').bind('click', onclickCreate);
```

図5-22：フォームにデータを入力し、ボタンを押すと、データが追加される。

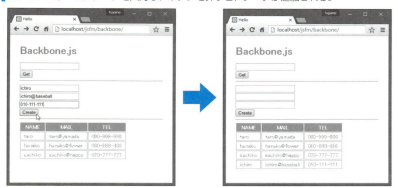

フォームには、3つの入力フィールドがあります。これらに名前、メールアドレス、電話番号を記入し、その下のボタンを押すと、データが追加されます。

create メソッドについて

使っているのはCollectionオブジェクトの「create」というメソッドです。これが、新しいデータを作成するためのものです。これは、以下のように利用します。

```
create( 保存するオブジェクト , アクセス後の処理 );
```

第1引数には、保存するデータをまとめたオブジェクトを用意します。これは、今回の例を見ると、

```
{ 'name': 値 , 'mail': 値 , 'tel': 値 }
```

このように、データの項目名に値を設定したものになっていることがわかります。また第2引数には、Ajax通信を行った後のコールバック処理をまとめてあります。これは、以下のような形になります。

```
{
        success: fuction(collection, response){……成功時の処理……},
        error: function(e){……エラー時の処理……}
}
```

successに成功時の処理を、**error**にエラー発生時の処理をそれぞれ用意します。成功時には、Collectionと、サーバーへのレスポンス（返信）に関する情報を管理するResponseというオブジェクトが引数に渡されます。またエラー時にはエラーのイベントオブジェクトが渡されます。

これらは、特に必要がなければ省略しても構いません。今回は、成功した場合は入力フィールドのテキストをクリアするのに使っていますが、そうした後処理が不要なら、第1引数の保存するオブジェクトのみを用意すればいいでしょう。

この先の学習

　Backbone.js活用のポイントは、View、Model、Collectionというもっとも基本的な3つのオブジェクトを使いこなすことです。

　まずは、Viewから改めて使い方を確認していきましょう。本書では、Viewの主な機能については一通り説明してありますのでそれらを一通り復習して下さい。

　ModelとCollectionについては、まだまだ学ぶべきことがあります。本書では、RESTとの連携を中心に説明をしましたが、他にもデータ保存の手段はあります。たとえば、Webに用意されている**local storage**を使って保存する手法などもあります。これは、Backbone.localStorage.jsというプログラムとしてプラグインが用意されています。

　http://backbonejs.org/docs/backbone.localStorage.html

▎**図5-23**：Backbone.localStorage.jsのWebページ。

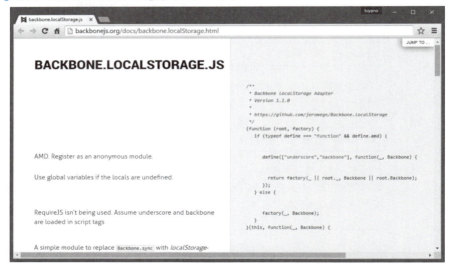

　この他にも、やはりWeb技術である**IndexedDB**というデータベース機能を利用するためのプラグインなどもあります。こうしたものを利用したModelの使い方についても学ぶと面白いでしょう。

　この他、ViewやModelのイベントや、アクセスのルーティングを行う**Router**などは、本書ではほとんど触れていません。これらについても学ぶと更にBackbone.jsを使いこなせるようになります。

Chapter 6
Angular

Angularは、Googleが中心となって開発されたフレームワークです。MVCやMVVMなどのアーキテクチャーを取らず、「コンポーネント指向」によるWebアプリケーション構築を目指す、従来にないフレームワークといえるでしょう。

JavaScript フレームワーク入門

Chapter **6** Angular

6-1 Angularの基本

Angularとは？

Angularは、Googleが中心となって開発しているオープンソースのJavaScriptフレームワークです。これは当初、「AngularJS」としてリリースされていました。その後、大幅な改良が行われた「Angular 2」が登場し、間もなく正式リリースされる予定です。なお、正式リリースを控えた現在、名称からは2が取れ、単なる「Angular」となるようです。本書では、このAngular（**Angular 2**のこと）について取り上げることにします。

Angularは、1から2へと移行する際にかなり大幅な変更が加えられました。利用者の中には、「2つはまったく別のフレームワークだ」と考える人さえいるくらいです。互換性などが保たれていない破壊的機能変更も多数行われていたため、旧バージョンを使っている人の間ではかなりな混乱も起こしてしまいました。

Angularは、多数存在するJavaScriptのフレームワークの中で、もっとも注目されているフレームワークと言えるでしょう。

アプリケーションのフレームワークといえば、「MVC」が基本でした。JavaScriptでは、更にアレンジされたMVVMといったものなどもありましたが、基本的な考え方は「モデルやビューなど、役割ごとにプログラムを整理して全体を構築していく」というやり方でした。

この方法は、確かに多くの言語では役立っていたのですが、JavaScriptの場合は、どうもそぐわない印象を持つ人も多いでしょう。「もっといい考え方があるのでは？」という思いに駆られる人は大勢いるのではないでしょうか。

そんな中、登場したのが、Angularだったのです。

■ MVC からコンポーネント指向へ

このAngularは、MVCフレームワークとは考え方が異なっています。これは「コンポーネント指向」のフレームワークなのです。

MVCは、画面の表示は表示だけ、データを管理するモデルはモデルだけをまとめて扱います。が、コンポーネント指向は、Webアプリケーションに必要とされるものを「コンポーネント」として扱います。コンポーネントは、画面表示やビジネスロジックなどをひとまとめにし、独立した部品として扱えるプログラムです。

つまり、「画面表示」「処理の制御」といった分け方をせず、「○○を扱うプログラム」というように目的別にプログラムを分け、そこに画面の表示から処理まですべてをひとまとめにしておくのです。JavaScriptの場合、画面表示であるHTMLとその処理を行うJavaScriptという組み合わせで開発を行うので、MVCなどより、それぞれの部品ごとにまとめるコンポーネント指向のほうが相性がいい、ともいえます。

このコンポーネントという考え方は、「Web Components」としてW3Cで策定作業が進められています。Angularは、こうした動きを先取りするものともいえます。

198

AngularJS から Angular 2 へ

Angularは、「AngularJS」として2009年に登場しました。その後改良が続けられましたが、抜本的な改良のため、全く新しい「Angular 2」として新バージョンの開発が行われ、現在（2016年7月）、RC版がリリースされています。このRC版から、Angular 2という名称は、単に「Angular」と変更されました。正式リリースは本書執筆時点ではまだですが、既にベータ版の段階から広く利用されており、RC版では正式版とそれほど大きな違いはないと思えるため、このRC版をベースにここで解説を行います。

新しいAngularは、現在、以下のサイトにて公開されています。

https://angular.io/

図6-1：Angularのサイト。ここで必要な情報が手に入る。

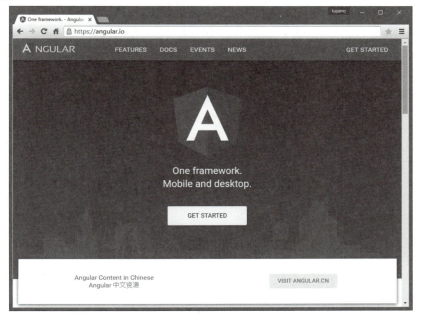

ここでAngularのドキュメントなどの情報が公開されています。なお、ファイルについてはここでダウンロードはできません（利用法は後で説明します）。

Angularの特徴

では、このAngularというフレームワークはどのような特徴を備えているのでしょう。主なものをここでまとめておきましょう。

SPAのためのフレームワーク

Angularは、**SPA**（Single Page Application、単ページで完結するアプリケーション）の

199

開発を念頭に置いて開発されています。SPAは、最近のWebアプリケーション開発の手法として注目を集めているもので、Angularはそうした開発のための強力な武器となります。

フルスタックである

Angularは、**フルスタック**（Webアプリケーション開発に必要なものが全て揃っている）と呼ばれています。プログラム本体のみならず、テスト環境などまですべて一式揃っているため、開発に当たって足りないものを他から探してくる、といったことをほとんど行わなくて済むでしょう。

TypeScript を利用

Angularは、TypeScriptを採用しています。もちろん、JavaScriptでも使えますし、この他にDartといった言語もサポートしています。が、基本的なドキュメントやサンプルなどはすべてTypeScriptを前提にしており、JavaScriptでは用意されていないドキュメントなども多数あるため、「TypeScriptを使うのが基本」と考えるべきでしょう。

Virtual DOM の採用

「Virtual DOM（仮想DOM）」というのは、文字通り仮想化されたDOMです。JavaScriptからHTMLを操作する場合は、そのHTML要素を扱うDOMを操作します。が、Virtual DOMは、純粋なJavaScriptのオブジェクトです。このVirtual DOMのオブジェクトを操作することで、それが実際のDOMツリーに反映されるような仕組みになっています。

直接DOMを操作するのに比べ、一通りの処理や操作が完了した段階で変更の差分のみを実際のDOMに適用するため、すべて直接DOMを操作するのに比べて動作速度がかなり速くなります。

プラグインによる拡張

Angularでは、プラグインを作成することで機能を拡張することができます。またYEOMANというスカフォールディングツール（アプリの基本部分を構築するもの）のソースコードジェネレータなども用意されており、Angularを利用したWebアプリケーションの基本部分を簡単に作成できるような機能が提供されています。

Angularの準備

Angularは、本書執筆現在（2016年7月）、2.0.0-rc4というバージョンが最新版としてリリースされています。「RC」というのは「Release Candidate（リリース候補）」の略で、正式リリースの候補となるバージョンですので、ほぼ正式版と同等のものといえるでしょう。ただし、Angularは非常にアグレッシブなアップデートをしており、ベータ版の段階でも破壊的アップデート（旧バージョンのコードが動作しなくなるような改良）が頻繁に行われてきました。このため、RC版とはいえ、正式リリース版で更に変更されている可能性も全くないわけではありません。この点に留意して以降の解説を読んで下さい。

npmによる開発

　Angularの開発でもっとも多用されるのは、npmを利用したやり方です。npmはNode.jsによるサーバーアプリケーション開発で用いられますが、これを利用することでAngular関連のライブラリファイルをnpmのモジュールとしてインストールできます。

　コマンドプロンプトまたはターミナルを起動し、Webアプリケーションのフォルダに移動してから、以下のように実行をします。

```
npm install angular2
```

図6-2：npm install angular2でインストールする。最新バージョンにはなっていないので注意。

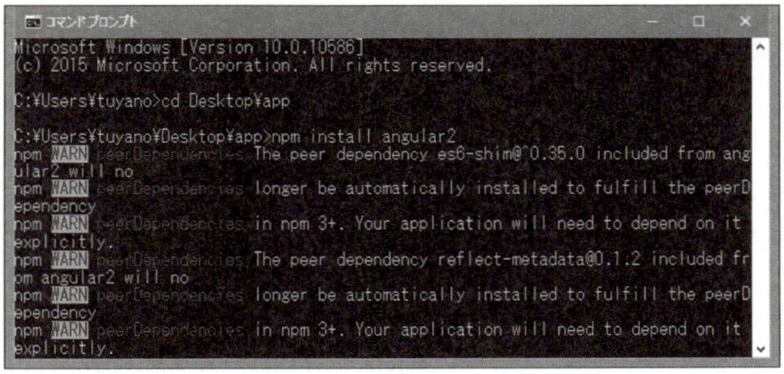

　これで、「node_modules」フォルダ内にAngular 2がインストールされます。ただし！注意して欲しいのは、「これが最新版ではない」という点です。本書執筆時に確認したところ、この時点でインストールされるのは2.0.0-beta.17というバージョンでした。それ以降のRC版は用意されていません。RCから、名称がAngular 2から「Angular」に変更されたためかもしれません。

> **Note**
>
> 　では、「npm install angular」はどうか？　というと、旧バージョンのAngularJS 1.5.7がインストールされてしまいます。

　2.0.0-beta.17でもAngularの基本的な部分はすべて正常に動作しますが、機能の一部が正式版とは異なっています。したがって、このバージョンで作成したものをそのまま正式版で動かそうとしても一部修正が必要になることがあるので注意が必要です。おそらく、正式リリース時にはnpmのモジュールも更新されるはずですので、それを確認した上で利用するのがよいでしょう。

npmによるNode.jsプロジェクトの作成

　この方法では、いくつかのファイルを用意する必要があります。まず、Webアプリケーションを保存するためのフォルダを用意して下さい。そしてこのフォルダ内にファイルを作成していきます。

Chapter 6 Angular

npm のパッケージ情報

まず必要となるのは、npmのパッケージ情報を記述した「package.json」ファイルです。これは以下のように記述します。なお、ここではRC4版を利用する前提で記してあります。

リスト6-1

```
{
  "name": "angular2-quickstart",
  "version": "1.0.0",
  "scripts": {
    "start": "tsc && concurrently \"npm run tsc:w\" ↵
      \"npm run lite\" ",
    "lite": "lite-server",
    "postinstall": "typings install",
    "tsc": "tsc",
    "tsc:w": "tsc -w",
    "typings": "typings"
  },
  "license": "ISC",
  "dependencies": {
    "@angular/common": "2.0.0-rc.4",
    "@angular/compiler": "2.0.0-rc.4",
    "@angular/core": "2.0.0-rc.4",
    "@angular/forms": "0.2.0",
    "@angular/http": "2.0.0-rc.4",
    "@angular/platform-browser": "2.0.0-rc.4",
    "@angular/platform-browser-dynamic": "2.0.0-rc.4",
    "@angular/router": "3.0.0-beta.1",
    "@angular/router-deprecated": "2.0.0-rc.2",
    "@angular/upgrade": "2.0.0-rc.4",
    "systemjs": "0.19.27",
    "core-js": "^2.4.0",
    "reflect-metadata": "^0.1.3",
    "rxjs": "5.0.0-beta.6",
    "zone.js": "^0.6.12",
    "angular2-in-memory-web-api": "0.0.14",
    "bootstrap": "^3.3.6"
  },
  "devDependencies": {
    "concurrently": "^2.0.0",
    "lite-server": "^2.2.0",
    "typescript": "^1.8.10",
    "typings":"^1.0.4"
```

```
    }
  }
```

TypeScript の設定情報

次に作成するのは、「tsconfig.json」というファイルです。これは、TypeScriptのコンパイラに関する設定情報です。これは以下のように記述します。

リスト6-2

```
{
  "compilerOptions": {
    "target": "es5",
    "module": "commonjs",
    "moduleResolution": "node",
    "sourceMap": true,
    "emitDecoratorMetadata": true,
    "experimentalDecorators": true,
    "removeComments": false,
    "noImplicitAny": false
  }
}
```

続いて、「typings.json」というファイルを用意します。これはTypeScriptの設定情報を記述したものです。

リスト6-3

```
{
  "compilerOptions": {
    "target": "es5",
    "module": "commonjs",
    "moduleResolution": "node",
    "sourceMap": true,
    "emitDecoratorMetadata": true,
    "experimentalDecorators": true,
    "removeComments": false,
    "noImplicitAny": false
  }
}
```

systemjs.config.js

　最後に「systemjs.config.js」というファイルを作成します。これは、**SystemJS**という
モジュールローダープログラムに関する設定情報ファイルです。

リスト6-4

```
(function(global) {
  var map = {
    'app':  'app', // 'dist',
    '@angular': 'node_modules/@angular',
    'angular2-in-memory-web-api':
      'node_modules/angular2-in-memory-web-api',
    'rxjs': 'node_modules/rxjs'
  };

  var packages = {
    'app': { main: 'main.js',  defaultExtension: 'js' },
    'rxjs': { defaultExtension: 'js' },
    'angular2-in-memory-web-api':
      { main: 'index.js', defaultExtension: 'js' },
  };
  var ngPackageNames = [
    'common',
    'compiler',
    'core',
    'forms',
    'http',
    'platform-browser',
    'platform-browser-dynamic',
    'router',
    'router-deprecated',
    'upgrade',
  ];

  function packIndex(pkgName) {
    packages['@angular/'+pkgName] =
      { main: 'index.js', defaultExtension: 'js' };
  }
  function packUmd(pkgName) {
    packages['@angular/'+pkgName] = { main: '/bundles/' +
      pkgName + '.umd.js', defaultExtension: 'js' };
  }

  var setPackageConfig = System.packageWithIndex ? ↵
```

```
      packIndex : packUmd;

    ngPackageNames.forEach(setPackageConfig);
    var config = {
      map: map,
      packages: packages
    };
    System.config(config);
})(this);
```

npm installする

これで必要な設定ファイルが全て揃いました。では、コマンドプロンプトまたはター
ミナルを起動し、これらのファイルを保存してあるフォルダに移動して下さい。そして
以下のように実行します。

```
npm install
```

図6-3：npm installで必要なファイル類がインストールされる。

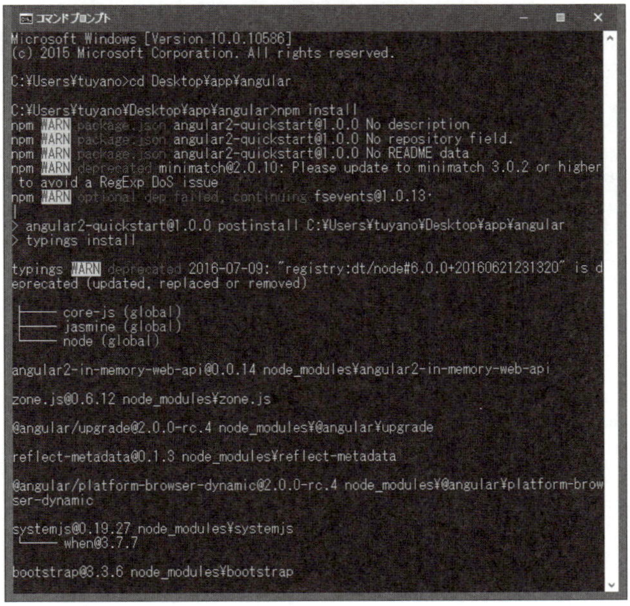

これで、フォルダ内の「node_modules」フォルダの中に、必要なファイル類が作成さ
れます。また、これとは別に「typing」フォルダが作成され、ここにTypeScriptのための
Typingsというプログラムが用意されます。

「node_modules」フォルダ内には「@angular」というフォルダが作成されており、この

中にAngular関連のファイルがまとめられています。このフォルダ名は、RC版のための仮のものなのか、正式リリース後も@angularとなるのか不明なところがあります。正式リリース時には名称が変更されているかもしれません。

プロジェクトの実行

npm installで作成されるのはNode.jsのプロジェクトですから、そのままWebアプリケーションとして起動することができます。

Angular CLIを使う

npmを使ったやり方の他に、「Angular CLI」というツールを利用する方法もあります。これはJavaScriptのツールプログラムで、以下がWebサイトになっています。

https://cli.angular.io/

図6-4：Angular CLIのサイト。ここから必要な情報を入手できる。

ここにAngular CLIのドキュメント類がまとめられています。このAngular CLIは、普通に単体プログラムとしてダウンロードするのではなく、npmのモジュールとしてインストールするようになっています。コマンドプロンプトなどを起動し、以下のように実行して下さい。

```
npm install -g angular-cli
```

■図6-5：npm installでAngular CLIをインストールする。インストールにはかなり時間がかかる。

　これで、Angular CLIのコマンドが使えるようになります。後は、コマンドプロンプトでAngular CLIのコマンドを実行してプロジェクトの作成などを行います。

ng newでプロジェクトを作成する

　Angular CLIでは、「ng」というコマンドを使ってプロジェクトの作成を行います。コマンドプロンプトなどで、プロジェクトを作成したい場所に移動し、以下のように実行をします。

```
ng new プロジェクト名
```

■図6-6：ng newコマンドでプロジェクトを作成する（例題のプロジェクト名はMyAngularApp）。

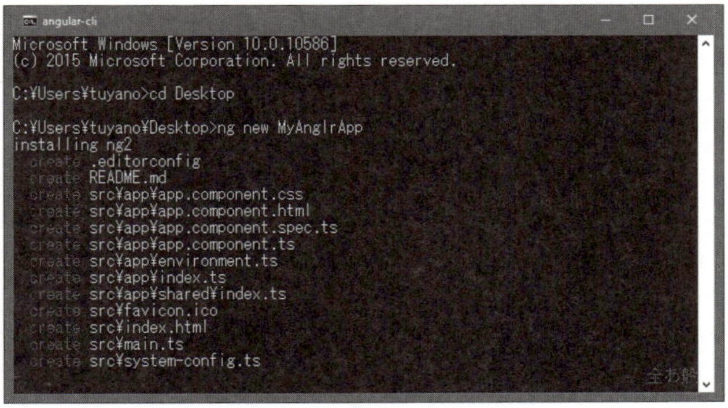

　これで、Angularを利用したNode.jsプロジェクトが生成されます。そのまま作成されたプロジェクトのフォルダ内に移動し、「ng serve」コマンドを実行するとプロジェクトがWebアプリケーションとして起動します（ただし、ng newでプロジェクトを作成した時点では、表示するWebページのファイルが用意されていないので、実行してもアクセスはできません）。

Angularのロード

　Angularを利用する場合、HTML内からAngularで必要となるスクリプトファイル類をロードする必要があります。ここまで説明したnpmやAngular CLIを利用してプロジェクトを作成した場合、それらはすべて「node_modules」フォルダの中にまとめられていま

Chapter **6**   Angular

す。この中から、必要なライブラリをロードすればいいわけです。

　この「node_modules」フォルダと同じ場所にHTMLファイルを配置すると考えたとき、その中に用意する<script>タグは、ざっと以下のようになるでしょう。

リスト6-5

```
<script src="node_modules/core-js/client/shim.min.js"></script>
<script src="node_modules/zone.js/dist/zone.js"></script>
<script src="node_modules/reflect-metadata/Reflect.js"></script>
<script src="node_modules/systemjs/dist/system.src.js"></script>
<script src="systemjs.config.js"></script>
```

　これら5つのJavaScriptファイルを読み込むことでAngularが利用可能な状態になります。なお、最初の4つは「node_modules」内にありますが、最後のものは同じ場所に用意されている**systems.config.js**の読み込みで、前の4つとは若干性質が異なるものですが、Angularを利用するためには必須と考えてよいでしょう。

CDNの利用

　ここまで、Angularはすべてパッケージマネージャなどを使って必要なファイルをすべてダウンロードし、実行するのが基本でした。では、AngularはCDNを利用することはできないのでしょうか。

　もちろんできます。ただし、systemjs.config.jsなどの内容を一部書き換えなければいけません。

　プロジェクトのフォルダを作成し、「systemjs.config.js」ファイルを作成して下さい。そして以下のように記述をします。

リスト6-6

```
(function(global) {
  var ngVer = '@2.0.0-rc.4';
  var routerVer = '@3.0.0-beta.1';
  var formsVer = '@0.2.0';
  var routerDeprecatedVer = '@2.0.0-rc.2';

   var  map = {
  'app': 'app',

  '@angular': 'https://npmcdn.com/@angular',
  '@angular/router': 'https://npmcdn.com/@angular/router' + ↵
     routerVer,
  '@angular/forms': 'https://npmcdn.com/@angular/forms' + ↵
     formsVer,
  '@angular/router-deprecated': 'https://npmcdn.com/@angular/ ↵
```

208

```
      router-deprecated' +
      routerDeprecatedVer,
  'angular2-in-memory-web-api': 'https://npmcdn.com/angular2↵
    -in-memory-web-api',
  'rxjs': 'https://npmcdn.com/rxjs@5.0.0-beta.6',
  'ts': 'https://npmcdn.com/plugin-typescript@4.0.10/lib/plugin.js',
  'typescript': 'https://npmcdn.com/typescript@1.9.0-↵
    dev.20160409/lib/typescript.js',
};

  var packages = {
    'app': { main: 'main.ts',  defaultExtension: 'ts' },
    'rxjs': { defaultExtension: 'js' },
    'angular2-in-memory-web-api': { main: 'index.js', ↵
      defaultExtension: 'js' },
  };

  var ngPackageNames = [
    'common',
    'compiler',
    'core',
    'http',
    'platform-browser',
    'platform-browser-dynamic',
    'upgrade',
  ];

  ngPackageNames.forEach(function(pkgName) {
    map['@angular/'+pkgName] = 'https://npmcdn.com/@angular/' +
    pkgName + ngVer;
  });

   ngPackageNames.forEach(function(pkgName) {

  packages['@angular/'+pkgName] = { main: '/bundles/' + ↵
    pkgName + '.umd.js',
    defaultExtension: 'js' };

  });

  packages['@angular/router'] = { main: 'index.js', ↵
    defaultExtension: 'js' };
  packages['@angular/forms'] = { main: 'index.js', ↵
    defaultExtension: 'js' };
```

```
    packages['@angular/router-deprecated'] = { main: ↵
      '/bundles/router-deprecated' +
      '.umd.js', defaultExtension: 'js' };

  var config = {
    transpiler: 'ts',
    typescriptOptions: {
      tsconfig: true
    },
    meta: {
      'typescript': {
  "exports": "ts"
      }
    },
    map: map,
    packages: packages
  };

  System.config(config);

})(this);
```

　これも、やはり2.0.0-rc.4を利用する形でまとめてあります。続いて、「tsconfig.json」ファイルを作成しましょう。これは以下のように内容を記述します。

リスト6-7

```
{
  "compilerOptions": {
    "target": "es5",
    "module": "commonjs",
    "moduleResolution": "node",
    "sourceMap": true,
    "emitDecoratorMetadata": true,
    "experimentalDecorators": true,
    "removeComments": false,
    "noImplicitAny": true,
    "suppressImplicitAnyIndexErrors": true
  }
}
```

　これで、CDN利用の場合の設定情報が用意できました。CDNを利用する場面では、Node.jsプロジェクトなどではなく、直接Webページのファイルなどを作成することが多いでしょうから、Node.js用のpackage.jsonなどは省略しておきます。必要であれば先のNode.jsプロジェクトで作成したものを参照し、作成して下さい。

■ <script> タグの用意

続いて、HTMLファイルを作成する際の、スクリプトを読み込むための<script>タグの記述についてです。これは、以下のように記述すればいいでしょう。

リスト6-8

```
<script src="https://npmcdn.com/core-js/client/shim.min.js">↵
  </script>
<script src="https://npmcdn.com/zone.js@0.6.12?main=browser">↵
  </script>
<script src="https://npmcdn.com/reflect-metadata@0.1.3"></script>
<script src="https://npmcdn.com/systemjs@0.19.27/dist/system. ↵
  src.js"></script>
<script src="systemjs.config.js"></script>
```

sysemjs.config.jsについては、作成したものを使うのでローカル環境にあるものをロードしますが、それ以外のものはすべて**npmcdn.com**からファイルをロードするようにしてあります。現在のところ、必要なライブラリ類をまとめて用意できるCDNサイトとしてはここが最適でしょう。

6-2 Angularを利用する

Webページを作成してみる

では、Angular利用の基本的なプロジェクトなどが用意できたところで、実際にAngularを利用したWebページを作成してみることにしましょう。

まずは、Angularを利用したもっともシンプルな表示を行ってみます。最初にHTMLファイルを用意しましょう。Webアプリケーションのフォルダ内に「index.html」として以下のような内容で作成しましょう。

リスト6-9

```
<!DOCTYPE html>
<html>
<head>
  <title>Angular Web</title>
  <meta charset="UTF-8">
  <meta name="viewport" content="width=device-width, ↵
    initial-scale=1">
  <link rel="stylesheet" href="styles.css">
```

```
<script src="https://npmcdn.com/core-js/client/shim.min.js"> ↵
  </script>
<script src="https://npmcdn.com/zone.js@0.6.12?main=browser"> ↵
  </script>
<script src="https://npmcdn.com/reflect-metadata@0.1.3"> ↵
  </script>
<script src="https://npmcdn.com/systemjs@0.19.27/dist/system. ↵
  src.js"></script>

<script src="systemjs.config.js"></script>
<script>
  System.import('app').catch(
    function(err){ console.error(err); }
  );
</script>
</head>

<body>
  <my-app>Loading...</my-app>
</body>
</html>
```

今回は、CDN利用の形でタグを用意してあります。もし、Node.jsプロジェクトを利用して開発をしているのであれば、<script>タグの部分を**リスト6-5**に置き換えて考えて下さい。

System.import について

ここでは、<script>タグでスクリプトファイル関係をロードした後に、以下のような処理を実行しています。

```
System.import('app').catch(function(err){
  console.error(err);
});
```

これは、「System.import」というメソッドと、「catch」メソッドをメソッドチェーンで書いたものです。System.importというのは、**SystemJS**というライブラリにある機能で、モジュールとして用意されたJavaScriptのプログラムをロードするためのものです。

Angularでは、プログラムを機能ごとに細かくモジュール分けしています。これらのモジュールのロードに、SystemJSの機能が使われているのですね。ここで、最初に利用される「app」というモジュールを読み込むようにしていたのです。

その後にあるcatchは、やはりSystemJSの機能で、SystemJSの処理を実行する際に発生する例外処理を行うためのものです。まぁ、これは「System.importではこうやって

catchで例外処理を用意しておくのが基本」という程度に覚えておきましょう。

■ <my-app> タグについて

このSystem.importの処理文は、Angularの重要な部分ではありません。これは、「Angularでは必ずこう書いておけ」という、決まり文句のようなものです。Angularのポイントは、実はその後にある<body>タグの中にあります。

```
<my-app>Loading...</my-app>
```

これが、Angularのポイントです。<my-app>なんて、見たこともないタグが書かれていますね。これは、Angularでこれから作成する「コンポーネント」を配置しているタグなのです。

Angularは「コンポーネント指向だ」といいました。このコンポーネントという部品は、このように独自に定義されたタグを使ってHTML内に配置します。ここでは、<my-app>となっていますが、もちろん作成するコンポーネントによってタグ名は変わります。

■ スタイルシートの用意

続いて、HTMLで使うスタイルシートを用意しましょう。これもindex.htmlと同じフォルダ内に用意します。「style.css」というファイル名で、以下のように記述しておきましょう。

リスト6-10

```css
body {
    color:#999;
    padding:5px 20px;
    line-height: 150%;
}
h1 {
    font-size:24pt;
}
p {
    font-size:18pt;
}
```

とりあえず、必要最小限のものだけ用意しておきました。これは、単なるサンプルですから、もちろんそれぞれで自由に書き換えて構いません。

my-appコンポーネントの作成

では、JavaScriptのスクリプトを作成しましょう。といっても、実はJavaScriptは使いません。使うのは、TypeScriptです。

Webアプリケーションのフォルダを開き、その中に「app」という名前のフォルダを作成して下さい。Angularのスクリプトファイルは、この「app」というフォルダの中に作成します。

Chapter 6 Angular

■ コンポーネント用スクリプトの作成

Angularでは、2つのスクリプトファイルを作成します。1つは、コンポーネントを定義するためのものです。これは、「app.component.ts」というファイル名で作成します。ソースコードは以下のようにしておきましょう。

リスト6-11

```
import { Component } from '@angular/core';

@Component({
  selector: 'my-app',
  template:'<h1>Angularサンプル</h1>'
})

export class AppComponent {}
```

コンポーネントの基本ソースコード

ここでは、コンポーネントを定義する必要最小限のソースコードが記述されています。よく見ると、わずか3文にすぎないことがわかるでしょう。これだけでコンポーネントは作成できるのです。

この3つの文は、コンポーネント作成に必要となる最低限のものですので、それぞれの役割と使い方を確実に覚えておくようにしましょう。

■ import について

最初に書かれている文は、必要なクラスをロードするための「import」文です。これは以下のように記述します。

```
import { クラス名 } from パッケージ ;
```

ここでは、**'@angular/core'**というパッケージから、**Component**というオブジェクトをロードして使えるようにしています。これは、「@angular/core」というパッケージに入っています。「node_modules」フォルダを見ると、その中に「@angular」というフォルダがあり、更にその中に「core」というフォルダが用意されているのがわかります。このように、「node_modules」内に用意されているライブラリなどから必要なオブジェクトや関数を取り出したいとき、このimport文は役に立ちます。

■ @Component について

続いて、**@Component**が用意されています。これは、整理すると以下のようになっています。

```
@Component( { ……必要な情報…… } )
```

214

これが、コンポーネントを定義している部分になります。**@**で始まる文は、「アノテーション」と呼ばれるものです。これは、オブジェクトなどに必要な情報を追記するために用いられます。

@Componentは、コンポーネントに関する情報を記述するためのものです。@Componentを用意し、その後の**export**文を実行することで、コンポーネントを作成することができます。

@Componentでは、引数部分にコンポーネントで必要となる情報をまとめたオブジェクトを用意します。ここでは以下の2つの項目を用意してあります。

selector	コンポーネントのセレクタ（識別のための名前）を指定します。この値が、このコンポーネントの名前となり、コンポーネントを配置するためのタグ名として利用されます。ここでは「my-app」と指定しています。これにより、このコンポーネントを配置するのに、<my-app>というタグを記述するようになります。
template	コンポーネントで出力される内容を記述したテンプレートです。ここに用意した値がレンダリングされ、コンポーネントのタグ（この例なら<my-app>タグ）にはめ込まれて表示されます。

この他にも用意できる値はいろいろとありますが、この2つはコンポーネントを作成する際、最低限必要なものと考えておきましょう。

export について

最後に、@Componentで定義したコンポーネントを**export**で宣言します。これは以下のような形で記述します。

```
export class AppComponent(……必要な情報……);
```

引数には、コンポーネントを宣言する際に必要となる情報をまとめたオブジェクトを用意できます。ここでは、特に必要な値はないので引数は空にしてあります。

これで、コンポーネントが宣言されました。宣言されたコンポーネントは、selectorで指定した名前のタグを使ってHTML内に配置し、利用できるようになります。

なお、**export class**は、Angularに用意されている機能というわけではなく、TypeScriptにあるものです。クラスなどをエクスポートします（外部から参照して使えるようにする）。

main.tsの作成

これでコンポーネントの定義をしたスクリプトは用意できましたが、これだけではAngularは動きません。メインプログラムとなるスクリプトを用意しないといけないのです。

これは、「app」フォルダの中に「main.ts」というファイル名で作成します。ファイル名からわかるように、これもTypeScriptで記述されます。内容は以下のようになります。

リスト6-12
```
import { bootstrap }      from '@angular/platform-browser-dynamic';

import { AppComponent } from './app.component';

bootstrap(AppComponent);
```

図6-7：Webページにアクセスすると、このようなタイトルが表示される。

これで完成です。実際にWebアプリケーションを実行し動作を確認しましょう。これは、どのような形で開発しているかによって違います。

Node.js プロジェクトの場合
コマンドプロンプトでプロジェクトのフォルダ内に移動し、「npm start」コマンドを実行してNode.jsでWebアプリケーションを起動しましょう。

Angular CLI の場合
コマンドプロンプトでプロジェクトのフォルダ内に移動し、「ng serve」コマンドを実行します。これでWebアプリケーションが起動すると自動的にindex.htmlがWebブラウザで開かれます。

CDN 利用の場合
自分で個々のファイルを作成し、CDNの<script>タグを記述して開発をしている場合は、Webサーバーの公開ディレクトリにWebアプリケーションのフォルダをコピーし、Webブラウザでアクセスして下さい。

> **Note**
> なお、JavaScriptのプログラミング学習では、HTMLファイルを直接Webブラウザで開いて動作チェックをしている人もいるかもしれませんが、このやり方ではAngularは正常に動きません。必ず、何らかの形でWebサーバーで公開し、アクセスするようにして下さい。

main.tsの処理について

このmain.tsの中身も、やはり3つの文しかありません。これらでコンポーネントを使えるようにしています。

```
import { bootstrap }      from '@angular/platform-browser-dynamic';
```

最初に、「@angular」内にある「platform-browser-dynamic」フォルダの中から、bootstrapという関数をインポートしています。

```
import { AppComponent } from './app.component';
```

続いて、**リスト6-11**で作成したapp.component.tsから**AppComponent**をインポートしています。app.component.tsには、「export class AppComponent」という文があって、ここでAppComponentクラスをエクスポートしていました。このAppComponentが、ここでインポートされていた、というわけです。

```
bootstrap(AppComponent);
```

最後に、インポートしたAppComponentを引数にして**bootstrap**関数を実行します。このbootstrap関数は、Angularアプリケーションの起動中に組み込まれて実行されます。これにより、AppComponentが起動時にインスタンス化されて利用できるようになります。

コンポーネントはどこで認識されるか

これで、my-appコンポーネントが使えるようになりました。が、このmy-appというコンポーネント名と、配置されているファイルの名前や保管されているフォルダの名前などの関係が今一つつかめない、という人は多いことでしょう。これらがどこでどう記述され認識されるのか、整理しておきましょう。

「app」フォルダの認識

コンポーネントやmain.tsといったスクリプトファイルは、「app」フォルダの中に配置されています。これは、**systemjs.config.js**のスクリプトに記述されている「map」という変数の内容で設定されています。このスクリプトの中で、以下のような記述部分があります。

```
var  map = {
  'app': 'app', ……
```

この**'app':'app'**という記述は、appフォルダをappという名前のパッケージとして登録するものだったのです。これは整理すると「パッケージ名：フォルダ名」という記述になっています。たとえば、'app':'app2'と変更すれば、「app2」というフォルダが登録されることになります。

217

Chapter 6 Angular

▼main.tsの認識

このappパッケージの内容は、同じsystemjs.config.js内にその詳細が記述されています。mapの宣言文の後の方にこんな記述が見つかるはずです。

```
var packages = {
  'app': { main: 'main.ts',  defaultExtension: 'ts' }, ……
```

main: 'main.ts'が、メインプログラムとして設定されるファイルを指定します。これにより、appパッケージのメインプログラムとしてmain.tsが実行されるようになります。

実行されたmain.tsの中には、AppComponentをインスタンス化するブートストラップ処理があり、これによりapp.component.ts内に定義したコンポーネントが利用できるようになっていた、というわけです。

非常に回りくどい感じがするでしょうが、全体の流れを把握し、どういう経路でどのスクリプトファイルやオブジェクトがロードされ、オブジェクトが生成されているかがわかると、プログラムの作り方がイメージできるようになります。

6-3 コンポーネントを使いこなす

外部から値を挿入する

単純にHTMLのタグなどを用意して出力するだけならここまでの説明で十分ですが、もう少し本格的なコンポーネントを作ろうとすると、もっとコンポーネントについて理解していく必要があります。

まずは、外部からコンポーネントに値を渡して表示を作成する方法から考えてみます。これも実際にサンプルを作りながら説明しましょう。

ここでは、app.component.tsを書き換えて対応します。index.htmlやmain.tsは修正の必要はありません。コンポーネントの内容だけを書き換えれば事足ります。app.component.tsを以下のように修正しましょう。

リスト6-13

```
import { Component } from '@angular/core';

@Component({
  selector: 'my-app',
  template: `
    <h1>{{title}}</h1>
```

```
      <p>{{message}}</p>
   `
})

export class AppComponent {
  title = "Hello!";
  message = "これは、Angularのサンプルです。"
}
```

図6-8：アクセスすると、タイトルとメッセージがそれぞれ表示される。

　アクセスすると、今度はタイトルとメッセージの2つのテキストが画面に表示されるようになります。ここでは、@Componentのtemplateに用意した内容がそのまま表示されてはいません。**export**する際に引数に指定した値がテンプレート内にはめ込まれて表示されているのです。

テンプレートに値を渡す

　ここでは、templateに用意したテンプレート内に変数を埋め込んでおき、export時にそれらの変数に値を渡して表示を完成させています。

　テンプレートの記述（template部分）を見ると、今回はテキストがシングルクォートではなく、「`」という記号（バッククォート）を使っています。この記号を使うと、改行したテキストを記述することができます。テンプレートなどで複数行にわたるテキストを記述するのに用いられます。

テンプレートの変数

　templateの値では、**{{title}}**や**{{message}}**といった記述が見られます。**{{ }}**という記述は、テンプレート内に変数を埋め込むためのものです。ここでは、title、messageという変数を埋め込んでいたのです。

　では、これらの変数にどうやって値を渡しているのか？　といえば、exportしている部分です。ここでは、export class AppComponentの引数内に、titleとmessageの値を持つオブジェクトを指定していますね。これらの値が、テンプレートの{{}}部分にはめ込まれ表示されていたのです。

Chapter 6 Angular

複数のコンポーネントを利用する

続いて、複数のコンポーネントを利用するにはどうするのか、説明しましょう。コンポーネントというのは、**@Component**アノテーションと、その後の**export**で作成されます。したがって、これらを必要なだけ用意すれば、いくつもコンポーネントを作ることが可能です。

実際にやってみましょう。まず、index.htmlの<body>部分を修正します。

リスト6-14

```
<body>
  <my-app>Loading...</my-app>
  <other-app>Loading...</other-app>
</body>
```

ここでは、my-appの他に、other-appというコンポーネントのタグを用意してあります。この2つのコンポーネントを作成することにしましょう。

コンポーネントの作成

コンポーネントは、app.component.tsに作成しました。では、このソースコードを修正しましょう。以下のように書き換えて下さい。

リスト6-15

```
import { Component } from '@angular/core';

@Component({
  selector: 'my-app',
  template: '<h1>{{title}}</h1>'
})
export class AppComponent {
  title = "1つ目のコンポーネント";
}


@Component({
  selector: 'other-app',
  template: '<h1>{{title}}</h1>'
})
export class OtherComponent {
  title = "Second Component!";
}
```

ここでは、AppComponentの後に、OtherComponentというコンポーネントを用意しました。それぞれ、@Componentの後にexportを使ってコンポーネントを宣言しています。

220

どちらもtitleという変数をテンプレートに用意し、<h1>タグで表示するようにしてあります。

main.ts の修正

これで終わりではありません。コンポーネントを用意しても、それを使えるようにしていなければ動きません。これには、main.tsを修正する必要があります。

リスト6-16
```
import { bootstrap }       from '@angular/platform-browser-dynamic';

import { AppComponent } from './app.component';
import { OtherComponent } from './app.component';

bootstrap(AppComponent);
bootstrap(OtherComponent);
```

図6-9：2つのコンポーネントがそれぞれ表示される。

これでアクセスしてみると、「1つ目のコンポーネント」「Second Component!」というように表示がされます。前者がAppComponent、後者がOtherComponentの表示です。

コンポーネントは、このように「app.component側でのコンポーネントの宣言」「main.ts側でのコンポーネントのブートストラップ追加」の両方が用意して使えるようになります。特に、main.tsの修正は忘れてしまいがちなので注意しましょう。

フォームの利用とモデル

続いて、フォームの利用についてです。フォームの入力と、入力されたデータの利用は、ユーザーからの入力の基本として覚えておきたいものですね。Angularでフォームを扱う場合には、いくつか覚えておかなければならない機能があります。それは「モデル」と「イベントのバインド」です。

モデルについて

フォームなどのように値を扱うような場合には、「モデル」を利用します。モデルは、

JavaScript（正確にはTypeScript）のオブジェクトです。オブジェクト内に値を保持するプロパティを用意しておき、これをフォームの入力用のコントロールに関連付けます。

このようにすることで、フォームの値をJavaScriptのオブジェクトとして扱えるようになります。

イベント処理について

フォームを送信した時の処理などは、そのためのイベント処理をフォームに設定します。このイベント処理のメソッドは、コンポーネント内に置くことができます。このメソッド内から、モデルの値にアクセスし、フォームの処理を行うのです。

図6-10：フォーム利用の際には、値を保持するモデルを用意する。コンポーネントに用意するイベント処理では、このモデルを利用してフォームの値を取得する。

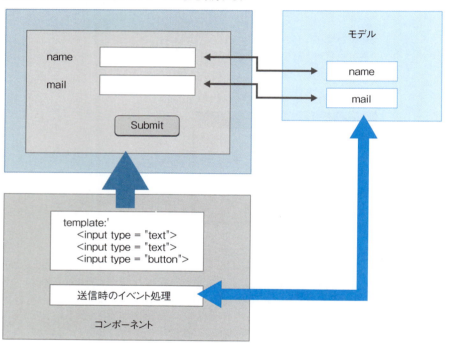

フォームを作成する

では、実際にフォームを利用してみましょう。まずは、index.htmlの<body>部分を修正しておきましょう。

リスト6-17

```
<body>
    <form-app>Loading...</form-app>
</body>
```

今回は、**<form-app>**というコンポーネントを配置することにします。ここに、フォーム関連の内容を表示します。

コンポーネントとモデルの作成

続いて、app.component.tsの修正です。ここでは、フォーム用のコンポーネントと、フォームの値を管理するモデルを用意します。以下のようにソースコードを修正しましょう。

リスト6-18

```
import { Component } from '@angular/core';

export class MyFormModel {
  constructor(
    public msg: string
  ) {}
}

@Component({
  selector: 'form-app',
  template: `
  <h1>Angular web</h1>
  <p>{{message}}</p>
  <form>
    <input type="text" id="msg" name="msg" ↵
      [(ngModel)]="model.msg">
    <input type="button" (click)="onSubmit();" value="click">
  </form>
  `
})
export class FormComponent {
  model = new MyFormModel('message...');
  onSubmit() {
    this.message = 'you typed: ' + this.model.msg;
  }
}
```

だいぶ今までとは違った感じのソースコードになってきました。先へ進む前に、ここで記述されている内容について説明しておくことにします。

モデルについて

最初に、**MyFormModel**というクラスが定義されていますね。これが「モデル」となるクラスです。ここでは、コンストラクタメソッド（**constructor**）のみが用意されています。

この引数に、「public msg: string」というように値が1つだけ用意されています。これが、このMyFormModelに保管される値です。モデルでは、このように保管する値をコンストラクタの引数として用意しておきます。

テンプレートにモデルを設定する

コンポーネントでは、selectorとtemplateが用意されています。ここでのポイントは、テンプレート部分です。**<input type="text">**のタグ部分を見てみましょう。以下のような属性が書かれているのがわかります。

```
[(ngModel)]="model.msg"
```

[(ngModel)]は、**フォームへモデルをバインドするために用いられる属性**です。[(ngModel)]は、**NgModel**というAngularに用意されているクラスのセレクタで、これをフォームなどのタグに用意することで、モデルのプロパティとコントロールの値（value値）を関連付けることができます。

ここでは、**model.msg**と指定してあります。**model**というのは、この後で説明するFormComponentに用意される、MyFormModelが保管されているプロパティです。このMyFormModelの**msg**プロパティをこの入力フィールドの値にバインドしている、ということなのです。これにより、modelのmsgプロパティの値と入力フィールドのvalueが常に同期され、どちらか一方が変更されるともう一方も更新されるようになります。

クリックイベントのバインド

この入力フィールドのすぐ下にある**<input type="button">**タグには、以下のような属性が記述されています。

```
(click)="onSubmit();"
```

これは、clickイベントに「onSubmit()」という処理をバインドするものです。一般的なJavaScriptで、クリックした時のイベント処理をするのに、onclick="onSubmit();"といった属性を用意しますが、あれと同じ働きをするものと考えて下さい。

FormComponent の引数

FormComponentをexportする部分を見てみましょう。ここでは、引数にいくつかの値が用意されています。これらが、FormComponent利用に必要な値です。ここに用意されている値が、そのままオブジェクトのプロパティとして扱われるようになります。

```
model = new MyFormModel('message...');
```

まずは、MyFormModelオブジェクトをmodelプロパティとして用意しています。先にテンプレートで**model.msg**の値を利用していましたが、ここでmodelにオブジェクトが渡されていたのですね

```
onSubmit() {
  this.message = 'you typed: ' + this.model.msg;
}
```

続いて、**onSubmit**という関数が用意されています。これは、そのままFormComponentのメソッドとして組み込まれます。このonSubmitというメソッドは、先にテンプレートで**(click)="onSubmit();"**として呼び出していたものです。

このonSubmitメソッドでは、**this.model.msg**の値を取り出し、**this.message**に設定しています。this.model.msgは、直前にmodelに代入したMyFormModelのプロパティですね。では、this.messageというのは何か？　というと、**テンプレートにある{{message}}の値**です。テンプレートに埋め込んである変数も、実はコンポーネントのプロパティとして用意されているのです。この値を操作することで、テンプレートに埋め込んである変数の表示を変えることもできます。

main.jsを修正する

最後に、main.jsを修正し、FormComponentを利用できるようにしましょう。以下のように書き換えて下さい。

リスト6-19
```
import { bootstrap }      from '@angular/platform-browser-dynamic';
import { FormComponent } from './app.component';

bootstrap(FormComponent);
```

図6-11：テキストを書いてボタンを押すと、メッセージが表示される。

修正ができたら、実際にアクセスして動作を確認しましょう。入力フィールドにテキストを書いてボタンを押すと、そのテキストがメッセージとして表示されます。

DOMを使わない！

ここでは、「ボタンを押す」→「(click)でバインドされたonSubmitが実行」→「this.model.

msgで入力テキストを取得」→「this.messageでテキスト表示を更新」という流れで処理が行われていきます。

ここで注目して欲しいのは、「DOMに一切アクセスしていない」という点です。入力された値を取り出したり、表示を更新したりする場合、JavaScriptでは**getElementById**などといったメソッドを使ってDOMを取り出し、操作をしました。が、ここで登場する操作対象はすべて抽象化されており、DOMはまったく登場しません。

DOMを直接扱う処理の仕方は、修正に弱いという欠点があります。Webの表示は非常に頻繁に更新されます。画面のデザインが変更されるたびに、それに合わせてJavaScript側の処理を修正しなければいけません。

が、Angularでは、具体的な表示の内容はテンプレートで用意しており、そこにさまざまな形でJavaScript側の値がバインドされています。タグの内容をどう書き換えても、{{ }}による変数や各種のバインド情報を記したプロパティを書いてあれば、常に正しく処理されます。そして、その際にビジネスロジックを修正する必要はまったく生じません。

テンプレートファイルを利用する

ある程度複雑な表示を作ろうとすると、templateプロパティにテキストを記述する、というやり方では難しくなってきます。また表示部分をデザイナーが作成するような場合、このやり方はあまり向いていません。デザイナーが作成したHTMLファイルをテンプレートして読み込み利用するようなやり方ができないといけません。

こうした「ファイルを読み込んでテンプレートとして使う」ということも、もちろんAngularでは行えます。ではやってみましょう。先ほどのサンプルを更に修正したFormComponentを作成することにしましょう。ただ修正するだけでは面白くないので、チェックボックスとラジオボタンも追加してみます。

まずは、FormComponentの修正を行いましょう。チェックボックスとラジオボタンの値を保管するためのプロパティを追加する必要があります。以下のようにapp.component.tsを書き換えて下さい。

リスト6-20

```
import { Component } from '@angular/core';

export class MyFormModel {
  constructor(
    public msg: string,
    public check: boolean,
    public radio: string
  ) {}
}

@Component({
```

6-3 コンポーネントを使いこなす

```
  selector: 'form-app',
  templateUrl: 'app/template.html'
})
export class FormComponent {
  model = new MyFormModel('message...', false, 'A');
  onSubmit() {
    this.message = this.model.msg + ', ' + this.model.check
      + ', ' + this.model.radio;
  }
}
```

　ここでは、checkとradioというプロパティを追加しておきました。これらがチェック
ボックスとラジオボタンの値を保管するものになります。onSubmitでは、これらプロパ
ティすべてを表示するようにしておきました。

　もう1つ、テンプレートファイルを利用するためのプロパティを用意しておきました。
@Componentにある「templateUrl」というものです。ここで、**'app/template.html'**という
値を指定してあります。これで、「app」フォルダ内のtemplate.htmlというファイルをテ
ンプレートとして利用するようになります。

　このtemplateUrlを利用する場合は、templateプロパティは用意しません。テンプレー
トのプロパティが2つあると混乱しますから、templateはカットしておきましょう。

テンプレートファイルの作成

　テンプレートファイルの作成からです。「app」フォルダの中に、「template.html」とい
う名前でファイルを作成しましょう。そして、以下のように記述をします。

リスト6-21

```
<h1>Angular web</h1>
<p>{{message}}</p>
<form>
  <div><label for="msg">Message: </label>
    <input type="text" id="msg" name="msg"
    [(ngModel)]="model.msg"></div>

  <div><input type="checkbox" id="check" name="check"
    [(ngModel)]="model.check">
    <label for="check">Check box</label></div>

  <div><input type="radio" id="r1" name="radio" checked
    (change)="model.radio='A'">
    <label for="r1">Radio 1</label>
    <input type="radio" id="r2" name="radio"
    (change)="model.radio='B'">
```

227

```
        <label for="r2">Radio 2</label></div>
    <input type="button" (click)="onSubmit();" value="click">
</form>
```

図6-12：フォームを入力しボタンを押すと、フォームの内容が表示される。

　これで完成です。アクセスすると、入力フィールド、チェックボックス、ラジオボタンといったフォームが表示されます。これらに入力して「click」ボタンを押すと、入力した内容が表示されます。表示されるフォームは、template.htmlに記述したものであることがわかるでしょう。templateUrlを使うことで、HTMLファイルを簡単にテンプレートとして読み込むことができるのです。

チェックボックスとラジオボタンの利用

　今回、チェックボックスとラジオボタンを新たに追加しました。これらもモデルと連携することで値を自動的に割り当てることが可能になりました。その設定部分を見てみましょう。

チェックボックスとモデル

　チェックボックスの場合、モデルへの値のバインドは簡単です。入力フィールドと同様、**[(ngModel)]**属性を用意すればいいからです。

```
[(ngModel)]="model.check"
```

　ここでは、このようにしてmodel内のcheckプロパティをチェックボックスにバインドしています。これでチェックボックスの値がそのままcheckプロパティに設定されます。このプロパティは、**リスト6-20**で以下のように宣言されています。

```
public check: boolean,
```

　checkは、boolean型の変数です。チェックボックスの<input>タグでは、その状態はvalueではなく**checked**属性で設定されます。この値は"on"か空かいずれかという真偽値

と同じような値になっています。このため、チェックボックスに関しては真偽値のプロパティにバインドするのです。

ラジオボタンとモデル

ラジオボタンの場合は、チェックボックスとは異なるアプローチを考えます。ラジオボタンは、複数ある項目から1つをクリックして選択すると、それが値として得られるようになっています。複数のコントロールがあって、それらが共同で1つの値を設定できるように考えないといけません。といって、すべてのコントロールに同じモデルのプロパティを設定すると正常に機能しないのです。

そこで、考え方を変え、「ラジオボタンのコントロールを操作したら、モデルの同じプロパティを変更する」というようにしておくのです。2つのラジオボタンのタグを見ると、それぞれ以下のような属性が書かれていることがわかります。

```
1つ目 (change)="model.radio='A'"
2つ目 (change)="model.radio='B'"
```

(change)は、**onchange属性**に相当するもので、これを使うことで、値が変更された時に処理を行わせることができます。ここでは、model.radioにそれぞれのコントロールを示す値を代入する処理を用意してあります。これで、ラジオボタンを選択するとそのボタンを示す値がmodel.radioに保管されるようになります。

コンポーネントでの<select>の利用

フォーム用コントロール類のうち、扱いが少し難しいのが**<select>**タグです。<select>タグは、これとは別に**<option>**タグを使って表示する項目を用意しないといけません。また、せっかくJavaScriptと連携処理しているのですから、プルダウンリストに表示される項目もプログラム的に生成できるようにしたいですね。更には、<select>タグにmultiple属性を設定して複数項目を選択可にした場合の対応も考えないといけません。

これも、実際にサンプルを作成しながら、使い方を説明していくことにします。まずは、コンポーネント側から作成しましょう。app.component.tsを以下のように修正して下さい。

リスト6-22

```
import { Component } from '@angular/core';

export class MyFormModel {
  constructor(
    public select: string,
    public select2: string[]
```

229

```
  ) {}
}

@Component({
  selector: 'form-app',
  templateUrl: 'app/template.html'
})
export class FormComponent {
  message = '';
  model = new MyFormModel('',[]);
  items = ['北海道','本州','四国','九州','沖縄'];
  items2 = ['Windows', 'macOS', 'Linux', 'Android', 'iOS'];
  onSubmit() {
    this.message = this.model.select + ' [' + ↵
      this.model.select2 + ']';
  }
}
```

　これで、2つの<select>タグ用のプロパティ類が用意できました。簡単に内容を説明しておきましょう。

constructor のプロパティ

　MyFormModelでは、2つのプロパティが用意されています。selectとselect2ですね。これらが、2つの<select>タグの値を保管するものになります。

　このうち、selectは普通のstringですが、select2はstring[]、すなわちstring配列となっている点に注意して下さい。これは、2つ目の<select>を複数選択可能にするためです。複数選択可能の<select>の値は、こんな具合に配列として用意します。

<option> 用の配列

　FormComponentでは、message、model、onSubmitといったメンバの他に、「item」と「item2」という項目が追加されています。これらは、2つの<select>タグで用意される**<option>**タグのためのデータです。このように配列としてデータを用意しておき、テンプレート側でこれを元に<option>タグを生成します。

テンプレートの修正

　では、テンプレートを修正しましょう。template.htmlを以下のように書き換えて下さい。

リスト6-23

```
<h1>Angular web</h1>
<p>{{message}}</p>
```

```
<form>
  <div>
    <select [(ngModel)]="model.select" [size]="items.length">
      <option *ngFor="let item of items" [value]="item">{{item}} ↵
        </option>
    </select>
    <select [(ngModel)]="model.select2" [size]="items2.length" ↵
      multiple>
      <option *ngFor="let item of items2" [value]="item">{{item}} ↵
        </option>
    </select>
  </div>
  <input type="button" (click)="onSubmit();" value="click">
</form>
```

▌**図6-13**：＜select＞による2つの選択リスト。ボタンを押すと、選択された項目をすべて表示する。

　修正したら、ページにアクセスして動作を確認しましょう。2つの選択リストから適当に項目を選択し、ボタンをクリックすると、選択した項目がメッセージとして表示されます。右側のリストは複数項目が選択できますが、いくつ選択してもすべて表示されます。

＜select＞タグの属性

　ここでは、タグ内にJavaScript側のオブジェクトとバインドされる属性がいろいろ用意されています。例として、1つ目の＜select＞タグを見てみましょう。すると2つの属性が用意されているのがわかります。

[(ngModel)]="model.select"	値をモデルのプロパティにバインドします。これで、この＜select＞の値がmodelのselectプロパティにバインドされます。
[size]="items.length"	＜select＞のsizeプロパティに相当します。items.lengthを指定して、配列itemsの要素数がsizeに指定されるようにしています。

続いて、<option>タグです。1つ目の<select>タグ内にある<option>を見てみると、以下のように記述されているのがわかります。

```
<option *ngFor="let item of items" [value]="item">{{item}} ↵
  </option>
```

ここでは、「*ngFor」という属性を使っています。これは、このタグを繰り返し出力するのに使うもので、以下のような形で値を記述します。

```
*ngFor=" let 変数 of 配列"
```

これで、配列から順に値を取り出しては変数に設定し、この*ngForがあるタグを出力する、といったことを繰り返します。**"let item of items"**ということは、itemsプロパティの配列から順に値を変数itemに取り出しながらタグを出力していくわけです。

その後には、**[value]="item"**という属性があります。これはvalueに相当するもので、これで変数itemの値がvalueに記述されるようになります。また、その後の**{{item}}**では、itemの値が直接出力されます。

これで、コンポーネント側に用意した配列を元に選択リストが生成されるようになりました。また、それぞれの<select>では[(ngModel)]でvalueをモデルにバインドしていますから、選択した値を調べるのも簡単ですね。
ここでは<option>タグを使いましたが、*ngForは**<table>**タグや**<ol>**、**<ul>**によるリスト表示などにも利用できます。データを元に繰り返し表示を生成させる場合の基本として、覚えておきましょう。

スタイルをバインドする

JavaScriptでDOMの操作を行うのはどのような場合でしょう。もっとも多いのは、「スタイルの操作」ではないでしょうか。
Webの表示は、HTMLの各要素に設定されたスタイルによって決まります。表示を操作するには、このスタイルを変更することになります。このスタイルの変更は、こまごまとしたスタイルが多数設定されているとかなり面倒です。style属性に用意されている値を解析し、その中から必要なスタイルの値を調べて変更し、またstyleの値を再構築し、設置しなければいけません。

Angularでは、非常に簡単にスタイルの操作が行えます。モデルなどの値を扱うオブジェクトを用意し、これらの値にスタイルをバインドすることで、個々のスタイルの値を直接操作できるのです。では、やってみましょう。

コンポーネントを作成する

では、コンポーネントを作成しましょう。先ほどまで使っていたFormComponentをそのまま再利用することにしましょう。app.component.tsを以下のように書き換えて下さい。

6-3 コンポーネントを使いこなす

リスト6-24

```
import { Component } from '@angular/core';

export class MyFormModel {
  constructor(
    public color: string,
    public background: string,
    public fontSize: number,
    public padding: number
  ) {}
}

@Component({
  selector: 'form-app',
  templateUrl:'app/template.html'
})
export class FormComponent {
  model = new MyFormModel('blue','white',24,10);
  message = 'this is sample component.';

  setStyle(){
    return {
      'color': this.model.color,
      'background': this.model.background,
      'font-size': this.model.fontSize + 'pt',
      'padding': this.model.padding + 'px'
    };
  }
}
```

　ここでは、MyFormModelというモデルクラスを用意してあります。このモデルに、color、background、fontSize、paddingといったプロパティを用意してあります。これらにスタイルをバインドして扱えるようにしよう、というわけです。

　FormComponentクラスでは、modelとmessageの他に、「setStyle」というメソッドを用意してあります。これは、スタイル名と割り当てる値（モデルに用意してあるプロパティ）をオブジェクトにまとめたものをreturnする、シンプルなメソッドです。

　Angularでスタイルを操作する場合には、このように1つ1つのスタイル名にオブジェクトのプロパティを割り当てたものを用意します。これをHTML要素のスタイルに設定することで、オブジェクトに用意したスタイルと値がバインドされるのです。

テンプレートを修正する

　では、テンプレートを修正しましょう。ここでは、スタイルを操作する**<p>**タグと、スタイルを入力するための<input>タグを用意することにします。

233

リスト6-25

```
<h1>Angular web</h1>
<p [ngStyle]="setStyle()">{{message}}</p>
<hr>
<input type="text" [(ngModel)]="model.color"><br>
<input type="text" [(ngModel)]="model.background"><br>
<input type="text" [(ngModel)]="model.fontSize"><br>
<input type="text" [(ngModel)]="model.padding"><br>
```

図6-14：入力フィールドに各プロパティの値を記入すると、リアルタイムにメッセージの表示が変わる。

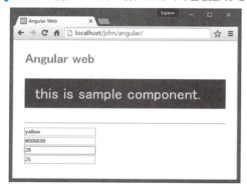

　これで完成です。Webブラウザでアクセスし、入力フィールドに値を記入してみましょう。4つのフィールドは、上からcolor、background、font-size、paddingの各スタイルにバインドされています。これらの値を変更すると、瞬時に上のメッセージの表示が変わります。

　入力フィールドには、[(ngModel)]を使ってモデルの値がバインドされています。そしてスタイルを操作する<p>タグには、[ngStyle] という属性が用意されています。この[ngStyle]は、style属性に値をバインドするためのもので、ここでsetStyleメソッドを呼び出すことで、スタイル設定に関するオブジェクトを取得しています。[ngStyle]では、このようにスタイル情報をまとめたオブジェクトをバインドすることで、個々のスタイルを操作できるようにします。

クラスを操作する

　スタイルを操作する場合、1つ1つのスタイルを個別に操作することもあるでしょうが、既に基本的なデザインが決まっている場合は、それに合わせてクラスを定義し、このクラスによって表示を設定するのが一般的なやり方でしょう。
　このクラスも、Angularでは簡単に操作できることができます。あらかじめ定義しておいたクラスを必要に応じてON/OFFし、表示を変更できるのです。これも、基本的な考え方はスタイルの操作と非常に近いので、併せて覚えておくとよいでしょう。

まず、クラスの定義を用意しましょう。style.cssに以下のように追記して下さい。

リスト6-26

```
.classA {
  color: yellow;
  background: #993;
}
.classB {
  font-size:24pt;
  padding:20pt;
}
```

これはサンプルですから、それぞれで内容は変更して構いません。「classA」「classB」というクラス名さえ変えなければ、修正しても大丈夫です。

テンプレートを修正する

続いて、テンプレートを修正しましょう。template.htmlの内容を以下のように書き換えて下さい。

リスト6-27

```
<h1>Angular web</h1>
<p [ngClass]="setClass()">{{message}}</p>
<hr>
<div><input type="checkbox" id="ck1" [(ngModel)]="model.classA">
<label for="ck1">class A</label></div>
<div><input type="checkbox" id="ck2" [(ngModel)]="model.classB">
<label for="ck2">class B</label></div>
```

ここでは、2つのチェックボックスを、それぞれ**[(ngModel)]**でmodelオブジェクト内のプロパティにバインドしています。

そして、<p>タグには、**[ngClass]**という属性が用意されています。これが、class属性を設定するためのものです。ここでsetClassメソッドを呼び出し、その値をバインドすることで、classの値とJavaScript側の値を関連付けるのです。この基本的な考え方は、[ngStyle]とまったく同じです。

コンポーネントを作成する

では、コンポーネントを作成しましょう。app.component.tsを開いて以下のように修正して下さい。

リスト6-28

```
import { Component } from '@angular/core';
```

```
export class MyFormModel {
  constructor(
    public classA: boolean,
    public classB: boolean
  ) {}
}

@Component({
  selector: 'form-app',
  templateUrl:'app/template.html'
})
export class FormComponent {
  model = new MyFormModel(false, false);
  message = 'this is sample component.';

  setClass(){
    return {
      'classA': this.model.classA,
      'classB': this.model.classB
    };
  }
}
```

■図6-15：2つのチェックボックスをON/OFFすると、classAとclassBのクラスが追加され、スタイルが変わる。

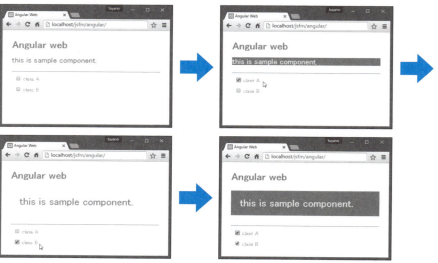

記述したら、Webブラウザからアクセスして動作を確認して下さい。2つのチェックボックスをON/OFFすると、それぞれclassA、classBのクラスが追加されたり、取り除かれたりします。

　ここでは、MyFormModelクラスの中に、2つの真偽値のプロパティを用意してあります。[ngClass]では、それぞれのクラス名ごとにON/OFFを設定します。このため、それぞれのクラスに割り当てる値はboolean型プロパティとして用意しておきます。

　実際に[ngClass]で実行されるsetClassメソッドでは、classAとclassBのそれぞれに、modelオブジェクトのclassA、classBプロパティを設定してあります。これで、classA、classBという2つのクラスを、modelのプロパティでON/OFFできるように設定されました。後は、modelのプロパティをtrueにすればクラスがONとなってそのクラスのスタイルが適用され、falseにするとクラスが取り除かれるようになります。

この先の学習

　Angularはかなり大きなプログラムであり、用意されている機能も非常に豊富です。このため、ここで取り上げることができたのはほんの始まりの辺りに過ぎません。が、とりあえずAngularを使ってコンポーネントを作り、画面の表示や処理を実装する基本はだいたい理解できたと思います。

　Angularを学ぼうと思ったとき、まず注意しなければいけないのが「バージョン」です。本書で取り上げたものはRC4版であり、正式リリースされたものとは違っている部分もあるかもしれません。Angularは非常にアップデートのスピードが速く、また破壊的アップデート（それまでのプログラムが動かなくなるようなアップデート）も必要ならば辞さないところがあります。それだけエキサイティングですが、常に付いていくのはかなり大変です。頻繁にアップデート情報をチェックするように心がけて下さい。

　また、Angularの学習には、最新バージョンに沿ったドキュメントが必要です。古いものになると内容が変わっているため動かないことも多々あります。インターネットや書籍を読んで学んでも、それらが最新版でないとあっという間に使えなくなってしまうこともないわけではありません。
　「最新のAngularドキュメント」は、Angularの公式サイトで公開されています。以下にアクセスして下さい。

　https://angular.io/docs/ts/latest/

図6-16：Angularのサイトにあるドキュメント。

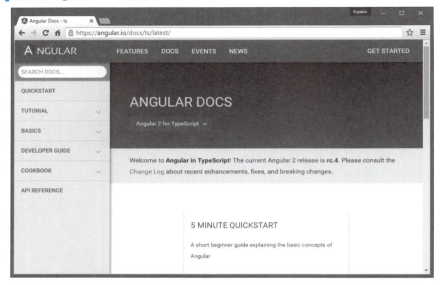

　これはTypeScriptベースのドキュメントですが、JavaScriptベースのドキュメントも用意されています。ここでAngularの基本的な機能について一通り調べてみましょう。Angularほど、公式ドキュメントが重要となるフレームワークはありません。とにかく、ひたすら公式を読む、それがAngularに関してはもっとも確実な学習法といえるでしょう。

Chapter 7

React

Reactは、Facebookによって開発されるコンポーネント指向のフレームワークです。画面の表示に特化したReactは、その他のさまざまなライブラリやフレームワークと合わせて使うこともできます。利用範囲の非常に広いソフトウェアなのです。

JavaScript フレームワーク入門

Chapter 7　React

7-1　Reactの基本

Reactとは？

　Reactは、Facebookが中心となって開発されたJavaScriptフレームワークです。このフレームワークは、**第6章のAngular**と同じく「コンポーネント指向」で設計されています。画面の表示と処理を別々に分けて管理するのではなく、「コンポーネント」という1つの部品の中にすべてをまとめて作る、という考え方です。

　AngularがGoogle、ReactがFacebookによる開発ということ、またどちらもコンポーネント指向のフレームワークということで、何かと比較されることの多い2つですが、ではReactにはどのような利点があるのでしょうか。ここでまとめてみましょう。

Simple is Best!

　Reactは、非常にシンプルです。Angularはモジュール化されており、多数のファイルから構成されていますが、Reactはいくつかのスクリプトファイルだけで完結しています。またコンポーネントの作成と利用も非常にわかりやすく簡単に行えます。データのバインドも一定方向で行われるため、流れが整理しやすくなっています。

あるのは、View だけ！

　Reactは、基本的に「画面表示」に特化して設計されています。ですから、他のライブラリやフレームワークと組み合わせて使うこともできます。実際、Backbone.jsや、Angularと組み合わせて使うこともできるのです。また、画面表示に特化していることが、先の「シンプルな作り」につながっています。

JSX による記述

　画面表示をJavaScriptで行う場合、もっとも面倒なのが「HTMLの要素をどう作成していくか」でしょう。Reactでは、「JSX」という技術を使っています。これは、JavaScriptを使ってHTMLの要素を生成する仕組みです。メソッドを利用するだけでなく、HTMLのタグとほとんど同じようなタグをJavaScriptのソースコード内に直接記述することもできるのです。

Babel の採用

　Reactでは、「Babel」という言語を利用します。これは、**トランスコンパイラ言語**（TypeScriptのようにソースコードをJavaScriptに変換する言語）で、JavaScriptに独自の拡張を施したものです。上記のJSXも、このBabelによって実現されています。

　JSXを使わなければ、Babelを利用せず、すべてJavaScriptだけで書くことも可能です。

Virtual DOM の採用

　Reactでは、DOMを直接操作することはありません。「Virtual DOM」という仮想化されたDOMを採用しています。これは、Angularのところでも登場しましたが、このReactこ

240

そが先鞭をつけたフレームワークといえます。Virtual DOMは、更新された差分だけを実際のDOMで変更するように働くため、表示も非常に速くなります。

他にもいろいろと特徴がありますが、整理するなら「コンポーネントを使って、複雑な画面表示をシンプルに作成できるようにするもの」がReactだ、といってよいでしょう。

Reactを入手する

Reactは、現在、以下のWebサイトで公開されています。プログラム本体や各種ドキュメントなどもここにまとめられています。

https://facebook.github.io/react/

図7-1：Reactのサイト。ここからプログラムをダウンロードできる。

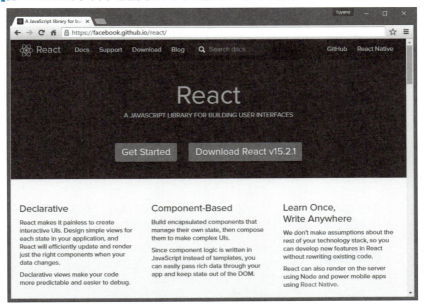

このトップページにある「Download React xxx（xxxはバージョン）」というボタンをクリックすると、プログラムがダウンロードできます。本書執筆時（2016年7月）、ver. 15.2.1というバージョンが最新版として公開されています。本書はこのバージョンに基づいて説明を行います。

ダウンロードされるファイルはZip型式で圧縮されており、展開するとその中に「build」「example」といったフォルダが保存されます。この「build」フォルダ内に、Reactのスクリプトファイルがまとめられています。「example」フォルダにはサンプルが用意されています。

実際の利用には、「build」フォルダ内にあるスクリプトファイルを自分のWebアプリケーション内にコピー＆ペーストで追加し、それを利用する形となるでしょう。「build」内には、以下のようなスクリプトファイルが用意されています。

▼未圧縮のスクリプトファイル

    rect.js
    rect-dom.js
    rect-dom-server.js
    rect-with-addons.js

▼圧縮済みスクリプトファイル

    rect.min.js
    rect-dom.min.js
    rect-dom-server.min.js
    rect-with-addons.min.js

開発中は、未圧縮のスクリプトファイルを利用するのがよいでしょう。これらのスクリプトファイルでは、ソースコードが圧縮されておらず読みやすい、また例外時のエラーメッセージなどもきちんと書き出される、など開発時に使いやすい形になっています。

これに対し、圧縮済みスクリプトファイルは、正式リリース時に利用します。圧縮されているためファイルサイズも小さくて済みますし、例外時にエラーメッセージなどが画面に現れたりすることもありません。

Reactを利用する

Reactの利用時には、「build」フォルダ内にあるスクリプトファイルを、自身の開発中プロジェクトの中にコピー＆ペーストして利用します。そしてHTML内に、以下のような具合に<script>タグを用意します。

リスト7-1

```
<script src="react.js"></script>
<script src="react-dom.js"></script>
<script src="browser.min.js"></script>
```

後半のbrowser.min.jsは、Reactの一部ではありません。これは「Babel」というトランスコンパイラ言語のbrowserというプログラムです。これは、Reactでテンプレートなどを書く際に用いるJSXという技術を利用するために必要となります。JSXを使わない場合は、このbrowserは不要です。

この例は、HTMLと同じ場所にReactのすべてのスクリプトフファイルを追加したものです。browserは、React以外のものですので、別途スクリプトファイルを用意しておく必要があります。このスクリプトファイルだけ入手するのはちょっと面倒ですので、次に説明するCDNを利用するのがよいでしょう。

CDNを利用する

Reactは、CDNを利用することもできます。ここでは、CDN JSのサーバーを利用した場合の<script>タグについて掲載しておきましょう。

リスト7-2
```
<script src="https://cdnjs.cloudflare.com/ajax/libs/react/15.2.1/
    react.js"></script>
<script src="https://cdnjs.cloudflare.com/ajax/libs/react/15.2.1/
    react-dom.js"></script>
<script src="https://cdnjs.cloudflare.com/ajax/libs/babel-core/
    5.8.34/browser.min.js"></script>
```

Reactは、ver. 15.2.1ベースにしてあります。この3つのタグを用意しておけば、ローカル環境にReactを用意していなくともWebアプリケーションでその機能を使えるようになります。

npmを利用する

npmを利用している場合も、Reactをインストールすることはできます。コマンドプロンプトまたはターミナルを起動し、cdでプロジェクトのフォルダに移動してから以下のように実行します。

```
npm install react
```

図7-2：npm installでReactをインストールする。

これで、「node_modules」フォルダ内に「react」という名前のフォルダを作成し、必要なファイルをインストールします。React本体は、フォルダ内にreact.jsという名前で保存されています。その他のスクリプトファイルも「dist」フォルダ内にまとめてあります。<script>タグで、これらのスクリプトファイルをsrcに指定して読み込んで下さい。

Chapter 7　React

package.json を利用する

　Reactを利用したプロジェクトを作成する場合には、package.jsonを用意しておきます。Webアプリケーションのフォルダ内に「package.json」というファイルを作成し、これを開いて以下のように内容を記述します。

リスト7-3

```
{
  "name": "react",
  "description": "React is a JavaScript library for building ↵
    user interfaces.",
  "version": "15.2.1",
  "homepage": "https://facebook.github.io/react/",
  "license": "BSD-3-Clause",
  "main": "react.js",
  "repository": {
    "type": "git",
    "url": "git+https://github.com/facebook/react.git"
  },
  "dependencies": {
  "react": "^15.2.1",
   "react-dom": "^15.2.1"
   },
  "browserify": {
    "transform": [
      "loose-envify"
    ]
  }
}
```

　記述後、コマンドプロンプトを起動し、pacakge.jsonのある場所に移動して、「npm install」を実行すれば、必要なファイル類がインストールされます。

　ここでは、react.jsとreact-dom.jsのみインストールしておくように設定してあります。その他のスクリプトファイルが必要な場合は、dependenciesの項目にインストールする項目を追加します。

図7-3：npm installでpackage.jsonを読み込み、プロジェクトを生成する。

Create-React-Appの利用

Reactの基本機能を使うだけなら、非常に簡単に組み込むことができます。が、本格的にReactによるWebアプリケーション開発環境を整えようとすると、Reactが参照している各種ライブラリなどいろいろと準備しなければいけません。

本格開発のためのRactアプリケーション開発をしようという場合には、その基本部分を自動生成するユーティリティプログラムが用意されています。「Create-React-App」というもので、これは以下のアドレスで公開されています。

https://github.com/facebookincubator/create-react-app

■図7-4：Create-React-Appのサイト。

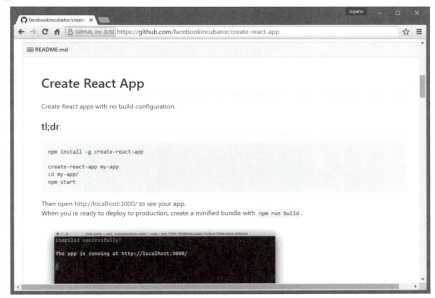

これはGitHubのサイト（Gitプロジェクト管理ツールによるプロジェクトの共有サイト）ですので、ここから直接ソフトウェアなどをダウンロードすることは、あまり推奨しません。

Create-React-App のインストール

Create-React-Appは、npmのモジュールとして作成されていますので、npmでインストールして利用します。コマンドプロンプトまたはターミナルを起動し、

```
npm install -g create-react-app
```

このように実行します。これで、Create-React-Appのプログラムがインストールされます。

245

図7-5：npm installでCreate-React-Appをインストールする。

Webアプリケーションの作成

ReactによるWebアプリケーションの作成も、コマンドとして実行します。コマンドプロンプトなどのcdコマンドでアプリケーションを作成する場所に移動し、以下のように実行します。

```
create-react-app アプリ名
```

図7-6：create-react-appコマンドでWebアプリを作成する。

たとえば、「my-app」という名前でWebアプリケーションを作成したければ、「create-react-app my-app」と実行します。これで、「my-app」というフォルダが作成され、その中にアプリケーションを構成するファイル類が全て保存されます。

サーバーでの実行

このCreate-React-Appで作成されるWebアプリケーションは、Node.jsプロジェクトの形になっています。したがって、コマンドプロンプトから、作成したWebアプリケーションのフォルダ内にcdコマンドで移動し、

```
npm start
```

このようにコマンドを実行すると、Node.jsのサーバーが起動し、Webアプリケーションが起動します。

図7-7：npm startでWebアプリケーションを起動する。

Webブラウザで、以下のアドレスにアクセスをしてみてください。サンプルで用意されているWebページが表示されます。

http://localhost:3000/

図7-8：サンプルで作成されているWebページ。

Webアプリケーションの内容は、基本的にNode.jsプロジェクトと同様ですので、既にNode.jsを利用した経験があれば、ファイルやフォルダの構成はだいたいわかるでしょう。

Chapter 7 React

7-2 Reactを利用する

HTMLファイルを用意する

では、実際にReactを使ってみることにしましょう。まずは、必要なファイル類を作成していきます。最初に用意するのは、HTMLファイルです。これは「index.html」という名前で作成しましょう。

リスト7-4

```html
<!DOCTYPE html>
<html>
<head>
  <meta charset="UTF-8" />
  <title>React Tutorial</title>
  <script src="https://cdnjs.cloudflare.com/ajax/libs/react/ ↵
15.2.1/react.js"></script>
  <script src="https://cdnjs.cloudflare.com/ajax/libs/react/ ↵
15.2.1/react-dom.js"></script>
  <script src="https://cdnjs.cloudflare.com/ajax/libs/babel-core/ ↵
  5.8.34/browser.min.js"></script>

  <link rel="stylesheet" href="style.css"></link>
</head>
<body>
  <h1>ReactJS</h1>
  <div id="msg">wait...</div>
  <script type="text/babel" src="main.js"></script>
</body>
</html>
```

ここでは、CDN利用の形で<script>タグを用意してあります。**<body>**には、**id="msg"**を設定した<div>タグと、<script>タグが1つ記述されています。この<script>タグでは、**main.js**というスクリプトファイルをロードするようになっています。ここに、Reactのスクリプトを記述します。

また、このタグでは、**type="text/babel"**という属性が用意されています。これは、「Babel」というトランスコンパイラ言語のスクリプトであることを示します。Babelは、JavaScriptを拡張した言語ですが、基本的なソースコード部分はほぼJavaScriptと同じと考えていいでしょう。JSXなどReactで利用されているいくつかの機能を使うためにBabelを利用している、と考えて下さい。ですから、基本的には「JavaScriptで書いている」と考えて間違いありません。

248

スタイルシートの作成

続いて、スタイルシートのファイルを作ります。これは「style.css」というファイル名で、index.htmlと同じ場所に用意します。内容は以下のようにしておきました。

リスト7-5

```css
body {
    color:#999;
    padding:5px 20px;
    line-height: 125%;
}
h1 {
    font-size:28pt;
}
p {
    font-size:18pt;
}

#msg {
    padding:5px 10px;
    color: blue;
    border: 1px solid lightgray;
}
```

これも、あくまでサンプルですので、それぞれで内容は書き換えてしまって構いません。とりあえず<h1>と<p>タグだけでも用意しておけば、サンプルの表示としては十分です。

MyComponentの作成

では、スクリプトの作成を行いましょう。ここでは、index.htmlと同じ場所に「main.js」というファイル名で用意します。内容は以下のようになります。

リスト7-6

```javascript
var MyComponent = React.createClass({
    displayName: 'my component',
    render: function() {
        return (
            <p>Reactのサンプルです。</p>
        );
    }
});

ReactDOM.render(
```

```
    <MyComponent/>,
    document.getElementById('msg')
);
```

図7-9：アクセスすると、Reactのコンポーネントを使ってメッセージが表示される。

記述したら、Webブラウザからアクセスしてみましょう。タイトルの下に「Reactのサンプルです。」といったメッセージが表示されます。これが、Reactのコンポーネントを使って表示されたものです。グレーで四角いボックスが表示されていますが、このボックス内がコンポーネントの表示です。

コンポーネント作成の流れを整理する

では、処理の流れを整理しましょう。ここでのスクリプトは、実はよく見るとたった2つの文しか書かれていません。こういう文です。

```
var MyComponent = React.createClass(……);
ReactDOM.render(……);
```

複雑そうに見えたのは、それぞれの引数に用意されたオブジェクトだったのです。そのことがわかれば、このスクリプトの働きも次第に見えてきます。

コンポーネントクラスの作成

最初に実行している**React.createClass**という文は、コンポーネントのクラスを作成します。Reactは、「コンポーネント指向」のフレームワークです。スクリプトの基本は、「コンポーネントを作成し、それを画面に表示する」というものになります。

ここでは、Reactというオブジェクトにある**createClass**というメソッドを呼び出しています。Reactオブジェクトは、Reactの基本となるオブジェクトで、ここに機能の中心となるメソッド類がまとめられています。

createClassメソッドは、引数に用意されたオブジェクトを元にコンポーネントのクラスを作成します。「クラス」というのは、ECMAScript 6 (ES6)という次世代のJavaScript仕様からサポートされている、新しいオブジェクトを作る仕組みです。この辺りについて

は、**第3章**でTypeScriptの解説を行った際に詳しく説明したので覚えているでしょう。

createClassでは、作成するコンポーネントに必要な情報をオブジェクトとして引数に用意します。ここでは、以下の項目が用意されています。

displayName	コンポーネントに設定される名前です。これは開発時にデバッグメッセージとして使われたりします。
render	レンダリングされる内容を示します。ここでは関数が値として定義されており、この関数で内容を定義しています。

render の関数について

ここでの最大のポイントは、renderに設定されている関数です。これは、生成するHTMLソースコードのテキストをreturnする形で定義しておきます。が、よく見ると、returnの後の( )内に、HTMLの<p>タグが直接書かれていることがわかります。これは、テキストではありません。**タグそのものが値として書かれている**のです。

これが、「JSX」による記述です。JSXは、HTMLやXMLで使われているタグを直接JavaScriptのコード内に記述できる技術です。これは実行時にBabelのコンパイラによって通常のJavaScript文に変換され、実行されるので、タグをそのまま書いてもまったく問題ないのです。

renderは、このコンポーネントを表示する要求があったときに生成するHTMLを指定します。したがって、これを書いても、まだこの段階では何も表示されません。createClassで作成されたコンポーネントを実際に画面の表示に使ったとき、初めてこのrenderが呼び出され、表示が生成されます。

ReactDOM.render について

もう1つの文は、「ReactDOM」というオブジェクトにある「render」メソッドを実行しています。これは2つの引数を持ちます。

第1引数は、**レンダリングする内容**を示します。ここでは、**<MyComponent/>**というタグが記述されていますね。このタグが、先にReact.createClassで作成したコンポーネントのタグなのです。コンポーネントを作ると、このようにタグの形で記述できるようになります。

この<MyComponent>がrenderによって画面の表示内容を生成する必要が生ずると、このMyComponentのrenderに設定された処理が呼び出され、表示内容が作成されます。

第2引数には、**レンダリングした結果を表示するDOM**を指定します。ここでは、**id="msg"**のタグにレンダリング結果を表示するようにしてあります。これで、<MyComponent>の内容がid="msg"に表示されることになります。

JSXを使わない方法

コードを見て誰もが気づくのは、「HTML部分の記述の簡単さ」でしょう。なにしろ、スクリプトの中に直接タグを書いてしまえばいいのですから。これをすべてJavaScriptだけでやろうとすると、かなり面倒くさいことは確かでしょう。

では、JSXを使わなかったらどうなるか、参考例としてスクリプトを掲載しておきましょう。

リスト7-7

```
var MyComponent = React.createClass({
  displayName: 'my comp',
  render: function() {
    return (
      React.createElement('p', {}, 'JSXを使わないサンプルです。')
    );
  }
});

ReactDOM.render(
  React.createElement(MyComponent, {},null),
  document.getElementById('msg')
);
```

図7-10：JSXを利用しない場合の表示。

基本的には、先ほどのサンプルとまったく同じことをしています。React.createClassでMyComponentクラスを作成し、ReactDOM.renderでレンダリングを行う、というものですね。違いは、renderする内容で、JSXによるタグが記述されていた部分が、「React.createElement」というメソッドの呼び出しに変わっている点です。

これは、Reactに用意されているメソッドで、HTMLタグを生成するためのものです。以下のように呼び出します。

```
React.createElement( タグの指定 , 属性情報 , コンテンツ );
```

第1引数には生成するタグを指定します。第2引数には、属性に設定する値をオブジェクトにまとめて用意します。今回は特に設定はないので空のオブジェクトにしてあります。そして第3引数は、開始タグと終了タグの間に記述するコンテンツを用意します。

React.createElementは、**document.createElement**に相当するものと考えるとよいでしょう。ただし、document.createElementは一般的なDOM（Elementオブジェクト）を返しますが、React.createElementは**ReactElement**という独自のDOMオブジェクトを返します。これは**React DOM**と呼ばれる、独自のVirtual DOMのオブジェクトです。これを操作することで実際のDOMが操作されるようになるよう設計されています。

propsによる値の受け渡し

ここでは、単純に用意したタグを出力しているだけですが、もう少し汎用性のあるコンポーネントを作りたければ、必要な情報（値）を外部から設定できるようにする必要があります。これには、「props」が利用されます。

propsは、コンポーネントに用意されているプロパティです。コンポーネントの属性情報をまとめたオブジェクトが設定されており、このpropsから必要な値を取り出して利用することで、コンポーネント外から値を受け取ることができます。実際にやってみましょう。

リスト7-8

```
var MyComponent = React.createClass({
  displayName: 'my component',
  render: function() {
    return (
    <p>{this.props.content}</p>
    );
  }
});

ReactDOM.render(
  <MyComponent content="これがcontentの値です。" />,
  document.getElementById('msg')
);
```

図7-11：<MyComponentに用意したcontentの値を表示している。

修正したらWebブラウザからアクセスしてみてください。「これがconentの値です。」というメッセージが表示されます。これは、<MyComponent>に**content**という**属性**として用意してある値がそのまま表示されていることがわかります。

this.props について

ここでは、MyComponentのrenderに以下のような値が記述されているのがわかります。

```
<p>{this.props.content}</p>
```

この**{ }**で囲われた部分は、**JavaScriptの値**を指定します。JSXでは、タグの中にJavaScriptの変数やプロパティといった値を直接書き込むことができます。そのときに、この{ }記号が使われます。

ここで{ }に記述されている**this.props.content**は、このコンポーネント自身のpropsプロパティ内にあるcontentという値をここにはめ込むものだったのです。

<MyComponent>タグに記述されている属性は、そのままthis.propsにまとめられます。content属性の値は、そのままthis.props.contentで取り出すことができるのです。

スタイルの設定

コンポーネントでは、HTMLタグの各属性を設定することができますが、**style属性**については注意が必要です。単純にstyleの値をテキストなどで用意しても設定できないのです。

では、これも例を見ながら説明しましょう。main.jsのソースコードを修正します。

リスト7-9

```
var MyComponent = React.createClass({
  displayName: 'my component',
  render: function() {
    return (
    <p style={{color:this.props.styleColor,
      background:this.props.styleBg,
```

```
        padding:this.props.stylePd}}>
          {this.props.content}
        </p>
    );
  }
});

ReactDOM.render(
  <MyComponent styleColor="white" styleBg="red"
    stylePd="10px" content="これがコンテンツです。">
    this is MyItem Component.
  </MyComponent>,
  document.getElementById('msg')
);
```

図7-12：アクセスすると、赤地に白いスタイルを設定されたメッセージが表示される。

　Webブラウザでアクセスすると、赤い背景に白い文字でメッセージが表示されます。これらのスタイルが、MyComponentコンポーネントに設定されたものなのです。

style の書き方を理解する

　では、MyComponentのクラス定義部分を見てみましょう。すると、**render**に以下のような形でstyleの記述がされていることがわかります。

```
style={{color:this.props.styleColor, ……}}
```

　{{ }}という記述は、{ }というJavaScriptの値や変数などを記述するブレース記号の中に、**{color:◯◯, background:◯◯,……}** というオブジェクトのリテラルが書かれている、と理解するとわかりやすいでしょう。styleでは、各スタイルの名前と値をまとめたオブジェクトを使って設定します。単純に、テキストで "color:red, background:white,……"といった値を設定しようとしてもうまくいきません。

Chapter 7 React

Create-React-Appによるアプリケーションについて

これで、ReactによるWebアプリケーションの基本的な仕組みがわかってきました。次へ進む前に、Create-React-Appによって作成されるWebアプリケーションの内容について少し補足しておくことにしましょう。

Create-React-Appで作成されるWebアプリケーションでは、**index.html**というHTMLファイルが1つだけ用意されています。これがデフォルトで表示されるWebページです。ここには非常にシンプルなHTMLコードが記述されています。

リスト7-10

```
<!doctype html>
<html lang="en">
<head>
  <meta charset="utf-8">
  <meta name="viewport" content="width=device-width, ↵
    initial-scale=1">
  <title>React App</title>
</head>
<body>
  <div id="root"></div>
</body>
</html>
```

<body>に**id="root"**というタグが用意されており、ここにReactのコンポーネントが割り当てられるようになっています。

Reactのスクリプト関係は、「src」フォルダにまとめられています。デフォルトでは、「index.js」と「App.js」という2つのスクリプトファイルが用意されています。

index.jsは、ReactDOM.renderによるレンダリング処理が記述されています。コンポーネントを記述したスクリプト（App.js）を読み込み、id="root"にレンダリングします。

リスト7-11

```
import React from 'react';
import ReactDOM from 'react-dom';
import App from './App';
import './index.css';

ReactDOM.render(
  <App />,
  document.getElementById('root')
);
```

<App />というコンポーネントが組み込まれるように記述されています。このコンポーネントを定義しているのが、App.jsです。

256

7-2 React を利用する

リスト7-12

```
import React, { Component } from 'react';
import logo from './logo.svg';
import './App.css';

class App extends Component {
  render() {
    return (
      <div className="App">
    <div className="App-header">
      <img src={logo} className="App-logo" alt="logo" />
      <h2>Welcome to React</h2>
    </div>
    <p className="App-intro">
    To get started, edit <code>src/App.js</code> and save to ↵
      reload.
    </p>
      </div>
    );
  }
}

export default App;
```

　Appクラスを定義し、renderで簡単なコードを生成しています。このように、Create-React-Appでは、本格開発での利用を考え、あらかじめコンポーネントを分離する形でスクリプトが生成されます。後は、Appコンポーネントを書き換えたり、独自コンポーネントを追加作成するなどして開発していけばいいのです。

import について

　Create-React-Appのスクリプトを見ると、冒頭に「import」という文がいくつも書かれていることに気がつくでしょう。これは、ECMAScript 6よりサポートされているもので、モジュール化されたライブラリをロードするための文です。

　Reactは、BabelというECMAScript 6に対応したトランスコンパイラ言語を使っています。このため、ECMAScript 6の機能を一部先取りして利用できるようになっています（コンポーネントの土台となっている「クラス」もその一つです）。Create-React-Appでは、Reactで必要となるライブラリ類をimportでロードするように作成されているのです。

　BabelおよびECMAScript 6については、ここでは深く触れませんが、「Create-React-Appで生成されるWebアプリケーションは、ここでサンプルとして説明している一般的なソースコードとは、ライブラリのロード周りが違う形で作られている」という点は意識しておきましょう。

257

Chapter 7   React

Column スクリプトをロードしてないのに動く？

　Create-React-Appで作成されたWebアプリケーションのindex.htmlを見て、何か違和感を覚えた人も多いかもしれません。ソースコードをよく見ると、<script>タグがまったくないのです！　つまり、このindex.htmlでは、JavaScriptのスクリプトは一切読み込んでいないことになります。それなのに、なぜReactのコンポーネントがちゃんと動くのでしょう？

　実は、実際にWebブラウザからアクセスして表示されるWebページには、ちゃんと<script>タグが追加されているのです。ソースコードを調べると、<body>を閉じる直前に以下のようなタグが挿入されていることに気づくはずです。

```
<script type="text/javascript" src="/bundle.js"></script>
```

　bundle.jsというスクリプトは、Webアプリケーションのフォルダ内にはありません。Webアプリケーション起動時にダイナミックに生成されるものです。これにより必要なライブラリがロードされるようになっているのですね。
　bundle.jsというのは、「Webpack」というビルドツールによって生成されるものです。Webpackは、Webアプリケーションに必要なリソース類をまとめてWebアプリケーションをビルドするツールプログラムです。Create-React-Appでは、このWebpackを利用してアプリケーションを生成していたのです。

7-3 Reactを更に理解する

複数コンポーネントを組み合わせる

　単純な画面の表示については一通りわかってきましたので、もう少しそれ以外のことについて掘り下げていくことにしましょう。まずは、複数コンポーネントによる構造化についてです。

　コンポーネントは、単体でのみ用いるわけではありません。いくつかの部品となるコンポーネントを用意し、それらを更に組み合わせて複雑なコンポーネントを作る、といったこともできます。では、複数のコンポーネントを組み合わせたものを考えてみましょう。

リスト7-13

```
var MyTitle = React.createClass({
```

258

```
    displayName: 'my title',

    render: function() {
      return (
        <h2>{this.props.title}</h2>
      );
    }
});

var MyItem = React.createClass({
  displayName: 'my item',

  render: function() {
    return (
      <p>{this.props.content}</p>
    );
  }
});

var MyComponent = React.createClass({
  displayName: 'my component',
  render: function() {
    return (
    <div>
      <MyTitle title={this.props.title} />
      <MyItem content={this.props.content} />
    </div>
    );
  }
});

ReactDOM.render(
  <MyComponent title="MyTitle Component" ↵
    content="this is MyItem Component." />,
  document.getElementById('msg')
);
```

図7-13：2つのコンポーネントを組み合わせたコンポーネントを配置して表示する。

ここでは、全部で3つのコンポーネントを用意しています。MyTitleとMyItemは、タイトル表示とコンテンツ表示のコンポーネントです。そしてこの2つを1つにまとめたものとしてMyComponentを用意しています。

ここでは、<MyComponent>タグ部分を見ると、以下のような形で属性が指定されています。

```
title="…タイトル…" content="…コンテンツ…"
```

これで、2つの属性が用意されました。では、このMyComponentクラスのrenderで、どのような表示が用意されているでしょうか。

```
<MyTitle title={this.props.title} />
<MyItem content={this.props.content} />
```

このように、<MyTitle>と<MyItem>に、それぞれtitle、contentという属性が用意されています。その値に、**{this.props.title}**と**{this.props.content}**が設定されています。

こうして、this.propsの値を更にコンポーネントの属性に指定することで、**親コンポーネント**（全体をまとめているコンポーネント）から**子コンポーネント**（親の中に組み込まれているコンポーネント）へと値を受け渡すことができるのです。

コンポーネントを組み合わせて使う場合は、このように親コンポーネントに設定された値を子コンポーネントのそれぞれに渡す仕組みを考えておく必要があります。

イベントの利用

続いて、「イベント」について考えましょう。HTMLの要素には各種のイベントが用意されています。これをReactで利用する場合はどう記述するのでしょう。

これも簡単なサンプルを書いて説明しましょう。

リスト7-14
```
var MyComponent = React.createClass({
  displayName: 'my component',
```

```
    handleOnClick: function(event) {
      alert('クリック！');
    },

    render: function() {
      return (
      <div>
        <p>{this.props.msg}</p>
        <input type="button" value="click"
          onClick={this.handleOnClick} />
      </div>
      );
    }
});

ReactDOM.render(
  <MyComponent msg="ボタンをクリックしてください。" />,
  document.getElementById('msg')
);
```

図7-14：ボタンをクリックするとアラートが表示される。

　これは、ボタンをクリックするとアラートダイアログが現れるというごく初歩的なイベントのサンプルです。ここでは、**<input type="button">**タグに「onClick」属性を用意してあります。これが、クリック時のイベント用の属性です。HTMLの場合はonclickでもOKですが、JSXでは**onClick**とCを大文字にしておかなければ機能しないので注意してください。

　ここは、**{this.handleOnClick}**と設定をしています。これで、MyComponentの**handleOnClick**がonClickに設定されます。handleOnClickプロパティには関数が割り当てられており、これがイベント発生時に実行されるようになっているのです。

　Reactのイベントは、基本的にHTMLに用意されているものと同じものが揃っています。いずれも「onClick」のように、onの後の単語の1文字目だけが大文字になる名前で用意されています。

Chapter 7 React

入力フィールドとstateプロパティ

　続いて、フォームを利用したユーザーからの入力についてです。Reactでは、表示される値は一方向が基本です。つまり、**JavaScriptのソースコードから実際に画面に表示されているコンポーネントへ**、という表示の更新が基本であり、画面に表示されたコントロールからJavaScriptのオブジェクトへ、といった方向での更新は行えないのです。

　が、こんな具合に「表示された画面から背後のJavaScriptオブジェクトへ」と値を渡したいことはよくあります。こうした場合に使われるのが「State」です。

　Stateは、Reactに用意されている双方向の表示更新が可能な部品です。これはコンポーネントに「state」というプロパティとして用意されています。タグの属性がthis.propsにまとめてあるのと同様、**this.state**内にStateの値がまとめてある、というわけです。

　Stateは、放っておいても勝手に値が更新されるわけではありません。値を更新する際には、「setState」というメソッドを使います。これは、更新するStateの値をまとめたオブジェクトを引数に指定して呼び出します。

　では、これも実際に動くサンプルを挙げておきましょう。

リスト7-15

```
var MyComponent = React.createClass({
  displayName: 'my component',

  getInitialState: function () {
    return { msg: '名前を記入：' };
  },

  handleOnChange: function(event) {
    this.inputValue = event.target.value;
  },
  handleOnClick: function(event) {
    this.setState({
      msg: 'こんにちは、' + this.inputValue + 'さん。'
    });
  },

  render: function() {
    return (
    <div>
      <p>{this.state.msg}</p>
      <input type="text" onChange={this.handleOnChange} />
      <input type="button" value="click" ↵
        onClick={this.handleOnClick} />
    </div>
    );
```

```
    }
});

ReactDOM.render(
  <MyComponent />,
  document.getElementById('msg')
);
```

図7-15：名前を書いてボタンを押すと、メッセージが表示される。

ここでは、入力フィールドを1つ追加しています。ここに名前を書いてボタンをクリックすると、「こんにちは、○○さん。」とメッセージが表示されます。

State利用の流れを整理する

では、どのようにしてStateは機能しているのでしょうか。これは、this.stateの値と、イベントで呼び出される関数の連携が重要となります。

ここでは、<p>タグに表示するテキストを、**{this.state.msg}**という形で指定しています。this.state内のmsgという値が表示されるようになっているわけですね。

State の初期化

Stateは、最初に値を初期化するために「getInitialState」というプロパティを用意します。これは関数の値になっており、Stateに用意する値をオブジェクトにまとめたものをreturnします。

```
getInitialState: function () {
  return { msg: '名前を記入：' };
},
```

ここでは、このような関数が用意されていますね。**msg**という値に初期値を指定したものがreturnされています。

onChange イベント

そして、次の**<input type="text">**には、**onChange**のイベント処理が設定されています。これは、値が変更された際に発生するイベントです。このイベント処理には、**{this.handleOnChange}**が指定されています。

handleOnChangeでは何をしているのかというと、入力されたテキストを**inputValue**というプロパティに保管しています。

```
handleOnChange: function(event) {
   this.inputValue = event.target.value;
},
```

ここでは引数に**event**という変数が用意されていますが、これは発生したChangeイベントの情報をまとめたオブジェクトが用意されます。**event.target**がイベントの発生したDOMオブジェクトを示しており、**value**でそのコントロールの値が得られます。

onChangeイベントでevent.target.valueをinputValueプロパティに保管することで、入力フィールドを書き換えると常にその値がinputValueに記憶されるようになります。

State を設定する

後は、ボタンをクリックした時の処理ですね。これはhandleOnClickプロパティの関数で行っています。以下のように記述されています。

```
handleOnClick: function(event) {
   this.setState({
      msg: 'こんにちは、' + this.inputValue + 'さん。'
   });
},
```

コンポーネント自身の「setState」を呼び出しています。引数には、**msg**という値を持つオブジェクトが用意されています。これで、msgという名前のStateの値が更新されます。ここではmsgだけですが、更新する値を全てまとめておけば、setStateで一括してあらゆる表示を更新できるわけです。

チェックボックスとラジオボタン

入力フィールドによる一般的なテキスト入力以外にも、HTMLのフォームにはさまざまなコントロール類があります。これらを利用する場合のReactの使い方についても考えていきましょう。

まずは、チェックボックスとラジオボタンからです。これらはON/OFFの設定や複数項目からの選択を行うのに多用されます。では、これもコンポーネント化して利用してみましょう。main.jsを以下のように修正して下さい。

7-3 Reactを更に理解する

リスト7-16

```
var MyComponent = React.createClass({
  displayName: 'my component',
  checkValue: false,
  radioValue: '(未選択)',

  getInitialState: function () {
    return { msg: '' };
  },

  handleOnChangeCb: function(event) {
    this.checkValue = event.target.checked;
  },
  handleOnChangeRb: function(event) {
    this.radioValue = event.target.value;
  },

  handleOnClick: function(event) {
    this.setState({
      msg: '選択状態：' + this.checkValue + ', ' + this.radioValue
    });
  },

  render: function() {
    return (
    <div>
      <p>{this.state.msg}</p>
      <div><input type="checkbox" ↵
        onChange={this.handleOnChangeCb} id="ck1" />
          <label htmlFor="ck1">Check Box</label></div>
      <div><input type="radio" ↵
        onChange={this.handleOnChangeRb} value="A" id="r1" ↵
          name="radio" />
            <label htmlFor="r1">radio A</label></div>
      <div><input type="radio" ↵
        onChange={this.handleOnChangeRb}
          value="B" id="r2" name="radio" /> ↵
            <label htmlFor="r2">radio B</label></div>
      <div><input type="button" value="click" ↵
        onClick={this.handleOnClick} /></div>
    </div>
    );
  }
});
```

265

```
ReactDOM.render(
  <MyComponent />,
  document.getElementById('msg')
);
```

図7-16：チェックボックスとラジオボタンを設定し、プッシュボタンを押すと、これらの状態が表示される。

アクセスすると、チェックボックスとラジオボタンの表示された画面が現れます。ここでボタン類を選択し、プッシュボタンをクリックすると、選択状態がメッセージとして表示されます。

ここでは、**checkValue**と**radioValue**というStateを用意してあります。そして、チェックボックスとラジオボタンのonChangeには、**handleOnChangeCb**や**handleOnChangeRb**といったメソッドを割り当てています。これらのメソッド内でStateを変更する操作を行い、プッシュボタンをクリックした際に実行される**handleOnClick**では、これらStateの値を読み取ってメッセージを表示していた、というわけです。

基本的に、入力フィールドの場合の処理と考え方は同じであることがわかるでしょう。ただし、OnChangeで呼び出されるメソッドの処理は少しだけ注意が必要です。

```
handleOnChangeCb: function(event) {
  this.checkValue = event.target.checked;
},
handleOnChangeRb: function(event) {
  this.radioValue = event.target.value;
},
```

チェックボックスは、event.target.の「checked」の値をcheckValueに代入しています。選択状態を知りたいだけですからこれでOKです。が、ラジオボタンは**event.target.value**を代入しています。ラジオボタンの場合、選択状態を保管しておく必要はありません。

必要なのは「どれが選択されているか」なのですから。もちろん、**<input type="radio">** タグには、あらかじめ**value**属性を用意しておきます。

<select>の利用

　<select> タグによる選択リストも、基本的にはラジオボタンと同じような考え方で利用できます。どれが選択されているかをStateに保管しておき、それを参照すればいいのです。ただし！　これは、「1つだけ選択する場合」です。<select>では、**multiple**により複数項目が選択できますから、この場合は別の方法を考える必要があります。

　では、これもサンプルを見てみましょう。

リスト7-17

```
var MyComponent = React.createClass({
  displayName: 'my component',
  sel1Value: 'Windows',
  sel2Value:[],

  getInitialState: function () {
    return { msg: '' };
  },

  handleOnChangeSel1: function(event) {
    this.sel1Value = event.target.value;
  },
  handleOnChangeSel2: function(event) {
    var options = event.target.options;
    var values = [];
    for (var i = 0, l = options.length; i < l; i++) {
      if (options[i].selected) {
values.push(options[i].value);
      }
    }
    this.sel2Value = values;
  },

  handleOnClick: function(event) {
    this.setState({
      msg: '状態: ' + this.sel1Value + ' [' + this.sel2Value + ']'
    });
  },

  render: function() {
    return (
    <div>
```

```
          <p>{this.state.msg}</p>
          <div><select onChange={this.handleOnChangeSel1}>
            <option>Windows</option>
            <option>macOS</option>
            <option>Linux</option>
          </select></div>
          <div><select multiple size="3"
            onChange={this.handleOnChangeSel2}>
            <option>Android</option>
            <option>iOS</option>
            <option>WindowsPhone</option>
          </select></div>
          <div><input type="button" value="click"
            onClick={this.handleOnClick} /></div>
      </div>
    );
  }
});

ReactDOM.render(
  <MyComponent />,
  document.getElementById('msg')
);
```

図7-17：2つの選択リストから項目を選び、ボタンを押すと、選択した項目を表示する。

　ここでは、2つの<select>タグによるコントロールを用意してあります。1つの項目しか選択できないプルダウンメニューと、複数項目が選択できるリストです。これらから項目を選択し、プッシュボタンを押すと、選択された項目が全て表示されます。リストの方は、[Android, iOS]といったように、選択されているものをすべて**[ ]**でくくって表示しています。

7-3 Reactを更に理解する

1つだけ選択する場合は、やることは単純です。OnChangeに割り当てるメソッド内で、選択された項目の値を取得し、Stateに保管しておくだけです。

```
handleOnChangeSel1: function(event) {
  this.sel1Value = event.target.value;
},
```

これは、ラジオボタンの場合とまったく変わりありませんね。<select>では、valueで選択された項目(<option>)のvalueを得ることができますから、event.target.valueで選択した項目のvalueがそのまま得られます。

問題は、multipleな<select>のほうです。ここでのOnChangeの処理はどうなっているのか見てみましょう。

```
handleOnChangeSel2: function(event) {
  var options = event.target.options;
  var values = [];
  for (var i = 0, l = options.length; i < l; i++) {
    if (options[i].selected) {
      values.push(options[i].value);
    }
  }
  this.sel2Value = values;
},
```

event.target.optionsで、イベントが発生した<select>内にある<option>タグのDOM配列を取得しています。そしてforを使い、1つ1つの**selected**をチェックして、これがtrueだった場合にはそのvalueを配列に追加していきます。

こうして、selectedなすべての項目を配列にまとめたら、それをStateに保管しておくのです。あまりスマートなやり方とはいえませんが、確実なやり方でしょう。

ダイナミックなリストの生成

<select>は、あらかじめ用意されたリストをそのまま表示するだけでなく、必要に応じてダイナミックにリストを生成して表示するようなことにも用いられます。では、リストの生成はどのように行うのでしょう。例を見ながら説明しましょう。

リスト7-18
```
var MyComponent = React.createClass({
  getInitialState: function() {
    return {
      data: ['first item.']
    };
  },
```

269

```
    handleOnChange: function(event) {
      this.inputValue = event.target.value;
    },

    handleAddItem: function() {
      var arr= this.state.data.concat(this.inputValue);
      this.setState({data: arr});
    },

    render: function() {
      var items = this.state.data.map(function(item, i) {
        return (
<option key={'key_' + i}>{i + ':' + item}</option>
        );
      }.bind(this));
      return (
        <div>
          <select size="5">{items}</select>
          <div>
          <input type="text" onChange={this.handleOnChange} />
          <input type="button" value="Click"
             onClick={this.handleAddItem} />
          </div>
        </div>
      );
    }
});

ReactDOM.render(
  <MyComponent />,
  document.getElementById('msg')
);
```

図7-18：入力フィールドにテキストを書いてボタンを押すと、リストに項目が追加される。

ここでは選択リストの他に入力フィールドも用意してあります。フィールドにテキストを記入し、プッシュボタンを押すと、リストに追加されます。追加されたリストは、普通にクリックして選択したりできます。

入力フィールドのOnChangeにhandleOnChangeメソッドを割り当て、値をinputValueというStateに保管しています。そしてボタンのOnClickにhandleAddItemメソッドを割り当て、ここで表示項目を追加しています。

リストに表示する項目は、dataというStateとして用意しています。このdataは配列になっており、**this.state.data.concat**で配列に新たな項目を追加しておきます。そして、setStateで表示を更新します。

mapの働き

実際に<option>を作成しているのは、実は**render**部分です。つまり、レンダリングする際に配列を元に<option>タグを追加していたのですね。

renderでは、先ず最初に以下のような文が実行されています。

```
var items = this.state.data.map(function(item, i) {
  return (
    <option key={'key_' + i}>{i + ':' + item}</option>
  );
}.bind(this));
```

非常にわかりにくいですが、これはいくつかの要素がひとまとめに記述されているからです。整理すると以下のようになります。

```
var 変数 = 配列 .map( 関数 .bind(this));
```

配列の「map」というメソッドを呼び出していたのですね。このmapは、配列の全要素に対して処理を実行していくものです。引数にはコールバック関数が用意されます。ここでは、以下のような関数が用意されています。

```
function(item, i) { return 値 ; }
```

第1引数には配列から取り出された要素、第2引数にはインデックス番号が渡されています。これらの値を元に、新しい項目の値を生成し、returnします。

mapは、こうして引数に指定した関数から返された値をまとめて新しい関数を作成します。つまり、項目名の配列から、mapを使って<option>タグの配列を生成していたのです。このとき注意したいのは、「key属性を用意する」という点です。これは、renderで配列をレンダリングする際に必要となります。その後にある「bind」というメソッドは、オブジェクトをthisにバインドするためのものです。

Chapter 7　React

配列をレンダリングする

後は、この新たに用意された配列を使って<select>タグを作成し、returnするだけです。

```
return (
  <div>
    <select size="5">{items}</select>
    ……略……
  </div>
);
```

<select>{items}</select>というように、タグの間に配列を挟んでいるだけですね。配列の中にJSXによるタグが保管されている場合、それらのタグがすべてここに書き出されるのです。この時に、各タグに用意されている**key**が役立ちます。key属性は、実はなくともエラーにはならないのですが、コンソールには警告が出力されます。特に理由がないなら用意しておくべきでしょう。

<ol>によるダイナミックリスト

　mapを利用したリストの生成は、<select>タグに限ったものではありません。それ以外のタグにも基本的には応用できます。一例として、<ol>によるリストを作成してみましょう。

リスト7-19

```
var MyComponent = React.createClass({
  getInitialState: function() {
    return {
      data: ['first item.']
    };
  },

  handleOnChange: function(event) {
    this.inputValue = event.target.value;
  },

  handleAddItem: function() {
    var newData = this.state.data.concat(this.inputValue);
    this.setState({data: newData});
  },

  handleRemoveItem: function(i) {
    var arr = this.state.data;
    arr.splice(i, 1);
```

```
      this.setState({data: arr});
    },

    render: function() {
      var items = this.state.data.map(function(item, i) {
        return (
          <li key={'key_' + i} onClick={this.handleRemoveItem.
            bind(this, i)}>
          {item}
          </li>
        );
      }.bind(this));
      return (
        <div>
  <ol>{items}</ol>
  <div>
  <input type="text" onChange={this.handleOnChange} />
  <input type="button" value="Click"
    onClick={this.handleAddItem} />
  </div>
        </div>
      );
    }
});

ReactDOM.render(
  <MyComponent />,
  document.getElementById('msg')
);
```

図7-19：テキストを記入してボタンを押すと、リストが追加される。表示されているリストの項目をクリックすると、その項目が消える。

今回は項目の追加だけでなく、削除も行うようにしています。入力フィールドにテキ

ストを記入し、プッシュボタンを押すと、その項目がリストに追加されます。また表示されているリストの項目をクリックすると、その項目が削除されます。

項目の削除というと難しそうに思えますが、「コンポーネント内では、リストは配列として持っているだけ。renderする際にタグとして書き出される」という基本を思い出して下さい。つまり、値を保管する配列から、クリックした項目を削除するだけでいいのです。

```
handleRemoveItem: function(i) {
  var arr = this.state.data;
  arr.splice(i, 1);
  this.setState({data: arr});
},
```

this.state.dataの配列を取り出し、spliceで項目を削除してから、再びsetStateで値を更新します。これで、リストの項目を削除できます。「配列からの削除」と「表示の更新」を分けて考えれば簡単ですね。

Virtual DOMにアクセスする

ここまでフォームのコントロール類を使ったサンプルをいくつも作ってきましたが、正直いうと「OnChangeでStateの値を更新し、それを利用する」というやり方は、なんともまどろっこしく感じている人もいるかもしれません。

ReactはVirtual DOMを採用しているため、getElementByIdなどで直接DOMにアクセスし、それを書き換えるような操作はあまり推奨できません。何のためのVirtual DOMかわからなくなってしまいますから。でも、「直接DOMにアクセスしたほうが便利な場合もある」というのは確かです。

このような場合は、DOMではなく、Reactの「Virtual DOM」にアクセスして操作をする、という手法が残されています。実際に簡単な例を挙げておきましょう。

リスト7-20

```
var MyComponent = React.createClass({
  displayName: 'my component',

  getInitialState: function () {
    return { msg: '名前を記入:' };
  },

  handleOnClick: function(event) {
    var in_str = ReactDOM.findDOMNode(this.refs.input1).value;
    this.setState({
      msg: 'こんにちは、' + in_str + 'さん。'
    });
  },
```

```
    render: function() {
      return (
      <div>
        <p>{this.state.msg}</p>
        <input type="text" ref="input1" />
        <input type="button" value="click"
          onClick={this.handleOnClick} />
      </div>
      );
    }
});

ReactDOM.render(
  <MyComponent />,
  document.getElementById('msg')
);
```

図7-20：フィールドに名前を書いてボタンを押すと、メッセージが表示される。

入力フィールドに名前を書いてプッシュボタンを押すと、「こんにちは、○○さん。」とメッセージが表示されます。ごくごく単純なフォームのサンプルですね。

リスト7-20の<input type="text">にはOnChangeが用意されていません。コンポーネントにあるのは、プッシュボタンをクリックした時のhandleOnClickメソッドだけで、OnChangeのメソッドはありません。

ここでは、handleOnClickメソッドで、<input type="text">のVirtual DOMのエレメントを取得し、そこから入力された値を取り出しています。

```
var in_str = ReactDOM.findDOMNode(this.refs.input1).value;
```

この部分ですね。ReactDOMの「findDOMNode」メソッドは、引数に指定したエレメントのVirtual DOMのオブジェクト（**DOMElement**というものです）を返します。<input type="text">を見ると、「ref」という属性が用意されていることがわかるでしょう。これはオブジェクトの**リファレンス（参照）**を示すもので、このリファレンスはコンポーネン

トの**refs**プロパティにまとめられます。**this.refs.input1**とすれば、**ref="input1"**のエレメントが得られるわけです。

DOMElementは、通常のHTMLのエレメントと同様、属性値などをプロパティとして持っており、valueで入力されたテキストを取り出せます。後は、それを元にmsgを変更し、setStateするだけです。

ECMAScript 6によるコンポーネントクラスの作成

最後に、React特有ではなく、ECMAScript 6のクラスを利用したコンポーネントクラスの作成について触れておきましょう。

Reactでは、Babelというトランスコンパイラ言語を使っています。このBabelは、ECMAScript 6の機能を先取りした形で実装しています。ただし、これを利用して作成されているReactでは、React特有のコーディングをしている部分もあります。

クラスという機能は、ECMAScript 6からサポートされているものですが、Reactにおけるコンポーネントクラスの作成は、ECMAScript 6の標準的なやり方とは若干異なっています。今後、ECMAScript 6が標準化されることを考えて、その仕様に沿ったコンポーネントクラスの作成法についても簡単に説明しておきましょう。

リスト7-21

```
class ToggleButton extends React.Component {
  constructor() {
    super();
    this.state = {
      toggle: false
    };
    this.handleClick = this.handleClick.bind(this);
  }

  handleClick() {
    this.setState({toggle: !this.state.toggle});
  }

  render() {
    const msg = this.state.toggle ? this.props.true_msg : ↵
      this.props.false_msg;
    return (
      <div onClick={this.handleClick}>
        STATE: {msg}
      </div>
    );
  }
}
```

```
ReactDOM.render(
  <ToggleButton true_msg="OKだよ！" false_msg="NGです..." />,
  document.getElementById('msg')
);
```

図7-21：ToggleButtonコンポーネントは、クリックするたびに2つの表示が切り替わる。

　これは、クリックして表示が切り替わるToggleButtonというコンポーネントを作成した例です。コンポーネントをクリックするたびに、「OKだよ！」「NG、です...」と表示が交互に切り替わります。
　以下のような形でクラスが定義されています。

```
class ToggleButton extends React.Component {……}
```

　extendsは、クラスを継承するためのものです。これにより、React.Componentクラスにあるメンバをそのまま受け継いで新しいToggleButtonクラスが作成されます。
　後は、基本的には同じ書き方です。コンストラクタもconstructorメソッドで用意することができます。

この先の学習

　以上、Reactの主な機能について簡単にまとめました。Reactを本格的に使いこなそうと思ったなら、Reactの機能はもちろんですが、他にもいろいろと学習したいことがあります。それらについて簡単にまとめておきましょう。

AddOnとAjax

　Reactでは、AddOnによって各種機能を追加できます。標準でいくつものアドオンが用意されています。これらの使い方について学び、一般に出回っているアドオンが利用できるようになれば、Reactの利用範囲も拡大します。
　また、Reactではコンポーネントのデータなどをajax経由でサーバーから受け取って更

新するような処理もよく用いられます。こうした使い方についても学習しておきたいところです。

Babel と ECMAScript 6

Reactでは、Babelを利用しています。これはECMAScript 6の機能を実現します。Reactを使いこなすなら、これらの新しい文法の使い方について学んでおくとよいでしょう。よりソースコードの記述が楽になります。

これらについて一通り理解できれば、Reactをかなり使いこなせるようになってくるはずです。Reactは、画面の表示に特化してコンポーネント化するフレームワークですので、それ以外のフレームワークと組み合わせた使い方もできます。現在、既に何らかのフレームワークを利用した開発を手がけているなら、更にそこへReactを組み合わせることができないか考えてみると面白いでしょう。

Column 注目のトランスコンパイラ「Babel」

React.jsの解説で、「Babel」が登場しました。これは、JavaScriptのトランスコンパイラです。ただし、TypeScriptのような独自言語というわけではありません。Babelは、ECMAScript 6/7で書かれたJavaScriptのスクリプトを、ECMAScript 5（現行のほぼすべてのブラウザで動作するJavaScript）のスクリプトに変換するものです。

新しい言語を覚えるわけではなく、間もなくスタンダードとなるJavaScriptの新しい仕様を元にスクリプトを書けば、それがすべてのブラウザで動くようになるわけです。したがって、Babelを利用する上で学んだことは、ECMAScript 6が一般化しても、まったく無駄にはなりません。単に、「Babelを使わなくても動くようになる」だけなのですから。

ただしBabelは、ECMAScript 6/7のスクリプトだけをトランスコンパイルするわけではありません。React.jsでも使われていた、JSXというテンプレート技術によるコードもコンパイルできます。この点は、ECMAScript 6が標準となった場合もBabelが利用され続ける一つの要因となるかもしれません。

▼Babel
https://babeljs.io/

Chapter 8
Aurelia

Aureliaは、Angularの開発者が新たに作成したコンポーネント指向フレームワークです。設定情報などを多用せず、命名ルールでコンポーネントを作成していくスタイルは非常にすっきりとしたプログラム設計を可能にします。Angularとは違った新しいコンポーネントの世界を覗いてみましょう。

JavaScript フレームワーク入門

Chapter 8　Aurelia

8-1　Aureliaの基本

Aureliaとは？

Aureliaは、Webコンポーネント指向のフレームワークです。これは、GoogleのAngular（AngularJS、Angularの初期バージョン）の開発チームにいたRob Eisenberg氏が新たに起こしたフレームワークです。これは以下のような特徴があります。

未来志向

Aureliaは、**ECMAScript 6**や更に先のECMAScript 7の機能を取り込んでおり、JavaScriptの将来あるべき姿にもっとも近いフレームワークといえます。ECMAScriptの仕様は、確定して各種Webブラウザが完全対応するまでに時間がかかりますが、Aureliaを使うことでその恩恵を一歩先に得ることができるでしょう。

TypeScript 対応

最近のフレームワークの多くは、JavaScriptだけでなく、他のAltJS言語に対応しています。Aureliaでも、ECMAScript 6対応とTypeScript対応の2種類のプログラムが標準で用意されています。

コンポーネント指向

Aureliaは、コンポーネントを重視した設計となっています。このあたりは、**Angularや React と同系統のフレームワーク**といってよいでしょう。HTMLを独自拡張し、非常にわかりやすいテンプレートによりコンポーネントを作成できます。

双方向データバインディング

Aureliaでは、一方向と双方向のデータバインディングをサポートしています。JavaScript側から画面に表示を更新させるだけでなく、画面側から入力された値によりJavaScript側の値を更新することも可能です。

設定より規約！

これは、MVCフレームワークの代表ともいえるRuby on Railsで採用されたことで有名になった考え方です。細かな設定を記述して全体を制御するのではなく、あらかじめ決められた命名ルールに従って名前を付ければ自動的に作成したものを認識する、というシステムです。細々とした情報を記述していく必要がなく、開発もシンプルになります。

シームレスな SPA

Aureliaは、**SPA**（Single Page Application）をターゲットとしています。1枚のWebページだけで完結し、必要に応じてさまざまな表示をダイナミックにロードして表示を入れ替えていくことで、複雑な表現を可能にします。また、それを実現するために、わかり

280

やすいルーティング機能(アドレスとテンプレートファイルなどを関連付ける機能)を持っています。

　非常に強力なコンポーネントベースのフレームワークであり、それでいながらすっきりとわかりやすい設計となっている、それがAureliaの特徴でしょう。このAureliaは、以下のアドレスで公開されています。

http://aurelia.io/

図8-1：AureliaのWebサイト。ここでプログラム本体やドキュメントが入手できる。

Aureliaを用意する

　では、Aureliaを利用してみましょう。Aureliaを使うには、**npm**が必要となります。npmにより、Aureliaで利用するWebサーバープログラムをインストールします。
　コマンドプロンプトまたはターミナルを起動し、以下のように実行して下さい。これで、Aurelia利用のための準備は完了です。

```
npm install -g http-server
```

図8-2：npm installで、http-serverをインストールする。

テンプレートプロジェクトの用意

続いて、Aureliaのテンプレートプロジェクトを用意します。Aureliaは、テンプレートとなる基本的なファイルが用意されたサンプルプロジェクトを配布しています。このプロジェクトをダウンロードし、これをベースにして自分のプロジェクトを作成していくのです。

では、以下のアドレスにアクセスして下さい。

http://aurelia.io/hub.html#/doc/article/aurelia/framework/latest/getting-started/

図8-3：ここの「Gettting Set Up」というところに、テンプレートプロジェクトをダウンロードするボタンが2種類用意されている。

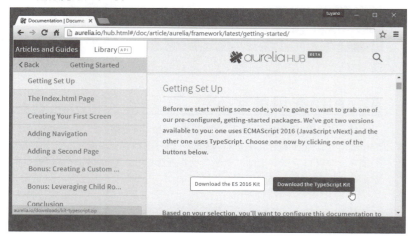

Download the ES 2016 Kit	ECMAScript 6をベースにしたプロジェクトです。
Download the TypeScript Kit	TypeScriptベースのプロジェクトです。

このように、ECMAScript 6対応版と、TypeScript対応版があります。ここでは、TypeScript版を使うことにしましょう。「Download the TypeScript Kit」のボタンをクリックし、ファイルをダウンロードして下さい。

プロジェクトの内容

ダウンロードしたファイルはZipファイルとなっており、これを展開すると「kit-typescript」というフォルダが保存されます。これが、Aureliaのテンプレートなるプロジェクトです。これをベースに、プログラムを作成していきます。

このプロジェクトは、**Node.jsプロジェクト**となっており、中には以下のようなものが入っています。

package.json	npmのパッケージファイルです。
config.js、tsconfig.json	npmのモジュールで、アプリケーションの設定を管理します。
favicon.ico	Webページのアイコンデータです。
index.html	Webアプリケーションに用意されるWebページです。
src	このフォルダの中に、Aureliaのコンポーネントを作成するためのファイルがあります。
styles	スタイルシートのフォルダです。
jspm_packages	このフォルダは、jspmというパッケージマネージャによってインストールされる各種パッケージファイルがまとめられています。

これらのうち、多くは開発者側が手を加える必要のないものです。実際の開発において必要となるのは、「index.html」のほかに「src」「styles」フォルダ内にあるファイルを編集することでしょう。それ以外のファイルは、とりあえず触る必要はありません。

アプリケーションの実行

では、用意されたプロジェクトを実行してみましょう。コマンドプロンプトなどから、cdコマンドで、プロジェクトのフォルダ(「kit-typescript」フォルダ)内に移動して下さい。そして、以下のように実行します。

```
http-server
```

■図8-4：コマンドプロンプトからhttp-serverを実行してWebサーバーを起動する。

これでWebサーバーが起動し、プロジェクトがWebアプリケーションとして公開されます。Webブラウザから以下のアドレスにアクセスして表示を確認しましょう。

http://localhost:8080/ または http://127.0.0.1:8080/

■図8-5：サンプルで用意されているWebページを表示したところ。

画面には、「Welcome to Aurelia!」とメッセージが表示されます。これが、Aureliaのサンプル画面です。index.htmlの中に、「src」で用意されているコンポーネントを組み込み、この表示が作成されています。

──これで、とりあえずプロジェクトを作成して実行するまでが、できました。次からAureliaによる開発について説明していくことにしましょう。

8-2 Aureliaの利用

サンプルWebページをチェックする

では、Aureliaによるプログラミングについて説明しましょう。まずは、サンプルで作成されているWebページがどうなっているのか、その中身を調べてみましょう。

まずは、プロジェクトのフォルダ内にある「index.html」です。これは以下のように記述されています。

リスト8-1

```
<!DOCTYPE html>
<html>
<head>
  <title>Aurelia</title>
  <link rel="stylesheet" href="styles/styles.css">
  <meta name="viewport" content="width=device-width,
    initial-scale=1">
</head>

<body aurelia-app>
  <script src="jspm_packages/system.js"></script>
  <script src="config.js"></script>
  <script>
    SystemJS.import('aurelia-bootstrapper');
  </script>
</body>
</html>
```

内容は非常にシンプルです。「jspm_packages」フォルダ内にある**system.js**と、**config.js**の2つのスクリプトファイルをロードしています。そして、**SystemJS.import**というメソッドで、**aurelia-bootstrapper**というモジュールを読み込みます。これが、Aureliaのシステムを実行するための処理になります。

見ればわかるように、ここには「Welcome to Aurelia!」の表示はありません。これが、Aureliaによって生成されたものであることがわかるでしょう。

aurelia-app 属性について

`<body>`タグには、**aurelia-app**という属性が記述されています。これは重要です。このaurelia-appが設定されているタグが、Aureliaの表示を組み込まれる場所になります。たとえば、次のように書き換えてみましょう。

```
<body>
  <p>*this is Aurelia sample web page...</p>
  <div aurelia-app></div>
  ……略……
```

図8-6：aurelia-appの場所を移動すると、表示をはめ込む場所を変更できる。

このように<body>の部分を書き換えると、「*this is Aurelia sample web page...」という
テキストの下に「Welcome to Aurelia!」の文字が表示されます。このaurelia-appは、どこ
に記述しても構いません。そのタグの中にコンポーネントの表示がはめ込まれます。

コンポーネントについて

このaurelia-appのタグに組み込まれるのが、**app コンポーネント**です。これは、「app.
html」と「app.ts」という2つのファイルで作成されるモジュールです。拡張子からわかる
ように、app.tsはTypeScriptのスクリプトファイルです。

Aureliaでは、コンポーネントは「ビュー(View)」と「ビューモデル(View Model)」の2つ
で構成されています。ビューは画面表示、ビューモデルは表示に必要な情報を管理する
オブジェクトです。app.htmlが**ビュー**、app.tsが**ビューモデル**になります。

ビューの基本

まずは、ビューであるapp.htmlから見てみましょう。以下のようなソースコードが記
述されています。

リスト8-2──app.html

```
<template>
  <h1>${message}</h1>
</template>
```

ビューは、**<template>**というタグの中に表示内容を記述します。この<template>は、
テンプレートであることを示すタグです。これはAureliaの機能というわけではなく、
HTML5からサポートされている新しいHTMLタグの一つです。

ここでは、<h1>タグが1つだけ用意されています。このコンテンツ部分には、
${message}という文が書かれています。これは、messageというプロパティをここに出
力することを示すものです。

ビューでは、ビューモデル側で用意される様々な値(プロパティ)を出力することがで
きます。そのために用いられるのが、**${ }**という記号です。これは、**${プロパティ名}**と
いう形で記述し、ビューモデルに用意されているプロパティの値をこの場に書き出しま
す。

ビューモデルの基本

では、ビューモデル側はどのようになっているのでしょうか。app.tsの内容を見てみ
ると、以下のように記述されているのがわかります。

リスト8-3──app.ts

```
export class App {
  message: string = 'Welcome to Aurelia!';
}
```

これは、Appというクラスを定義しています。「exort class 名前」という形で、指定の名前のクラスを生成します。ここでは、**message**というプロパティを1つだけ用意してあります。このmessageの値が、ビュー側に用意した**${message}**に出力されていた、というわけです。

このように、**ビューモデル側にプロパティ**を用意し、**ビュー側に${ }**でそれを出力することで、画面に表示される内容をJavaScript側で制御できるようになります。これが、コンポーネントの基本的な考え方です。

双方向バインディング

では、一歩進めて、ユーザーからの入力をビューモデルにバインドしてみましょう。つまり、入力した値がそのままビューモデルのプロパティとして保管されるようにするわけです。

デフォルトで用意されているappコンポーネントのモジュール（app.html、app.ts）を以下のように修正してみましょう。

リスト8-4——app.html
```
<template>
  <h1>${title}</h1>
  <p>${message}</p>
  <div><input type="text" value.bind="message"></div>
</template>
```

リスト8-5——app.ts
```
export class App {
  title: string = "Hello Aurelia!";
  message: string = 'please type here...';
}
```

図8-7：入力フィールドにテキストを書くと、リアルタイムに表示される。

アクセスすると、今度は入力フィールドが表示されます。ここにテキストを記入すると、そのテキストがフィールドの上にリアルタイムに表示されます。

value.bind によるバインド

　ここでは、Appクラスにtitleとmessageという2つのプロパティを用意しています。titleがタイトル表示用、messageが入力されたテキストを示します。

　このmessageは、<p>タグの部分に${message}として表示しています。その下にある<input type="text">には、「value.bind="message"」という属性が用意されていますね。このvalue.bindというのは、**value属性にmessageプロパティの値をバインドする**、ということを示しています。

　つまり、messageプロパティは、入力フィールドに書かれたvalueと<p>タグに表示される${message}との2箇所で使われていることになります。

　入力フィールドにテキストが記入されると、その値がそのままmessageプロパティに入れられます。すると、messageを表示している${message}の表示が更新されます。つまり、

> ビュー（入力フィールド）→ビューモデル（プロパティ）
> ビューモデル（プロパティ）→ビュー（`${message}`）

　このように、ビューからビューモデルへ、ビューモデルからビューへと双方向に値が更新されていることがわかります。Aureliaでは、このような「双方向バインディング」が簡単に設定できるのです。簡単に整理すると、

> ビューモデルからビューへ ── $||を使う
> ビューからビューモデルへ ── value.bindを使う

　このようにして双方向に値を受け渡すことが可能になります。この双方向バインディングは、Aureliaの値操作の基本といえます。

イベント処理について

　続いて、ボタンクリックなどの簡単なイベント処理についてです。Aureliaでは、HTMLの要素に用意されているイベントへのバインドも簡単に行えます。例として、簡単なボタンクリックを実装してみましょう。

リスト8-6──app.html

```
<template>
  <h1>${title}</h1>
  <p>${message}</p>
  <div>
    <input type="text" value.bind="input1">
    <button click.trigger="handleOnClick()">Click</button></div>
</template>
```

リスト8-7——app.ts

```
export class App {
  title: string = "Hello Aurelia!";
  input1: string = '';
  message: string = 'お名前は？';

  handleOnClick() {
    this.message = 'こんにちは、' + this.input1 + 'さん！';
  }
}
```

図8-8：名前を書いてボタンを押すと、メッセージが表示される。

今回のサンプルでは、入力フィールドとプッシュボタンが用意されています。テキストを記入し、ボタンをクリックすると、入力したテキストを使ったメッセージが表示されます。

click.trigger について

ここでは、<button>タグに「click.trigger」という属性が用意されています。これは、**clickイベント**が発生した際に実行される処理を設定するものです。HTMLの要素に用意されている**onclick属性に相当するもの**と考えればよいでしょう。

ここでは、handleOnClickを呼び出しています。これは、Appクラスに用意されているメソッドですね。この中で、input1の値を使ってメッセージをmessageに設定していた、というわけです。

イベント関係は、このclick.triggerのように「イベント.trigger」を指定して処理をバインドすることができます。バインドする処理は、クラス内にメソッドとして用意しておきます。

SPAのページ管理（ページ切り替え）

Aureliaは、基本的にSPA（Single Page Application）のためのフレームワークです。すなわち、1枚のWebページだけで完結するアプリケーションスタイルを考えています。が、当たり前ですが、Webアプリケーションではさまざまな表示を切り換えながら利用するケースも多いものです。

このような場合、Aureliaでは、複数のテンプレートを必要に応じて切り替えるように
なっています。では、このページ切り替えの仕組みについて説明しましょう。

まず、表示する個々のページを作成しましょう。今回は、「Top」「Other」という2つの
モジュールを作成することにします。

Top モジュールの作成

まずはTopモジュールからです。これは、「top.html」「top.ts」という2つのファイルか
ら構成されます。この2つのファイルを「src」フォルダの中に作成して下さい。そして以
下のように記述をします。

リスト8-8——top.html

```
<template>
  <h1>${title}</h1>
  <p>${message}</p>
</template>
```

リスト8-9——top.ts

```
export class Top {
  title: string = 'Top page';
  message: string = 'Welcome to Top page!';
}
```

ごく単純なページですね。Topクラスには、titleとmessageという2つのプロパティを
用意してあります。これらをビュー側に表示するだけの単純なページです。

Other モジュールの作成

続いて、Otherモジュールです。これは「other.html」「other.ts」という2つのファイルと
して作成します。それぞれ「src」フォルダの中に用意して下さい。

リスト8-10——other.html

```
<template>
  <h1>${title}</h1>
  <p>${message}</p>
</template>
```

リスト8-11——other.ts

```
export class Other {
  title: string = 'Other page';
  message: string = 'This is Other page content...';
}
```

見ればわかるように、どちらのファイルの内容もTopページのそれを再利用したもの
です。表示するテキストを少し変えてあるだけです。これで、2つのWebページのコンポー
ネントが用意できました。

NavBarの作成

　では、これら2つのページを切り替え表示するようにしてみましょう。これには、ナビゲーションのためのメニュー（**ナビゲーションバー**と呼ばれます）を表示するビューを用意し、それをWebページに埋め込んで使えるようにします。

　ナビゲーションバーのビューは、「nav-bar.html」というファイルとして用意します。「src」フォルダにファイルを作成し、以下のように記述しましょう。

リスト8-12

```
<template bindable="router">
  <nav class="navbar navbar-default navbar-fixed-top" ↵
    role="navigation">
  <div class="navbar-header">
    <button type="button" class="navbar-toggle" ↵
      data-toggle="collapse"
      data-target="#bs-example-navbar-collapse-1">
    <span class="sr-only">Toggle Navigation</span>
    <span class="icon-bar"></span>
    <span class="icon-bar"></span>
    <span class="icon-bar"></span>
    </button>
    <a class="navbar-brand" href="#">
      <i class="fa fa-home"></i>
      <span>${router.title}</span>
    </a>
  </div>

  <div class="collapse navbar-collapse" ↵
    id="bs-example-navbar-collapse-1">
    <ul class="nav navbar-nav">
      <li repeat.for="row of router.navigation"
      class="${row.isActive ? 'active' : ''}">
  <a href.bind="row.href">${row.title}</a>
      </li>
    </ul>

    <ul class="nav navbar-nav navbar-right">
      <li class="loader" if.bind="router.isNavigating">
        <i class="fa fa-spinner fa-spin fa-2x"></i>
      </li>
    </ul>
  </div>
  </nav>
</template>
```

スタイルシートのロード

ここで使ったのは、Aureliaで利用されているナビゲーションバーのテンプレートです。多数のタグに独自のclass属性を設定していますが、これらはすべて**Bootstrap**というフレームワークに用意されているスタイルシートを利用しています。この読み込みについてはapp.htmlで触れます。

router オブジェクトのバインド

冒頭の<template>タグを見てみると、「bindable="router"」という属性が追加されていることがわかります。これは、routerというオブジェクトをバインドすることを示します。ビューモデル側で用意されたrouterをここで使えるようにしているのです。

repeat.for による繰り返し処理

ナビゲーションバーに表示される項目の作成は、routerにある値を元に、**<li>**タグを繰り返し生成して作成しています。この部分ですね。

```
<li repeat.for="row of router.navigation"
    class="${row.isActive ? 'active' : ''}">
  <a href.bind="row.href">${row.title}</a>
</li>
```

これは、「repeat.for」を使っています。その後の値部分に記述されている配列を繰り返し処理します。以下のように記述します。

```
repeat.for=" 変数 of 配列 "
```

これで、配列から順に値を取り出して変数に収め、これが記述されているタグを出力する、ということを繰り返していきます。この例でいえば、routerオブジェクトの**navigation**というプロパティから値を取り出して変数rowに代入し、この<li>タグ（その中にある<a>も含めて）を出力していきます。

<a>タグでは、href.bindで、href属性に**row.href**という値をバインドしています。rowは、repeat.forで取り出した値（オブジェクトになっています）を収めた変数でしたね。この中のhrefというプロパティをバインドしていたのです。

app.htmlの修正

では、appコンポーネントのモジュールを修正しましょう。まずはapp.htmlです。ここでは、**nav-bar.html**を読み込んで画面内にはめ込む形で表示を作成します。

リスト8-13

```
<template>
  <require from="bootstrap/css/bootstrap.css"></require>
  <require from="font-awesome/css/font-awesome.css"></require>
```

8-2 Aurelia の利用

```
    <require from='./nav-bar.html'></require>

    <nav-bar router.bind="router"></nav-bar>

    <div class="page-host">
      <router-view></router-view>
    </div>
</template>
```

<require> について

ここでは、<template>タグ内に、**<require>**というタグがいくつも記述されています。これは、外部にあるリソースをロードするためのものです。

```
<require from="bootstrap/css/bootstrap.css"></require>
<require from="font-awesome/css/font-awesome.css"></require>
```

この2つのタグは、スタイルシートを読み込んでいます。nav-bar.htmlでは、class属性に見慣れないクラスが多数記述されていましたが、これらはこの2つのスタイルシートに用意されていたものなのです。

```
<require from='./nav-bar.html'></require>
```

そして、これが先ほど作成したnav-bar.htmlをロードします。これにより、nav-barのコンポーネント(**NavBar**)が使えるようになります。このすぐ下にある、

```
<nav-bar router.bind="router"></nav-bar>
```

これが、nav-barコンポーネントを記述したタグになります。ここでは、router.bindで、routerの値をrouterプロパティにバインドしています。このrouterは、スクリプト側に用意されます。

app.tsの修正

最後に、app.tsのソースコードを修正します。今回は以下のように書き換えて下さい。

リスト8-14

```
import {RouterConfiguration, Router} from 'aurelia-router';

export class App {
  router: Router;

  configureRouter(config: RouterConfiguration, router: Router) {
```

293

```
    config.title = 'Aurelia';
    config.map([
      { route: ['','top'], name: 'Top', moduleId: './top', ↵
        nav: true, title:'Top Page' },
      { route: 'other', name: 'other', moduleId: './other', ↵
        nav: true, title:'Other' }
    ]);

    this.router = router;
  }
}
```

図8-9：上部にある「Top Page」「Other」をクリックすると、表示が切り替わる。

すべて記述したら、アクセスして動作を確認しましょう。上部のナビゲーションバーには「Top Page」「Other」といった項目があり、これらをクリックすると表示が切り替わります。左端の家のアイコンをクリックすると、デフォルトのページ(ここではTop Page)に切り替わります。

import について

ここでは、最初に「import」という文が書かれています。以下のものですね。

```
import {RouterConfiguration, Router} from 'aurelia-router';
```

これは、モジュールをロードするための文です。ここでは、aurelia-routerというモジュールから、RouterConfiguration、Routerというオブジェクトをインポートし、使えるようにしています。

configureRouter メソッドについて

ここでは、**configureRouter**というメソッドが記述されています。これは、**configuration**オブジェクト(設定情報を管理するオブジェクト)がロードされた際に呼び出されるコールバックメソッドです。これをオーバーライドすることで、設定を独自に追加することができます。

このメソッドでは、RouterConfigurationとRouterオブジェクトが引数として渡されま

す。前者がルーティングの設定情報を管理するもの、後者がルーティングを管理するものです（ルーティングについては後述）。

そして最後に、引数のrouterをrouterプロパティに代入しておきます。

```
this.router = router;
```

これが、<nav-bar>タグに用意されている**router.bind="router"**でバインドされるオブジェクトとなります。これにより、nav-bar.htmlのrepeat.forにこのrouterのnavigationが渡され、メニューが作成される、というわけです。

ルーティングの設定

Appクラスでは、configオブジェクトの「map」というメソッドが呼び出されています。このmapは、ルーティング情報をrouterオブジェクトに登録する働きをします。これは、複数のページを表示する際に、非常に重要な役割を果たします。

■ ルーティングとは？

ルーティングというのは、「アクセスするURLと、呼び出されるリソースや処理を関連付ける」ことです。つまり、「このアドレスにアクセスしたらこのリソースを読み込み、この処理を実行する」といった、アドレスと処理の関係を管理するのです。

先ほど、**Router**というオブジェクトが登場しましたが、これが、Aureliaでルーティングを管理しているオブジェクトです。そして、**RouterConfiguration**が、Routerの設定を管理します。**map**は、このルーティング情報を新たに追加するものなのです。

mapで実行している内容を見てみましょう。このようになっていますね。

```
config.map([
  { route: ['','top'], name: 'Top', moduleId: './top', ↵
    nav: true, title:'Top Page' },
  { route: 'other', name: 'other', moduleId: './other', ↵
    nav: true, title:'Other' }
]);
```

これは、整理すれば以下のように記述されていることがわかります。

```
map( [ 値1 , 値2 , ……] );
```

問題は、この値がどのようなものか、でしょう。これは以下のような項目を持ったオブジェクトとして用意されています。

route	ルートのパターンを指定します。['','top']は、ドメインより後に何もない場合（つまりトップページ）や、/topにアクセスした場合を示します。'other'は、/otherにアクセスした場合です。
name	コード内で利用される名前です。これは直接画面には現れません。
moduleId	このルートに割り当てられるモジュールを指定します。'./top'ならば、appと同じ場所にあるtopコンポーネントが指定されます。
nav	ナビゲーションバーに表示するかどうかを指定します。trueならば表示します。
title	ナビゲーションバーに項目名として表示されるタイトルを指定します。

これらをまとめたものを配列にして、mapに渡すと、それらのルーティングが設定されるわけです。複数のページ表示のためのモジュールを作成したなら、必ずそれらをURLに割り当てるルーティング情報を追加しておく必要があります。

8-3 Aureliaを使いこなす

チェックボックスとラジオボタン

Aureliaの基本的な扱い方についてはだいぶわかってきました。では、Aureliaに用意されている各種の機能について更に掘り下げていくことにしましょう。

まずは、フォーム関係のコントロールについてもう少し説明しましょう。<input type="text">による入力フィールドについては使ってきましたが、それ以外のコントロールはまだ利用していません。

コントロール関係で、入力フィールドの次に多用されるのは、チェックボックスとラジオボタンでしょう。チェックボックスはON/OFFする項目の設定に、ラジオボタンは複数項目から1つを選ぶのに利用されます。これらをAureliaのコンポーネントで利用する場合、どのようにするのでしょうか。実際に簡単なサンプルを見ながら説明しましょう。

▌top.html の修正

先ほど、TopとOtherの2つのページによるWebアプリケーションの基本を作成しましたので、これをそのまま再利用することにしましょう。ここではTopコンポーネントを書き換えて使うことにします。まずは、ビュー側のtop.htmlを修正します。

リスト8-15

```
<template>
  <style>
    div {font-size: 16pt;}
  </style>

  <h1>${title}</h1>
  <p>${message}</p>

  <div><input type="checkbox" id="ch1"
    change.trigger="onCBChecked()" checked.bind="check1">
  <label for="ch1">check box</label></div>
  <div><input type="radio" name="radio1" id="r1"
    change.trigger="onRBChecked('A')" value="A">
  <label for="r1">radio A</label></div>
  <div><input type="radio" name="radio1" id="r2"
    change.trigger="onRBChecked('B')" value="B">
  <label for="r2">radio B</label></div>
</template>
```

ここでは、1つのチェックボックスと2つのラジオボタンを用意してあります。そのほかに、タイトルとメッセージを表示するタグもそのままにしてあります。

change.trigger について

ここでは、<input>タグ内に「change.trigger="○○"」という属性が用意されています。このtriggerというのは、既に使いましたね。click.triggerでclickイベントに処理を割り当てるのに利用しました。

ここでのchange.triggerも働きは同じです。これは、onchangeイベントに処理を割り当てます。これで、チェックボックスやラジオボタンの値が変更されると、ビューモデル側に用意したメソッドが実行されるようにできます。

checked.bind について

<input type="checkbox">には、もう1つ「checked.bind」という属性も用意されています。これは、checked属性に値をバインドするためのものです。checkedは、チェックボックスの選択状態を示す属性ですね。これにビューモデル側のプロパティをバインドすることで、現在のチェックボックスの選択状態が得られるようになります。

JavaScript側の処理を作成する

では、ビューモデル側の処理を作成しましょう。top.tsのソースコードを以下のように書き換えて下さい。

リスト8-16

```
export class Top {
  title: string = 'Top page';
  message: string = '...';
  check1:boolean = false;
  radio1:string = 'not selected.';

  onCBChecked(){
    this.update();
  }
  onRBChecked(val){
    this.radio1 = val;
    this.update();
  }
  update(){
    this.message = 'checked:' + !this.check1 +
      ', radio:' + this.radio1;
  }
}
```

図8-10：チェックボックス、ラジオボタンを操作すると、現在の選択状態が表示される（コラム参照）。

完成したらアクセスして動作を確認しましょう。チェックボックスとラジオボタンを操作すると、現在の値がメッセージとして表示されます。

値の流れを考える

ここでは、チェックボックスとラジオボタンの値を保管するcheck1、radio1というプロパティを用意してあります。check1は、先ほどビュー側でchecked.bindを使ってバインドしたプロパティですね。これでチェック状態がそのままcheck1に保管されます。

では、radio1はどうか？　というと、これはonRBCheckedメソッドで設定されていま

す。これはラジオボタンで、change.triggerで設定されているメソッドです。ここで、イベントが発生したラジオボタンの値をプロパティに代入していたのです。

後は、updateメソッドで値をまとめてmessageに設定するだけです。このようにチェックボックスとラジオボタンは、change.triggerとchecked.bindを組み合わせることで自由に値を利用できるようになります。

Column checked.bindの値には注意！

ここではchane.triggerで変更時の処理を行っていますが、そこで、チェックボックスの選択状態を表示するのに、this.check1ではなく、「!this.check1」としているのに気がついたかもしれません。冒頭の「!」は、真偽値の値を逆にするものです。つまり、選択状態の値を逆にして表示しているのです。

本書で使用しているAureliaでは、onchangeイベントが発生したときには、まだcheckedの値は更新されていません。つまり、checkedは「変更される前」の値となっているのです。チェックボックスは真偽値ですから、現在の前の状態は常に「今の値とは逆の値」です。そこで!this.check1として反転させた値を表示しているのです。

これは、そういう仕様なのか、あるいはアップデートなどによって修正されるものなのかはっきりとしません。アプデートの際には、checkedの状態を確認しておきましょう。

選択リストの利用

続いて、**<select>**によるプルダウンメニューや選択リストの利用についてです。<select>タグでは、1つの項目だけを選択する場合と、複数項目を選択可能にしている場合があります。この設定によって得られる値も変化するため、「単項目か、複数項目か」を考えなければいけません。

では、これもサンプルを作成してみましょう。まずは、top.htmlの修正です。

リスト8-17

```
<template>
  <style>
    div {font-size: 14pt;}
  </style>
  <h1>${title}</h1>
  <p>${message}</p>

  <div><select value.bind="select1" ↵
    change.trigger="onSel1Changed()">
    <option value="Windows">Windows</option>
    <option value="macOS">macOS</option>
    <option value="Linux">Linux</option>
    <option value="Android">Android</option>
```

```
        <option value="iOS">iOS</option>
    </select></div>
    <hr>
    <select multiple size="5" value.bind="select2" ↵
      change.trigger="onSel2Changed()">
      <option value="Windows">Windows</option>
      <option value="macOS">macOS</option>
      <option value="Linux">Linux</option>
      <option value="Android">Android</option>
      <option value="iOS">iOS</option>
    </select>
</template>
```

　ここでは、2つの<select>タグを用意してあります。1つ目が単項目選択のプルダウンメニュー、2つ目が複数項目選択可能なリストとなっています。

value.bind と change.trigger

　今回も、やはり<select>タグに「value.bind」「change.trigger」という属性を用意してあります。これで、<select>の選択状態を保管し、変更された際のイベント処理が行えるようにしています。
　また、2つ目の<select>ではmultipleが用意されていますが、タグの記述そのものには違いはありません。どちらも、選択項目の情報は、ただvalue.bindでプロパティにバインドをしているだけです。複数項目選択が可能かどうかは、ビュー側ではまったく意識されません。

top.ts を更新する

　では、ビューモデル側の修正をしましょう。top.tsを以下のように書き換えて下さい。

リスト8-18

```
export class Top {
  title: string = 'Top page';
  message: string = '...';
  select1:string = '';
  select2:string[];

  onSel1Changed(){
    this.update();
  }
  onSel2Changed(){
    this.update();
  }
  update(){
    this.message = 'selected:' + this.select1 +
```

```
            ' [' + this.select2 + ']';
    }
}
```

図8-11：選択リストを選択すると、その状態をメッセージとして表示する。

修正したらアクセスして動作を確かめましょう。ここではプルダウンメニューと選択リストが表示されていますが、これらを操作して選択すると、現在選択されている項目がその上に表示されます。選択リストで複数の項目を選択した場合もすべてが表示されるのがわかるでしょう。

バインドされるプロパティ

基本的なソースコードの内容はチェックボックスやラジオボタンとそれほど大きく違いはありません。value.bindされたプロパティを用意し、change.triggerに設定したメソッドを定義しているだけです。

ここでのポイントは、**value.bind**し**たプロパティ**です。1つ目のmultipleでない<select>では、**select1:string;**と普通のstring変数になっています。が、multipleの場合は、**select2:string[];**というように配列の形になっていることがわかります。配列の値を用意することで、multipleで複数項目選択されたものがすべて保管できるようになっているのです。

ValueConveterについて

フォームなどで各種の値を利用するような場合、**値を操作するための仕組み**が必要となることがあります。例えば、数字が入力されたらそれを整数にして利用する、というような場合、「入力された数字を整数に変換する処理」を行ってくれる機能があると、とても助かります。

こうした**値を変換する機能**は、Aureliaでは「ValueConverter」と呼ばれます。これは、

文字通り値を変換するためのプログラムです。ValueConverterは、コンポーネントのように画面の表示などを持ちません。値を受け取り、それを変換して返すだけのシンプルなプログラムです。

これは、以下のような形のクラスとして定義されます。

```
export class ○○ ValueConverter {
        toView(value){
                ……値の変換処理……
                return 値;
        }
}
```

ValueConverterは、「○○ValueConverter」というように、必ず最後に「ValueConverter」の付けられた名前にしておく必要があります。Aureliaは、この名前によって、そのクラスがValueConverterであることを認識します。

ValueConverterクラスには、「toView」というメソッドを用意します。これは、ValueConverterをビュー内に追加したとき、その表示が行われる際に呼び出されます。ValueConverterは、何らかの値を出力する際、その値に追加して利用されます。その値が画面に表示される際に、このtoViewが呼び出され、これによって変換された値が実際に画面へと出力されることになります。

toViewには、引数が1つあり、これがValueConverterで変換される値です。この値を元に処理を行い、その結果をreturnすると、それが値として利用されるようになります。

Number Formatterを作る

では、実際に簡単なサンプルを作ってみましょう。ここでは、数字を整数化する「Number Formatter」というValueConverterを作成してみます。

「src」フォルダ内に、「number-formatter.ts」という名前でファイルを作成して下さい。そして、以下のようにソースコードを記述します。

```
export class NumberFormatterValueConverter {
  toView(value) {
    return parseInt(value * 1);
  }
}
```

クラス名は、「NumberFormatterValueConverter」としてあります。必ず、最後にValueConverterと付けなければいけないことを忘れないで下さい。toViewメソッドでは、引数に渡された値に1をかけて（数字にキャストしている）parseIntで整数化したものをreturnしています。

このNumberFormatterは、これで完成です。HTMLファイルは必要ありません。

Number Formatterを利用する

では、実際にNumber Formatterを使ってみましょう。ここでは、Topモジュールを書き換えて使ってみることにします。

リスト8-19——top.html

```
<template>
  <require from="./number-formatter"></require>
  <style>
    div {font-size: 14pt;}
  </style>
  <h1>${title}</h1>
  <p>${input1 | numberFormatter}</p>

  <div><input type="text" value.bind="input1">
  </div>
</template>
```

リスト8-20——top.ts

```
export class Top {
  title: string = 'Top page';
  message: string = '...';
  input1:string = '';
}
```

図8-12：数字を記入すると、その値を整数化して表示する。

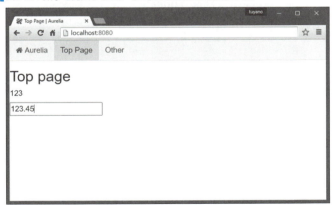

アクセスし、入力フィールドに数字を記入してみましょう。するとフィールドの上に、

Chapter 8　Aurelia

記入した数字の整数部分だけが表示されます。数字以外のものを記入すると「NaN」と表示されます。

ValueConverterの組み込み

ここでは、<p>タグ部分に、作成したNumber FormatterというValueConverterを組み込んで利用しています。この部分です。

```
${input1 | numberFormatter}
```

input1が、<input type="text">に割り当てられている**value.bind="input1"**の値ですね。これをここに表示します。input1の後に「｜」記号を付け、numberFormatterと記述しています。これで、number-formatter.tsに用意されたValueConverterが組み込まれます。

この「｜」記号は、左側にある値に右側の処理を組み込む働きをします。この例ならば、input1の値にnumberFormatterの処理を行わせるわけです。そしてその結果がここに出力されます。

ValueConverterは「表示」を変えるだけ！

注意したいのは、ここに出力されるinput1プロパティの値そのものが変更されるわけではない、という点です。input1には、入力されたvalueがそのまま入れられます。ValueConverterで行うのは、あくまで「表示」だけなのです。この点を間違えないで下さい。

日付と時刻のValueConverter

ValueConverterの基本がわかったら、もう少し別のものを作ってみましょう。例として、Dateオブジェクトから、日付と時刻の表示を行うためのValueConverterを作成してみましょう。

ここでは、**Date Formatter**と**Time Formatter**という2つのValueConverterを作成してみます。「src」フォルダの中に、「date.formatter.ts」「time-formatter.ts」という2つのファイルを作成して下さい。そして、以下のようにその内容を記述しておきます。

リスト8-21——date-formatter.ts

```
export class DateFormatterValueConverter {
  toView(value) {
    return value.toLocaleDateString();
  }
}
```

リスト8-22——time-formatter.ts

```
export class TimeFormatterValueConverter {
  toView(value) {
    return value.toLocaleTimeString("ja-JP");
```

304

```
    }
}
```

どちらも、比較的単純なものですね。DateFormatterValueConverterクラスで
は、toViewメソッドで、引数valueの「toLocaleDateString」メソッドを呼び出し、
TimeFormatterValueConverterクラスでは「toLocaleTimeString」メソッドを呼び出し、日
本での一般的なフォーマットで表した形にしています。

Date Componentの作成

では、これらのValueConverterを直接top.htmlで使うのでなく、コンポーネントを作っ
てそこで利用するようにしてみましょう。ここでは「Date Comonent」といコンポーネン
トを作成します。

まずは、ビューモデルがわからです。「src」フォルダ内に、「date-component.ts」ファ
イルを作成し、以下のように記述して下さい。

リスト8-23

```
export class DateComponent {
  currentDate: Date;

  constructor() {
    this.update();
    setInterval(() => this.update(), 1000);
  }

  update() {
    this.currentDate = new Date();
  }
}
```

ここでは、constructorメソッドでsetIntervalを呼び出し、updateメソッドを1秒間隔
で実行するようにしています。updateでは、new DateしたものをcurrentDateプロパティ
に代入する、ということを繰り返します。

▍アロー演算子について

このsetIntervalをよく見ると、第1引数に見慣れない文が書かれていることに気がつき
ます。この部分です。

```
() => this.update()
```

これは、実は関数なのです。この「=>」という演算子は、名前の付いていない関数を定
義するものです。左側の「( )」は関数に渡される引数、右側の処理は関数で実行される内
容を示します。単純に1つの文を実行するだけのようなシンプルな関数やメソッドは、

この書き方のほうがはるかに簡単に記述できます。

この=>という記号は「アロー演算子」と呼ばれます。これはTypeScriptでサポートされている新しい関数の書き方です（ECMAScript 6からサポートされる予定です）。いずれ標準的に用いられるようになるはずですから、今のうちに慣れておくとよいでしょう。

date-component.html の作成

では、ビュー側を作成しましょう。「src」フォルダ内に「date-component.html」という名前でファイルを作成します。そして、以下のように記述して下さい。

リスト8-24

```
<template>
  <style>
  p {font-size:18pt;}
  </style>
  <require from="./date-formatter"></require>
  <require from="./time-formatter"></require>
  <p>${currentDate}</p>
  <p>${currentDate | dateFormatter}</p>
  <p>${currentDate | timeFormatter}</p>
</template>
```

ここでは、<require>でdate-formatterとtime-formatterをロードしています。そしてcurrentDateという値を3つ出力しています。1つ目はそのまま、2つ目はdateFormatterを付け、3つ目はtimeFormatterを付けてあります。それぞれのValueConverterの働きがこれでよくわかるでしょう。

Date Componentを利用する

では、作成したDate ComponentをTopモジュールに組み込んで使ってみましょう。top.htmlとtop.tsをそれぞれ以下のように修正して下さい。

リスト8-25——top.html

```
<template>
  <h1>${title}</h1>
  <p>${message}</p>

  <require from="./date-component"></require>
  <date-component></date-component>
</template>
```

リスト8-26——top.ts

```
export class Top {
  title: string = 'Top page';
  message: string = '現在の日付と時刻を表示します。';
  input1:string = '';
}
```

図8-13：アクセスすると、現在の日時を表示する。

　修正したら、Webページにアクセスしてみましょう。3つの形式で値が表示されます。一番上が、new Dateで作成されたオブジェクトをそのまま出力したもの。2番目は年月日を短く表示したもの。3番目は時分秒を表示したものです。
　<require>タグで**from="./date-component"**を指定してdate-component.htmlをロードし、<date-component>タグを設置しています。ここにそれぞれの型式の日時が出力されます。ValueConverterを使うことで、このようにさまざまな形式で表示ができるようになります。

コンポーネントに属性を追加する

　Aureliaは、独自のコンポーネントを作成し、それを組み合わせて画面を構成していくのが基本です。ここまで簡単なコンポーネントは作成しましたが、すべてただコンポーネントのタグを書くだけのものでした。
　が、ビューにコンポーネントのタグを記述する際、必要な情報などを追加したい場合もあります。こうしたとき、HTMLのタグでは属性を使って情報を渡します。独自に作成されたコンポーネントでも、こうした属性を作成し、利用することは可能です。

@bindable アノテーション

　コンポーネントに属性を追加するには、「bindable」という機能を利用します。これは、以下のように利用します。

```
import {bindable} from 'aurelia-framework';

export class クラス名 {
        @bindable 属性名 = 値;
}
```

　bindableは、import文を使ってaurelia-frameworkからインポートして利用します。これは、**@bindable**というように、冒頭に**@**を付けて記述します。プロパティを用意するとき、この@bindableを付けることで、コンポーネントタグにバインド可能な属性としてコンポーネントが利用できるようになります。

　この@bindableのように、@で始まるものは「アノテーション」と呼ばれます。これは、プログラム内の要素に何らかの設定などを追加するものです。@bindableは、プロパティに付けることで、その**プロパティを属性として利用できる**ようにするのです。

属性を持ったmy-tagの作成

　では、簡単なサンプルを作成してみましょう。ここでは、MyTagという名前のコンポーネントを作成してみます。これは、「my-tag.ts」「my-tag.html」というファイルとして作成します。「src」フォルダ内に、これらのファイルを用意して下さい。

　では、ソースコードを記述しましょう。まずはmy-tag.tsからです。

リスト8-27——my-tag.ts
```
import {bindable} from 'aurelia-framework';

export class MyTag {
  @bindable myAttr = '';
  @bindable border:boolean = false;
}
```

　ここでは、@bindableをつけたプロパティ「myAttr」「border」の2つを用意してあります。他には何もない、シンプルなものです。続いて、ビュー側のmy-tag.htmlです。

リスト8-28——my-tag.html
```
<template>
  <p style="padding:5px; color:red; ${border ? 'border:1px ↵
    solid gray;' : ''}">
    ${myAttr}</p>
</template>
```

　ここでは、<p>タグに**${myAttr}**を用意してmyAttrをコンテンツとして表示しています。またstyle内に、**${border ? 'border:1px solid gray;' : ''}**という文が書かれていますね。これはborderがtrueなら**'border:1px solid gray;'**を、そうでなければ空のテキストを出力するものです。JavaScriptの三項演算子を使っているのですね。

MyTag を利用する

では、作成されたMyTagを利用してみましょう。今回もTopモジュールを再利用することにします。top.tsとtop.htmlをそれぞれ以下のように修正して下さい。

リスト8-29——top.ts

```
export class Top {
  title: string = 'Top page';
  message: string = 'カスタム属性の利用';
}
```

リスト8-30——top.html

```
<template>
  <require from="./my-tag"></require>
  <style>
  div {font-size:18pt; margin:5px;}
  </style>
  <h1>${title}</h1>
  <p>${message}</p>

  <my-tag my-attr="独自コンポーネント"></my-tag>
  <my-tag my-attr="ボーダーをONにする" border="true"></my-tag>
</template>
```

図8-14：<my-tag>に属性を用意して表示の設定を行う。

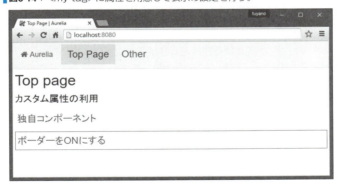

修正したら、アクセスしてみましょう。2つの**<my-tag>**があり、1つ目はテキストだけ設定し、2つ目は更にボーダー（輪郭線）を表示させています。タグを見ると、

```
<my-tag my-attr="…表示テキスト…" border="真偽値">
```

このように記述されていることがわかります。my-attrにテキストを設定すると、それがそのまま表示されます。またborderをtrueにすると輪郭線が表示されます。用意された属性がきちんとコンポーネントで機能していることがわかるでしょう。

カスタム属性の利用

　独自に用意したコンポーネントで属性を追加する方法は、これでわかりました。コンポーネントのクラスにプロパティを追加するだけですから、そう難しいことはありません。

　では、オリジナルのコンポーネントではなく、ごく普通の<p>タグなどに独自の属性を追加することはできるのでしょうか。

　これも、もちろん可能です。そのためには「CustomAttribute」というクラスを作成する必要があります。これが、独自属性の機能を提供するクラスです。このCustomAttributeは、以下のような形で定義されます。

```
import {inject} from 'aurelia-framework';

@inject(Element)
export class ○○ CustomAttribute {

        constructor(private element: Element){
                this.element = element;
                ……element を操作する……
        }
}
```

　CustomAttributeは、「○○CustomAttribute」というように、必ずCustomAttributeで終わる名前を付ける必要があります。

▌@inject アノテーション

　このCustomAttributeクラスには、「@inject」というアノテーションを付けます。これは「インジェクション」と呼ばれる機能を提供するためのものです。インジェクションは、外部からオブジェクトなどを挿入する働きをします。ここでは、**@inject(Element)**というアノテーションを追加しています。これにより、Elementというオブジェクトが外部から挿入されます。

　ここでは、constructorメソッドを見ると、elementオブジェクトが渡されていることがわかります。これが、インジェクションされたオブジェクトです。**@injectがないと、この引数Elementはundefinedになってしまいます。**

my-attr属性を作成する

　では、簡単なサンプルを作成しましょう。ここでは「MyAttr」というCustomAttributeクラスを作成してみることにします。「src」フォルダ内に、「my-attr.ts」という名前でファイルを作成して下さい。そして、下のリストのようにソースコードを記述しましょう。

リスト8-31——my-attr.ts

```typescript
import {inject} from 'aurelia-framework';

@inject(Element)
export class MyAttrCustomAttribute {

  constructor(private element: Element){
    this.element = element;
    this.element.style.width = '100px';
    this.element.style.height = '100px';
    this.element.style.backgroundColor = 'lightgray';
    this.element.style.border = '1px solid gray';
  }
}
```

　ここでは、「MyAttrCustomAttribute」という名前でクラスを作成しています。必ずCustomAttributeで終わる名前を付ける、というのを忘れないように。そしてElementを引数として持つconstructorメソッドを用意しています。このconstructorで渡されるElementが、このCustomAttributeを追加してあるタグのElementなのです。このElementを操作することで、このHTML要素を変更できるわけです。

　this.elementに引数のelementを代入した後、styleにある各種のプロパティを設定しています。これで、Elementの属性を変更しています。

my-attr属性を利用する

　では、作成したMyAttrクラスを使ってみましょう。ここではTopモジュールにmy-attr属性を追加してみます。

リスト8-32——top.ts

```typescript
export class Top {
  title: string = 'Top page';
  message: string = 'カスタム属性の利用';
}
```

リスト8-33——top.html

```html
<template>
  <require from="./my-attr"></require>
  <style>
  div {font-size:18pt; margin:5px;}
  </style>
  <h1>${title}</h1>
```

```
    <p>${message}</p>

    <div my-attr>custom attr!</div>
</template>
```

図8-15：<div>タグにmy-attr属性を追加すると、グレーの四角い表示に変わる。

　ここでは、<div>タグの中にmy-attrという属性を追加しています。これを追加すると、グレーの四角い表示に変わります。属性を削除すると、普通のテキスト表示に戻ります。my-attr属性を追加することで、表示が変わっていることが確認できるでしょう。

カスタム属性に値を設定する

　このmy-attrは、ただ属性名を追加するだけでした。が、属性に値を設定して処理を行わせることももちろんできます。では、my-attr.tsを修正し、設定した値を利用する形に改良してみましょう。

リスト8-34——my-attr.ts

```
import {inject} from 'aurelia-framework';

@inject(Element)
export class MyAttrCustomAttribute {

  constructor(private element: Element){
    this.element = element;
    this.element.style.width = '100px';
    this.element.style.height = '100px';
    this.element.style.border = '1px solid gray';
  }
```

```
    valueChanged(newValue, oldValue) {
      var data:string[] = newValue.split(' ');
      this.element.style.backgroundColor = data[0];
      if (data.length > 1){
        this.element.style.width = data[1];
        this.element.style.height = data[1];
      }
      if (data.length > 2){
        this.element.style.border = data[2] + ' solid gray';
      }
    }
}
```

　constructorの他に「valueChanged」というメソッドを追加してあります。これは、CustomAttributeの値（作成された属性に設定される値）が変更される際に発生するイベントに割り当てられているメソッドです。このメソッドを用意することで、値が設定された際の処理を用意できます。

　ここでは、受け取った値をsplitで半角スペースごとに分解し、それぞれの値を使ってbackgroundColorとwidth/height、borderを設定しています。

top.html を修正する

　では、ビュー側を修正し、my-attr属性を利用してみましょう。top.htmlを開き、以下のようにソースコードを修正します。

リスト8-35

```
<template>
  <require from="./my-attr"></require>
  <style>
  div {font-size:18pt; margin:5px;}
  </style>
  <h1>${title}</h1>
  <p>${message}</p>

  <div my-attr="red 75px">red!</div>
  <p my-attr="yellow 150px 10px">yellow!</p>
</template>
```

図8-16：<div>と<p>にmy-attrを追記する。色、大きさ、ボーダーの太さなどを設定できる。

　アクセスして表示を確認してみて下さい。赤い四角形と黄色い四角形が表示されます。四角形の大きさ、色、ボーダーの太さがそれぞれ異なるものになっているのがわかるでしょう。ここでは、my-attr="red 75px"、my-attr="yellow 150px 10px"というように値を設定しています。これらの値が、先ほどのvalueChangedメソッドで渡され、それを元にスタイル設定されていたのですね。

コンテンツの利用は？

　もう1つ、コンポーネントを作成するとき、「コンテンツ」の扱いをどうするか？ についても触れておきましょう。例えば、このようなタグを考えてみましょう。

```
<my-tag>Hello</my-tag>
```

　HTMLのタグでは、このように「Hello」というテキストの前後に開始タグと終了タグを記述するのが一般的です。こうすることで、Helloというテキストコンテンツに何らかの役割を割り当てるわけです。Aureliaで独自に作成したコンポーネントでも、このように開始タグと終了タグの間にコンテンツを挟んで書くことはできないのでしょうか？

　これは、実は簡単にできます。それは、**<content>**というタグを利用するのです。コンポーネントの**ビュー**側で、このタグを用意しておけば、そこにコンテンツが出力されます。
　実際に簡単な例を考えてみましょう。先ほどのmy-tagを修正して、コンテンツを利用するコンポーネントを作ってみることにしましょう。

リスト8-36——my-tag.ts
```
export class MyTag {
}
```

リスト8-37——my-tag.html

```
<template>
  <p style="font-size:18pt;">
  こんにちは、
    <span   style="color:red;font-size:24pt;">
      <content></content>
    </span>さん！
  </p>
</template>
```

ここでは、ビューモデル側には何も処理は用意しません。ビュー側にあるテンプレートで、**<content></content>**を配置しています。ここに、コンテンツがはめ込まれるわけです。

では、これを利用するようにtop.htmlを修正してみます。

リスト8-38

```
<template>
  <require from="./my-tag"></require>
  <h1>${title}</h1>
  <p>${message}</p>

  <my-tag>山田太郎</my-tag>

</template>
```

図8-17：＜my-tag＞コンポーネントを表示する。

アクセスしてみると、「こんにちは、山田太郎さん！」とメッセージが表示されます。**<my-tag>**に記述した山田太郎という名前をそのまま使ってコンポーネントの表示が行われていることが、わかるでしょう。

　<content>タグは、ビューモデル側で何かの処理をしたりする必要もなく、非常に簡単に利用できます。コンポーネント作成時の基本として覚えておきたいですね。

Chapter 8　Aurelia

HttpClientの利用

コンポーネントは、JavaScriptやHTMLに記述されている静的な値しか使えないわけではありません。必要に応じてサーバーなどから情報を取得し、利用することもできます。Aureliaには「HttpClient」というオブジェクトが用意されています。これを利用することで、サーバーにアクセスして情報を得ることができます。

では、実際に簡単なサンプルを作成しながら説明をしていきましょう。まずは、サーバー側にデータを用意します。今回は、簡単なJSON型式のテキストファイルを用意し、それをコンポーネントから読み込ませることにします。

「src」フォルダ内に、「data.json」という名前でファイルを作成して下さい。そして以下のように記述しておきます。

リスト8-39

```
{
  "title": "Aurelia Sample Data",
  "description": "これはAureliaで利用するサンプルデータです。",
  "data":[
    {"name":"Taro", "mail": "taro@yamada", "tel":"090-999-999"},
    {"name":"Hanako", "mail": "hanako@flower", ↵
      "tel":"080-888-888"},
    {"name":"Sachiko", "mail": "sachiko@happy", ↵
      "tel":"070-777-777"}
  ]
}
```

ここでは、title、description、dataといった値を用意しておきました。dataは配列になっていて、その中にname、mail、telといった情報を持ったオブジェクトが用意されています。これをコンポーネント側から読み込んで表示させてみましょう。

HttpClient利用のコンポーネント

では、HttpClientを利用したコンポーネントを作成しましょう。今回は、既に作成してあるotherモジュールを再利用します。まずは、ビューモデルであるother.tsを修正しましょう。

リスト8-40

```
import {HttpClient} from 'aurelia-fetch-client';

export class Other {
  client: HttpClient = null;
  respData: Object = null;
```

```
  constructor(){
    this.client = new HttpClient();
  }
  activate(){
    this.client.fetch('./src/data.json')
      .then(response => response.json())
      .then(data => {
         this.respData = data;
      }
    );
  }
}
```

　これが、HttpClient利用の基本的なソースコードです。どのような処理を行っているのか説明しましょう。

import による HttpClient のロード

　最初に用意するのは、HttpClientをロードするためのimport文です。HttpClientは、**aurelia-fetch-client**というパッケージに用意されています。ここからオブジェクトをロードしておきます。

HttpClient の作成

　HttpClientオブジェクトの作成は、**new HttpClient**するだけです。引数なども特に必要はありません。ここでは、constructorメソッドで作成し、それをプロパティに保管しています。HttpClientそのものは、使い捨てではなく、用意しておけば必要に応じて何度でも通信することができますので、最初に作成して保管し、再利用するとよいでしょう。

activate メソッドについて

　HttpClientを利用しているのは、「activate」というメソッドです。これは、コンポーネントがアクティブになった際に発生するイベント用のメソッドです。ここに処理を用意することで、コンポーネントが使われる際には常に処理が実行され、サーバーからの情報が表示されるようになります。

fetch と then

　ここでは、「fetch」と「then」というメソッドが使われています。これは、整理すると以下のような形で呼び出しています。

```
［HttpClient］.fetch( アクセス先 ).then( 関数 ).then( 関数 );
```

　fetchは、**Promise**と呼ばれるオブジェクト自身を返します。またその後にあるthenはPromiseにあるもので、fetchによるアクセスが完了した際に実行されるコールバック関数を設定します。このthenには、以下のような関数が用意されています。

```
response => response.json()
```

前に登場したアロー演算子を使った関数です。**response**は、コールバック関数で渡される引数で、サーバーから返される情報をまとめたオブジェクトです。その中のjsonメソッドを呼び出すことで、サーバーから得られた情報をJSONデータとして取り出します。このjson完了後に呼び出されるのが、その後にある2つ目のthenです。ここには以下のような関数が用意されます。

```
data => { this.respData = data; }
```

引数に渡されるdataは、jsonで得られたオブジェクトです。これを**this.respData**に保管します。これで、サーバーから得られたJSONデータをオブジェクトとしてrespDataに保管する、という一連の処理が完了します。

この「fetch」→「then」→「then」というメソッドの呼び出しの流れは、HttpClientを利用する際の基本となりますのでよく理解しておきましょう。

other.htmlの変更

では、最後にother.htmlを変更して、respDataの内容を表示させましょう。これは以下のような形にすればよいでしょう。

リスト8-41

```html
<template>
  <style>
  th {background:#666; color:white; padding:10px 15px; ↵
    border:2px solid white;}
  td {background:#eee; color:black; padding:10px 15px; ↵
    border:2px solid white;}
  </style>
  <h1>${respData.title}</h1>
  <p>${respData.description}</p>
  <table>
    <tr>
      <th>Name</th>
      <th>Mail</th>
      <th>Tel</th>
    </tr>
    <tr repeat.for="obj of respData.data">
      <td>${obj.name}</td>
      <td>${obj.mail}</td>
      <td>${obj.tel}</td>
    </tr>
  </table>
</template>
```

■図8-18：「Other」に表示を切り替えると、サーバーからデータを受け取り、テーブルにまとめて表示する。

「Other」ページにアクセスしてみると、data.jsonから受け取ったデータが表示されることがわかります。ここでは、respDataプロパティにあるオブジェクトから必要な値を取り出して表示しています。データのテーブル部分は、respDataのdataプロパティにある配列から順にオブジェクトを取り出し、その中身を出力しています。

```
<tr repeat.for="obj of respData.data">
   <td>${obj.name}</td>
   <td>${obj.mail}</td>
   <td>${obj.tel}</td>
</tr>
```

repeat.forを使い、respData.dataから値をobjに取り出していきます。<td>では、obj内のプロパティを出力していきます。JSON形式でデータを受け取る場合、jsonでオブジェクトに変換して処理できるため、データの利用が非常に簡単になります。

この先の学習

以上、Aureliaの基本的な使い方について説明をしました。Aureliaは、まだできて間もないフレームワークであり、まだまだ新たな機能が追加されていく余地を残しています。ここでの説明は、あくまで基本部分であり、Aurelia全体ではもっとさまざまな機能を持っていることを忘れないで下さい。

では、これより先、本格的にAureliaを学ぼうという場合の目安となる指針を簡単にまとめておきましょう。

▎テンプレートをマスターする

Aureliaは、コンポーネントを作るのが基本です。このコンポーネントは、テンプレートを記述して表示を作成していきます。Aureliaでは、テンプレート内で利用できるさま

ざまな機能があります。本書で利用したrepeat.forによる繰り返しや、<content>による
コンテンツ表示などもその一つです。こうしたテンプレートに用意されている各種の機
能を学習することで、コンポーネントの表現力はぐっと高まるでしょう。

依存性注入（DI）

　本書では、@injectというアノテーションを利用しましたが、これは**Dependency
Injection（依存性注入）**と一般に呼ばれる機能を提供するためのものです。DIを利用する
ことで、外部からオブジェクトなどを挿入して利用できるようになります。

　この機能は、Aureliaにおいて重要な役割を果たしています。JavaScriptではあまり馴
染みのない考え方ですので、じっくりと学んでおきたいものです。

各種プラグイン

　Aureliaは、プラグインによって機能を拡張していけます。現時点でも多数のプラグイ
ンが登場しており、これらを使えるようになれば、Aureliaの機能も格段に向上します。
基本が一通りわかったら、プラグインの組み込み、使い方などについて学習してみると
よいでしょう。

　──Aureliaは、Angularの開発者が手がけたものということで、Angularとかなり重な
る部分があります。まずは、両者を使って、どちらが自分の手掛けるプロジェクトに向
いているか、そのあたりからじっくりと検討されるとよいでしょう。その上で、Aurelia
を選択するなら、上記のような点について学習を進めてみて下さい。

Chapter 9
パッケージ管理ツール

フレームワークなどのソフトウェアをパッケージとして管理するツール「npm」「Bower」。また多数のファイルをモジュールとしてロードし、単一ファイルにビルドするモジュールバンドラー「webpack」。これらは、フレームワークを利用したWeb開発を行う上で是非覚えておきたいツールです。その基本的な使い方をまとめましょう。

JavaScript フレームワーク入門

Chapter 9　パッケージ管理ツール

9-1 Node.jsとnpm

npmなんていらない!?

　JavaScriptフレームワークを使ってみると、必ずと言っていいほど「npm」というプログラムが登場します。フレームワークのインストールに、npmというプログラムを使うことが非常に多いのです。「このnpmというのは何だ？」と思った人も多いことでしょう。

　いろいろと調べてみると、「npmとは、Node.js用のパッケージマネージャだ」ということがわかってきます。パッケージと呼ばれる形でプログラムを管理するための専用ツールですね。そして、Node.jsとは、サーバーサイドJavaScriptのプログラムであることがわかります。ここで、皆さんはおそらくこう思うわけです。

　「サーバーなんて作らない。WebページでJavaScriptを使うだけだ。Node.jsなんていらない。だったら、npmも必要ない。こんなもの使わないでフレームワークを利用する方法はないのか？」

　これは、おそらくは正しい意見でしょう。が、実際問題として、JavaScriptフレームワークにおいてnpmなどのパッケージマネージャを利用する場面は日増しに増えてきています。これは、なぜなのでしょう。「スクリプトファイルをコピーすればインストールはおしまい」であるはずのJavaScriptの世界で、何が起こっているのでしょう？

■ 複雑化した JavaScript の世界

　最大の問題は、もはやJavaScriptのフレームワークが、「スクリプトファイルを1つコピーすればおしまい」といった牧歌的な世界ではなくなった、ということでしょう。現在のフレームワークの多くは、一からすべて完全にコードを記述して作成されているわけではありません。既に流通している便利なライブラリなどを利用して作成されています。特にプログラムをモジュール型式で細かく分けて管理しているようなものでは、ライブラリの管理やロードのためのフレームワークを内部で利用しているのが一般的です。

　したがって、フレームワークを利用するためには、その内部で利用しているライブラリやフレームワークのファイルも用意する必要があるのです。そして、そのフレームワークの内部で更に別のものを使っていたなら、それらも用意しなければいけません。更にその中で……というように、あるフレームワークを使うためには、その背後にある多数のソフトウェアが用意されていなければいけないことが多いのです。

　これらを自分で調べて組み込んでいくのは大変な労力がかかります。そこで登場するのが「パッケージマネージャ」なのです。

322

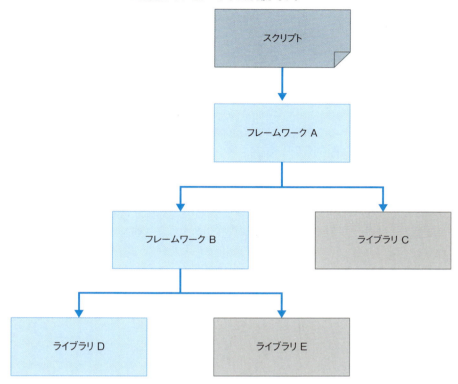

図9-1：現在のJavaScriptでは、フレームワークの中から別のフレームワークやライブラリを参照していることが多い。これらすべてを用意しないとプログラムは動かない。

パッケージマネージャとは？

　パッケージマネージャというのは、「パッケージ」と呼ばれる形でプログラムを管理するためのツールです。パッケージには、プログラム本体だけでなく、必要なリソース（そのプログラムが利用している別のパッケージの情報など）もあり、それらを解析することで、必要なソフトウェア一式をすべて一括してインストールすることができるようになっています。

　複雑化したプログラムを、コマンド一発ですべて揃えることができる——パッケージマネージャを利用することで、これが可能になります。

Node.jsとnpm

　パッケージマネージャの中で、もっとも広く使われているのが「npm」です。これは、Node.js用に作られたプログラムです。

　Node.jsは、「サーバーサイドJavaScriptのプログラム」と思われていますが、実は違います。これは、JavaScriptという言語のランタイム環境なのです。すなわち、Webブラウザの中ではなく普通にOSの上でJavaScriptのスクリプトが実行可能になる、そのためのランタイム環境と考えておけばいいでしょう。

Node.jsには、HTTPサーバーのオブジェクトも標準で用意されており、簡単にWebサーバープログラムを実行し、さまざまな処理を実装できるようになっています。このため、「Node.js = サーバーサイドJavaScriptプログラム」と認知されることになったのでしょう。実際、多くのNode.js利用者はそれが目的でプログラミングをしていますので、間違いではありません。

ただ、Node.jsを「JavaScriptのランタイム環境だ」という目で見れば、このNode.jsに用意されている「npm」というパッケージマネージャが活用されるようになった理由も想像できるでしょう。Node.jsがあれば、その場でJavaScriptのスクリプトを実行できます。であるならば、JavaScriptで作成されているあらゆるライブラリやフレームワークをnpmで配布できるようにしたのも頷けるでしょう。

JavaScriptのランタイム環境であり、およそJavaScriptで書かれたあらゆるプログラムを実行できる環境、それがNode.jsなのです。そしてこれを利用し、JavaScriptで書かれたあらゆるプログラムをパッケージとして管理できるようにしたのがnpmです。フレームワークを管理するのに最適なものといえるのではないでしょうか。

Node.jsを用意する

では、Node.jsをPCにインストールしましょう。Node.jsは、現在、以下のアドレスにて公開されています。

https://nodejs.org

▌図9-2：Node.jsのWebサイト。ここからソフトウェアをダウンロードできる。

ここには、「○○ LTS」と「○○ Current」という2つのボタンが表示されています（○○は任意のバージョン）。現在のバージョンは、「Current」ボタンをクリックするとダウンロードできます。Windowsの場合、専用のインストーラがダウンロードされます。

インストーラを起動する

Windows用にダウンロードされるのは、msiファイルです。これをダブルクリックして起動すると、インストーラが実行されます。

❶ Welcome to Node.js Setup Wizard

起動すると、インストーラのウインドウが現れ、いわゆる「Welcome画面」という表示が現れます。これは、そのまま「Next」ボタンで次に進みます。

図9-3：Welcome画面。そのまま次に進む。

❷ End-User License Agreement

ユーザーライセンス契約の画面になります。ここにある「I accept the terms in the License Agreement.」というチェックをONにし、次に進みます。

図9-4：「I accept ……」のチェックをONにする。

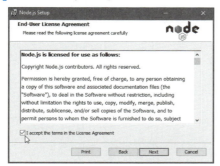

❸ Destination Folder

インストールする場所を指定します。デフォルトでは、「Program Files」フォルダが選択されています。特に問題なければそのまま次に進みます。

図9-5：インストール場所を指定する。

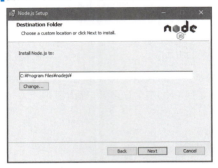

❹ Custom Setup

インストールするソフトェアの内容を設定します。デフォルトで必要なものはすべてインストールされるようになっていますので、そのまま次に進んで下さい。

図9-6：インストールする内容を設定する。

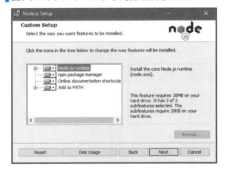

❺ Ready to install Node.js

これで準備が完了しました。「Install」ボタンをクリックすれば、インストールを開始します。

図9-7：「Install」ボタンを押せばインストールを開始する。

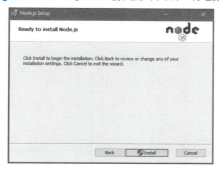

後は、インストールが完了するのを待つだけです。終わったら、「Finish」ボタンを押してインストーラを終了します。

npmを利用する

　Node.jsがインストールされると、npmも同時にインストールが完了します。npmは、コマンドプロンプトやターミナルから実行するコマンドプログラムです。利用は、これらのプログラムを起動して行います。
　コマンドプロントなどを起動した後、以下のように実行してみて下さい。

```
npm -v
```

図9-8：npm -vを実行すると、npmのバージョンが表示される。

　コマンドを入力してEnterまたはReturnキーを押すと、npmのバージョン番号が表示されます。これが正しく表示されれば、npmは動作しています。

npmのアップデート

　npmを利用する前に、npmや他のパッケージ類がアップデートしていないかチェックし、更新しておきましょう。これは、コマンドプロンプトから以下のように実行します。

```
npm update -g npm
```

Chapter 9　パッケージ管理ツール

これで、npmを最新の状態に更新します。また、インストールされているすべてのパッケージを最新の状態にしたい場合は、

```
npm update -g
```

このように実行して下さい。ただし、これはかなり時間がかかるので、ある程度時間に余裕があるときに行うようにしましょう。

npmによるインストール

npmでは、プログラムはすべてnpmのサーバーにアップロードされており、コマンドを使って必要なパッケージをローカル環境にダウンロードしてインストールします。これは、非常にシンプルなコマンドで行えます。

```
npm install パッケージ名
```

インストールするには、パッケージの正確な名前がわからないといけません。名前が少しでも違うとインストールできないので、注意しましょう。

グローバルとローカル

npmのインストールには、2種類あります。それは「グローバルインストールと「ローカルインストール」です。

▼ローカルインストール
```
npm install パッケージ名
```

npm installで普通にインストールをすると、ローカルインストールとして扱われます。これは、現在の場所にパッケージをインストールします。

npmは、Node.jsのパッケージ管理ツールですので、Node.jsのプロジェクトに必要なパッケージをインストールする働きをします。cdコマンドでNode.jsプロジェクトのフォルダに移動し、npm installを実行すると、そのプロジェクトにパッケージをインストールする、というわけです。

▼グローバルインストール
```
npm install -g パッケージ名
```

グローバルインストールは、利用しているプラットフォームで作成するすべてのNode.jsプロジェクトから参照可能にするインストールです。これは、その場にパッケージをダウンロードするのではなく、利用者のホームディレクトリ下に専用のフォルダを用意し、そこにソフトウェアをダウンロードします。そして各プロジェクトでは、そこにあるファイルを参照する形で動くようになります。

328

> **Column** グローバルインストールは何のため？
>
> 通常、Webアプリケーションの開発は、必要なファイルを作成し、それらをWebサーバーにアップロードします。ということは、フレームワークなどを利用する際には、それらのファイルもまとめてアップロードすることになるわけです。つまり、ローカルインストールして、保存されるすべてのファイルをアップロードすればよいのですね。
>
> グローバルインストールは、そのWebアプリケーション内ではなく、npmが管理するフォルダ内にインストールされ、それを参照する形で利用します。このやり方だと、Webアプリケーションをそのままサーバーにアップロードすると、フレームワークへの参照が切れて動かなくなってしまうでしょう。では、一体何のためにグローバルインストールはあるのでしょうか？
>
> それは、「サーバーサイドで利用するため」です。
> npmは、Node.jsのパッケージマネージャです。したがって、Node.jsを利用したサーバー側の開発のために利用されることも多いのです。Node.jsのサーバープログラムでは、npmでインストールされたプログラムをそのままサーバープログラム内から参照し、利用することができます。むしろ、Webアプリケーションとして外部からアクセス可能なフォルダ内にサーバー側で利用するスクリプトファイルなどを置いておくのはよくないでしょう。
> というわけで、グローバルインストールは、クライアント側ではなく、サーバー側で利用するプログラムなどで非常に役立つ機能なのです。

パッケージをインストールしてみる

では、実際に簡単なパッケージをインストールしてみましょう。例として、本書でも取り上げている「Angular」というフレームワークをインストールしてみます。

デスクトップに「myapp」というフォルダを作成して下さい。そしてコマンドプロンプトなどを起動し、

```
cd Desktop\myapp
```

このように実行して、カレントディレクトリをmyapp内に移動しましょう。そして、以下のようにnpmコマンドを実行します。

```
npm install angular
```

図9-9：npm install angularでAngularフレームワークをインストールする。

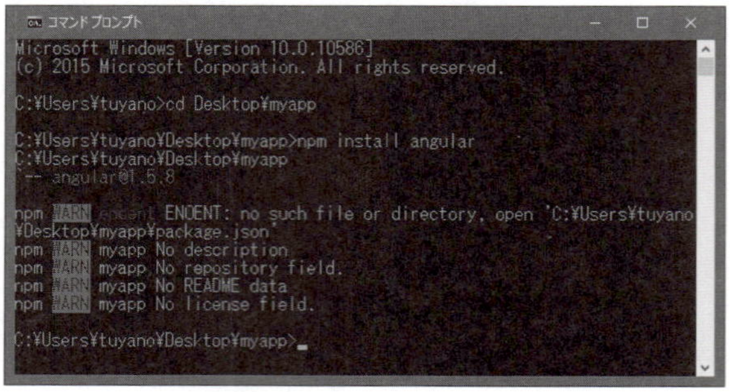

　これで、myapp内にAngularがインストールされます。インストールが完了したら、「myapp」フォルダを開いてみましょう。中に「node_modules」というフォルダが作成され、その中に「angular」フォルダが用意されています。この中に、Angularのファイルが保存されています。

> **Note**
>
> 　ここでサンプルとしてインストールしているのは、本書で取り上げるAngular 2の前のバージョンになります。

インストールされたフレームワークの利用

　インストールされるのはJavaScriptのパッケージですから、基本的にはスクリプトファイルになっています（それ以外のファイルが多数インストールされることもあります）。インストールしたフレームワークを利用するには、「node_modules」内に保存されるパッケージの中から、利用するスクリプトファイルを探し、<script>タグでそれを読み込めばいいのです。

　たとえば、今のAngularを利用するなら、「myapp」フォルダ内にHTMLファイルを用意し、そこに以下のようにタグを記述すればいいでしょう。

```
<script src="node_modules/ パッケージ名 / スクリプトファイル名 "></script>
```

　これで、指定のスクリプトを読み込むことができます。パッケージによっては、フォルダ内で更に細かくフォルダ分けされている場合もありますので、正確にスクリプトの位置を記述するようにして下さい。

package.jsonについて

　利用するパッケージを個別にnpmコマンドで用意するのは、このように非常に簡単です。が、ある程度の規模のプロジェクトになると、あらかじめどのようなフレームワークが使われるのかをきちんと定義し、それらを最初から準備する形でプロジェクトを作

9-1 Node.js と npm

成していくことになるでしょう。また場合によっては、開発中にパッケージがアップデートしていたりすることもあります。その場その場でnpm installを実行するのでなく、プロジェクトで使われるパッケージを正しく管理できないといけません。

npmには、プロジェクトで必要なパッケージに関する情報を記すための専用ファイルが用意されています。これは、「package.json」というものです。拡張子からわかるように、JSON型式で必要情報を記述します。このpackage.jsonというファイルをプロジェクトに用意することで、必要なパッケージの最新バージョンを一括してインストールことができます。

package.json の基本形

では、このpackage.jsonはどのような形で作成すればいいのでしょうか。その基本的な項目をまとめると以下のようになります。

リスト9-1

```
{
  "name": "アプリ名",
  "version": "バージョン",
  "description": "説明文",
  "main": "メインファイル",
  "scripts": {
    ……スクリプト情報……
  },
  "dependencies": {
    ……必要なパッケージの指定……
  },
  "keywords": [ キーワード ],
  "author": "作者",
  "license": "ライセンス型式"
}
```

このほかにも用意される項目は多数ありますが、最低限これだけのものを用意すれば、npmで必要なパッケージを用意できるようになります。本書では、それぞれのフレームワークの解説のところで、package.jsonのサンプルを掲載していますので、それを参考にして下さい。

npmの初期化

このpackage.jsonは、テキストエディタで一から書いていくこともできますが、npmの初期化機能を使えばもっと簡単に作成できます。

コマンドプロンプトなどを起動し、Webアプリケーションのフォルダにcdコマンドで移動して下さい。そして、以下のコマンドを実行しましょう。

331

```
npm init --yes
```

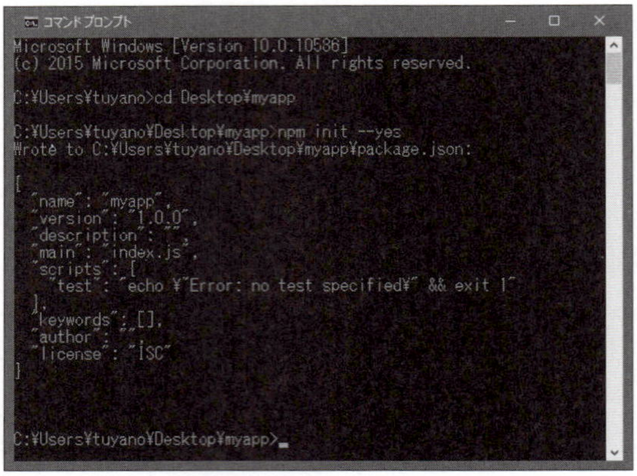

図9-10：npm init --yesで初期化できる。

　これで、フォルダ内にpackage.jsonファイルが作成されます。この中に、上記の基本コードが記述済みになっているので、これをベースに必要な情報を記述していけばいいでしょう。

パッケージを追加する

　package.jsonに、Webアプリケーションで使うパッケージの情報を記述する場合、ソフトウェアのバージョンなども理解しておかなければいけません。手作業で記述してもいいのですが、それよりも、実際に使うパッケージをインストールしながらpackage.jsonの内容を更新していくほうが簡単です。

　npmで必要なパッケージを追加する場合、npm installを使いますが、このとき「--save」というオプションを付けることで、インストールするパッケージの情報をpackage.jsonに追記することができます。

　コマンドプロンプトなどで、先ほどnpm initでpackage.jsonを作成した場所に移動し、ここで使うパッケージをインストールしてみましょう。たとえば、Angularなら、

```
npm install angular --save
```

このように実行します。

図9-11：npm installでAngularをインストールする。--saveでpackage.jsonを更新する。

　これでAngularがインストールされます。操作が終わったら、package.jsonを開いてみましょう。

リスト9-2

```
"dependencies": {
    "angular": "^1.5.8"
}
```

　このようにdependenciesの項目が変更されているはずです。インストールしたパッケージの情報がpackage.jsonに追加されていることがわかります。
　Webアプリケーションで使うパッケージを、--saveを付けながらnpmでインストールしていけば、package.jsonは自動的に更新されていきます。このようにして必要なパッケージをすべてインストールすれば、フォルダ内にパッケージが用意され、同時にそれらをインストールするためのpackage.jsonも完成する、というわけです。

9-2 Bowerの利用

Bowerとは？

　npmは、Node.jsのパッケージを管理するツールとして広く利用されています。JavaScriptのプログラムを管理するものとしては、もっとも一般的なものといえるでしょう。
　ただし、どのような場合にもnpmが向いているわけではありません。Node.jsは、サーバーサイドJavaScriptの開発に用いられているため、npmの場合もサーバー側まで含めたパッケージの管理を考えています。が、JavaScriptの利用というのは、多くの場合、クライアントサイドだけでしょう。であるならば、クライアントサイド向けのパッケージ管理ツールがあってもいいのではないでしょうか。

　こうした観点から作られたのが「Bower」というパッケージマネージャです。これは、

あのTwitterによって開発されたWebのクライアントサイド開発のためのパッケージ管理ツールです。npmと同様にコマンドラインで動くプログラムとして作成されています。

Bowerは、以下のアドレスで公開されています。ここからドキュメントなど必要な情報を得ることができます。

https://bower.io/

図9-12：Bowerのサイト。

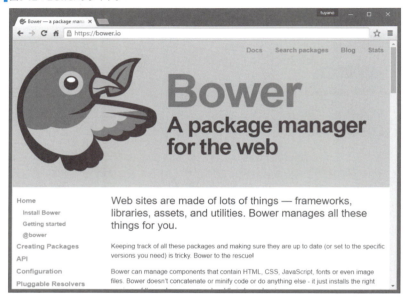

Bowerをインストールする

Bowerは、npmのパッケージとして提供されています。ですからインストールはnpmを利用します。

コマンドプロンプトあるいはターミナルを起動し、以下のように実行して下さい。

```
npm install -g bower
```

図9-13：npmでBowerをインストールする。

これで、Bowerがグローバルインストールされます。以後は、Bowerコマンドを直接実行して利用できます。

Bowerでインストールする

Bowerも、基本的な使い方はnpmとほとんど同じです。Bowerも、ソフトウェアを「パッケージ」として管理します。必要なパッケージは、Bowerに登録されているサーバーにアップロードされており、ここから必要なものをダウンロードしてインストールします。

Bowerのパッケージインストールは、以下のように実行します。

```
bower install パッケージ名
```

npmとほとんど同じですね。ただし、Bowerでは、グローバルインストールはありません。基本的にローカルインストールのみです。これは、Bowerがクライアントサイドのパッケージ管理を考えているためでしょう。

パッケージをインストールしてみる

では、これも実際にインストールをしてみましょう。npmでinstallしたときと同じく、Angularをインストールしてみます。

デスクトップに、「myapp2」という名前でフォルダを作成しましょう。そして、コマンドプロンプトなどを起動し、

```
cd Desktop\myapp2
```

と実行して、カレントディレクトリをmyapp2に移動します。そして、以下のようにBowerを実行して下さい。これで、Angularがフォルダ内にインストールされます。

```
bower install angular
```

図9-14：bower installでAngularをインストールする。

Chapter 9　パッケージ管理ツール

■ bower_components について

「myapp2」フォルダを開くと、その中に「bower_components」というフォルダが作成されていることがわかります。これが、Bowerのパッケージが保存されているフォルダです。パッケージは、このフォルダの中にフォルダ分けされて保存されます。

先ほどのmyapp2内に作成されているbower_componentsの中身がどうなっているか確認してみましょう。「angular」というフォルダが1つ作成されているはずです。このフォルダ内に、Angularのパッケージがフォルダ分けしてまとめられています。先ほどインストールしたAngularは、「angular」というフォルダとして保存されていることがわかるでしょう。

bower.jsonについて

そのプロジェクトで必要となるパッケージ等の情報をまとめて記述するのが「bower.json」というファイルです。これは、npmのpakage.jsonと同じ役割を果たすものです。使用するパッケージ等の情報をここに記述しておけば、それらを一括してインストールやアップデートできます。ただし、そのためにはbower.jsonファイルを用意しておく必要があります。

これは、テキストエディタ等を利用して作成できますが、npmと同様にファイルを自動生成させることもできます。コマンドプロンプトなどから、cdコマンドを使ってWebアプリケーションのフォルダ内に移動し、

```
bower init
```

このように実行して下さい。画面で、bower.jsonを作成するために必要となる情報を尋ねてきます。これらに順に回答をして下さい。

▼name（名前）
最初に「name:」という表示が現れます。これは、このプロジェクトの名前を指定するものです。ここでは、デフォルトでフォルダの名前が設定されているはずです。それで問題なければ、そのままEnterします。変更したければ、新たな名前を入力してEnterします。

▼description
説明文の入力です。これは、不要ならそのままEnterしてもかまいません。

▼main file
自身のパッケージでエントリーポイントとなるファイル（最初にアクセスされるファイル）を指定します。これは、パッケージとして公開されるプロジェクトなどで必要となります。

▼keywords
検索などで利用されるキーワードをまとめておくところです。これもパッケージとし

て公開する場合に必要となります。

▼**authors**
開発者名です。これは開発者本人の名前とメールアドレス等を記述するものです。

▼**license**
ライセンスの形態を指定します。デフォルトでは「MIT」が指定されているでしょう。これは特に必要がなければそのままでOKです。

▼**Homepage**
プログラムのサイトのアドレスです。用意されているなら記入しておきます。

▼**set currently installed components as dependencies?**
パッケージの指定をするdependenciesを設定しておくか、という質問です。「y」ならばbower.json内にdependenciesを用意します。

▼**add commonly ignored files to ignore list?**
無視するファイルなどの設定項目を用意しておくか、という質問です。「y」ならば、bower.jsonの中にignoreという項目が追加されます。

▼**would you like to mark this package as private which prevents it from being accidentally published to the registry?**
誤ってパッケージが公開されないようにプライベートに設定しておくか、という質問です。「y」ならばプライベートに設定します。

図9-15：bower initでは、パッケージに関する質問に回答していく。

これですべての質問は終わりです。最後の質問に回答を入力すると、生成されるbower.jsonの内容が表示され、「Looks good?」と尋ねてきます。これでよければ、「y」を入力すると、フォルダ内にbower.jsonファイルを生成します。

図9-16：bower.jsonの内容が表示される。これでOKならyを入力する。

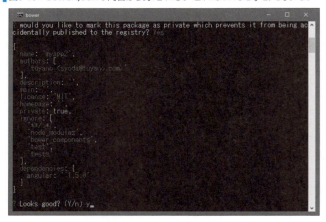

bower.jsonの基本形

作成されるbower.jsonの内容を見てみましょう。入力した状態にもよりますが、だいたい以下のようなソースコードが記述されているはずです。

リスト9-3

```
{
  "name": " アプリ名 ",
  "authors": [
    " 作者名 "
  ],
  "description": "",
  "main": "",
  "license": "MIT",
  "homepage": "",
  "private": true,
  "ignore": [
    "**/.*",
    "node_modules",
    "bower_components",
    "test",
    "tests"
  ],
  "dependencies": {
    ……既にパッケージがある場合はここに記述される……
  }
}
```

いくつか見慣れないものもありますが、基本的にはnpmのpackage.jsonにあったのと同じような項目が並んでいることがわかります。Bowerとnpmは、このようにあらゆる点で非常に似ているのです。

項目の中で一つだけ説明が必要なのは「ignore」でしょう。これは、パッケージのチェックをする際に無視する項目を指定するものです。このプロジェクトがパッケージとして公開される場合、この中にさらに別のパッケージが組み込まれていたりすることもあるため、どこをチェックするか、どこはチェックしなくていいか、を指定しておけるようになっているのです。

これらの多くは、パッケージとして公開する場合は非常に重要ですが、単にアプリケーションで使うパッケージを管理するのにbower.jsonを用意しておく、ということならば、それぞれの項目の働きまで詳しく理解する必要はありません。

パッケージをbower.jsonに追加する

Webアプリケーションでパッケージを利用している場合は、そのパッケージのインストール時にbower.jsonの内容を自動更新することもできます。たとえば、先ほどbower initでbower.jsonを作成した場所に、jQueryをインストールしようと思ったとしましょう。

コマンドプロンプトなどでcdコマンドを使い、カレントディレクトリをbower.jsonのある場所に移動します。そして、

```
bower install jquery --save
```

このように実行して下さい。「--save」というオプションを付けることで、bower.jsonの内容を更新できます。

図9-17：bower installでjQueryをインストールする。

このように実行すると、bower.json内に以下のような項目が追加されます。

リスト9-4

```
"dependencies": {
    "jquery": "^3.1.0"
}
```

dependenciesが、参照するパッケージを管理する項目です。これで、jQuery 3.1.0が

インストールされるようになります。

このように、bower install時に--saveを付けて、必要なパッケージ類をインストールしていけば、bower.jsonも更新され、必要なパッケージ情報がすべて記述されたものが作成できます。

9-3 webpack

webpackとモジュールバンドラー

フレームワークなどを使い、多数のファイルからなるWebアプリケーションを作成するようになると、新たな問題が発生してきます。それは、「ファイルの読み込み増加によるパフォーマンスの低下」です。

Webアプリケーションでは、1つ1つのファイルを読み込むたびにサーバーにアクセスをしてファイルをダウンロードします。それにかかる時間はバカにできません。多数のファイルを利用するようになると、それらすべてを読み込むまでに長い時間がかかるようになってしまいます。

問題は、「多数のファイルを読み込まないといけない」ということ。ならば、こまごまとしたファイルを1つのファイルにまとめてしまうことができたら、アクセスにかかる時間も節約できるんじゃないでしょうか。またファイルの管理もずいぶんとシンプルにすっきりとしたものになりますね。

こうして誕生したのが、JavaScriptの「モジュールバンドラー」と呼ばれるプログラム、「webpack」です。

▌webpack について

webpackは、モジュールと呼ばれる多数のファイルを1つのファイルにまとめてアクセスできるようにするツールです。これはスクリプトだけでなく、スタイルシートやイメージファイルなどもすべて一括して1つのファイルにまとめてしまうことができるという強力なツールなのです。

webpackは、以下のアドレスにて公開されています。ここで各種ドキュメントなどを見ることができます。

http://webpack.github.io/

図9-18：webpackのサイト。ここでドキュメントなどが得られる。

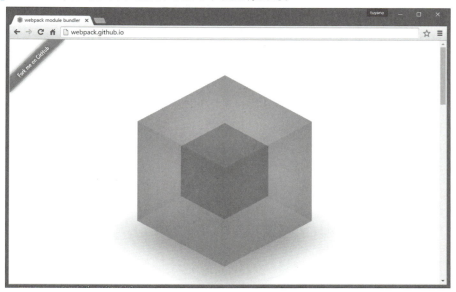

webpack をインストールする

では、webpackをインストールしましょう。これは、npmのパッケージとして用意されています。コマンドプロンプトまたはターミナルを起動し、以下のように実行して下さい。

```
npm install -g webpack
```

図9-19：npmを使ってwebpackをグローバルインストールする。

Chapter 9 パッケージ管理ツール

これでwebpackが利用可能な状態になりました。npmのモジュールですから、webpackは、コマンドとして実行して使います。

Webページを用意する

では、実際にwebpackを使ってみることにしましょう。それには、複数のファイルからなる簡単なWebページを作成しておく必要があります。

適当な場所にフォルダを用意し、その中にWebページ関連のファイルを用意していくことにしましょう。ここではデスクトップに「myapp」というフォルダを作って、そこにファイルを配置することにします。

作成するファイルは、以下のようなものにします。

```
index.html
style.css
main.js
other.js
```

この4つのファイルを組み合わせてWebページを作成するわけですね。では、それぞれのファイルを作成しましょう。

リスト9-5——index.html

```html
<!DOCTYPE html>
<html>
<head>
  <meta charset="UTF-8">
  <title>Webpack</title>
  <script src="./main.js"></script>
  <link rel="stylesheet" href="./style.css" />
</head>

<body>
  <h1>Sample Page</h1>
  <p id="msg">this is sample content.</p>
</body>
</html>
```

リスト9-6——style.css

```css
body {
  color:#aaa;
  padding:5px 20px;
  line-height: 150%;
}
```

342

```
h1 {
  font-size:24pt;
  color:red;
}
p {
  font-size:18pt;
}
```

リスト9-7——main.js

```
var obj = require("./other.js");

console.log('main.js loaded...');
obj.otherFunc();
```

リスト9-8——other.js

```
module.exports.otherFunc = function() {
  console.log("other.js loaded...");
  window.onload = function(){
    document.querySelector('#msg').textContent
      = 'これはOther.jsで更新した表示です。';
  }
}
```

require について

　ごく初歩的なものですから特に難しい箇所はないはずですが、いくつか補足しておく
必要があるでしょう。1つは、main.jsで使われている「require」についてです。

　これは、外部ファイルをロードするためのものです。JavaScript標準のものではあり
ません。webpackでスクリプトをロードする際に使う書き方です。require(ファイル名)
とすることで、指定のファイルをロードし、読み込んだものをオブジェクトとして返し
ます。ここでは、other.js側にotherFuncという関数が用意されており、これを読み込ん
でいます。

module.exports について

　other.js側では、関数を定義していますが、その関数がちょっと変わった形をしていま
す。このような形です。

```
module.exports. プロパティ = function(){……}
```

　これは、関数をモジュールとして作成するための書き方です。これもwebpackでスク
リプトを読み込むのに使われる書き方です。**module.exports**というところに関数やオブ
ジェクトなどをまとめておくと、それらを他のスクリプトからrequireでロードできるよ
うになるのです。

Chapter **9** パッケージ管理ツール

> **Column** モジュールはNode.jsの機能？
>
> webpackでは、module.exportsとrequireを使ってモジュール化されたスクリプトを読み込めるようにしています。これは、実はwebpack独自の機能というわけではありません。Node.jsで用いられているモジュールロードの仕組みなのです。npmでインストールされるプログラム類は、Node.js関係の機能を利用できるため、こうした作りになっていることが多いのですね。

webpack.config.jsの作成

　必要なファイル類が一通り用意できたら、webpackを利用するために必要となる設定ファイルを作成します。これは、「webpack.config.js」という名前で、同じフォルダ内に作成します。ファイルの内容は以下のようになります。

リスト9-9

```javascript
module.exports = {
  entry: "./main.js",
  output: {
    path: "./",
    filename: "bundle.js"
  }
};
```

　module.exportsは、モジュールをエクスポートするのに用いるものでした。ここに、webpackで必要となる設定情報をまとめたオブジェクトを用意しておきます。このオブジェクトに用意してあるのは以下のような項目です。

entry	エントリーポイント（最初に読み込まれるスクリプト）となるファイルの指定です。ここでは、main.jsを指定してあります。このentryに指定してあるファイルの中で、必要なファイル類をrequireでロードするようにしておきます。
output	1つにまとめたリソースの出力先を指定します。pathで保存場所、filenameでファイル名を指定します。

　ここでは、main.jsをエントリーポイントとして、そこからrequireで読み込まれるファイル類をすべてbundle.jsという名前のファイルにまとめて出力するように指定してあります。

webpackでビルドする

　では、webpackを使って、スクリプトファイルを1つにまとめましょう。コマンドプロンプトなどを起動し、設定ファイルのある場所にcdで移動します（ここでは、「cd Desktop\myapp」で移動）。そして、

> webpack

このように実行して下さい。webpack.config.jsに記述した設定情報を元にリソースを読み込み、bundle.jsというファイルにまとめて書き出します。

▍図9-20：webpackでbundle.jsを書き出す。

<script> タグを書き換える

ファイルの生成が確認できたら、index.htmlの<script>タグを書き換えましょう。**src="./bundle.js"** と読み込むファイルを変更して下さい。

修正したら、index.htmlをWebブラウザで開いてみましょう。スクリプトが問題なく実行されていれば、表示されるメッセージが変わるはずです。

▍図9-21：other.jsが読み込まれ実行されていれば、「これはOther.jsで更新した表示です。」とメッセージが変わる。

style-loader/css-loaderをインストールする

これでスクリプトファイルは1つにまとめられました。後は、スタイルシートのファイルです。これは、webpackのプラグインを追加すると1つにまとめられるようになります。

コマンドプロンプトなどから、以下の文を実行して下さい。

```
npm install style-loader
npm install css-loader
```

このstyle-loaderとcss-loaderは、スタイルシートをロードし、スクリプトファイルに組み込めるようにするためのプラグインです。これらをインストールしたら、webapp.config.jsの内容を以下のように書き換えます。

リスト9-10
```
module.exports = {
  entry: "./main.js",
  output: {
    path: "./",
    filename: "bundle.js"
  },
  module: {
    loaders: [
      {
        test: /\.css/,
        loaders: ["style-loader", "css-loader"]
      }
    ]
  }
};
```

これを元に、もう一度コマンドプロンプトからwebpackを実行しましょう。再ビルドされ、style.cssまでbundle.jsの中に組み込まれます。

図9-22：wabpackを実行し、スタイルシートまで組み込む。

ビルドが完了したら、index.htmlに記述してある<link>タグを削除し、style.cssを読み込まないようにして下さい。そしてWebブラウザをリロードし、表示を確かめましょう。style.cssをロードしていないのに、ちゃんとスタイルが適用されます。bundle.jsに組み込まれたstyle.cssの内容が適用されるためです。

――ここではスクリプトとスタイルシートを1つにまとめる基本について説明をしました。webpackでは、この他にもプラグインを追加することで各種ファイルを1つにまとめることができるようになります。

この先の学習

　パッケージマネージャは、npmやBowerだけでなく、他にもいろいろとあります。が、JavaScriptのフレームワーク関係については、この2つさえあればほとんど網羅できるでしょう。まずはこの2つのコマンド操作に慣れておくことです。

　また、これらのパッケージマネージャを使う場合、インストールされたモジュール内からスクリプトをロードするなどして利用しなければいけません。インストールそのものより、インストールしたものをどう利用するか、が重要です。これは、フレームワークによって扱いが異なる部分もありますから、さまざまなフレームワークを試してそれぞれの利用法を覚えていくしかないでしょう。

　webpackは、この先、広く使われるようになっていく可能性の高いツールです。これにより、複雑化したファイル類をすっきりとまとめ、すべてに共通のやり方でアクセスできるようになります。webpackは、さまざまなプラグインが作成されていますので、それらを使ってより多くの種類のファイルをまとめられるようにしていきましょう。とりあえず、スクリプト、スタイルシート、イメージファイルの3つがまとめられるようになれば、ファイルのロードは劇的に簡略化されるはずです。

Chapter 9 パッケージ管理ツール

Column まだまだあるJavaScriptフレームワーク④　Redux

　React.jsは、非常に面白いアプローチをとっているフレームワークです。これ自体は非常にシンプルで、ビューに特化した単純なソフトウェアのように見えます。が、さまざまなプラグインがリリースされており、これをベースに更に強化していくことが可能です。また、ビューに特化しているため、その他のフレームワークと連携してアプリケーション開発を行うのにも適しています。

　中でも最近、注目されているのが、「Redux」というフレームワークでしょう。これは、「Flux」というアーキテクチャーに基づいて設計されたソフトウェアです。

　Fluxは、アプリケーションの機能を「アクション」→「ディスパッチャー」→「ストア」→「ビュー」という組み合わせで設計します。この「ビュー」の部分を担当するのが、React.jsです。そして、それ以外の部分を実装するフレームワークとして設計されたのが「Redux」です。

　Reduxは、React.jsの一部ではなく、独立したフレームワークですが、ビューにReact.jsを利用することを考えて設計されています。

　Reduxは、ストアを作成し、そこにさまざまな情報を保管します。そしてそれを元に画面表示が生成されます。たとえば、

```
<p id="value"></p>
```

ビューにこのようなタグがあったとして、そこにRedux側から値を設定し表示するとしましょう。すると、たとえばこんな処理を用意することになります。

```
function sayHelo(state, action) {
  if (typeof state === 'undefined') {
    return 'Hello, Redux!';
  }
}
var store = Redux.createStore(sayHelo)
var el = document.getElementById('value')

function render() {
  el.innerHTML = store.getState().toString()
};
render();
store.subscribe(render);
```

　これで、<p>タグに「this is sample page!」と表示されるようになります。これだけではよくわからないでしょうが、ストアを作成してそこを経由してあらゆる情報を管理するやり方は、慣れれば非常にわかりやすく、全体の情報を管理できることに気づくでしょう。

▼Redux
　http://redux.js.org/

348

Chapter 10
JavaScript フレームワークの今後

JavaScriptのフレームワークは非常に短いスパンで登場し、入れ替わっていきます。今後も重要となるものは何か、またJavaScriptの世界は今後どう変化するのか、考えてみましょう。

JavaScript フレームワーク入門

Chapter 10　JavaScript フレームワークの今後

10-1 フレームワークの未来

JavaScriptフレームワークはまだ「若い」

　本書では多くのフレームワークを取り上げましたが、それらは「これだけ覚えておけばJavaScriptの開発はずっと安泰」というものではありません。フレームワークの世界も栄枯盛衰。今、隆盛を誇っていても、すぐに使われなくなってしまうものもあるでしょうし、まったく予想もしていなかったところから新たなソフトウェアが登場し、瞬く間に普及することもあるはずです。

　殊に、JavaScriptという言語の世界では、他の言語に比べてこうした移り変わりが激しいように思えます。その理由は、「JavaScriptのフレームワークが未だ黎明期である」からでしょう。

まだ10年

　多くのサーバーサイド開発の言語では、かなり早い段階から本格的なフレームワークが登場していました。サーバー側の開発では、当初からクライアントサイド（Webブラウザに表示される部分）とのやりとりやデータベースアクセスなど複雑な処理を行う必要がありました。このため、複雑なプログラムを整理し、開発もメンテナンスもしやすくしよう、という開発者の欲求は早くから強くあったといえます。このため、サーバーサイド開発の普及とほとんど同じ頃から、ライブラリやフレームワークなどが開発されていました。

　が、JavaScriptが本格的に用いられるようになったのは、意外と最近です。それまでは、JavaScriptは「Webにちょっとした仕掛けをする簡易言語」的に見られていました。JavaScriptを駆使し、本格的なWebアプリケーション開発を行うようになったのは、ここ数年のことでしょう。たとえば、本格的なWebアプリケーションとしてはもっとも古くから稼働しており、多くの人が利用しているものの一つである「Googleマップ」でさえ、まだ登場して11年しかたっていません。その他の多くのWebアプリケーションは、できて10年以内なのです。

　こうした本格的なWebアプリケーションが登場するようになって初めて、JavaScriptのフレームワークも開発されるようになってきました。ということは、今、世界で流通しているほぼすべてのJavaScriptフレームワークは、できて10年以内なのです。おそらくもっとも著名でもっとも広く使われている、ほぼJavaScriptの標準機能に近い存在であるjQueryでさえ、世に出たのは2006年。今年でようやく10年なのです。

　多くのフレームワークが淘汰され、ほぼメジャーなフレームワークが確立されてきている他言語に比べると、JavaScriptはまだまだ発展の途上にあるといっていいでしょう。ですから、本書で取り上げたものも、すべては「現時点での有力なソフトウェアたち」であり、今後も安定して使い続けられるという保証はないのです。

　では、これらのものはこの先、すぐに消えてしまうのでしょうか。どの程度、信頼し

て任せていけるものなのでしょうか。それぞれのフレームワークの将来性について、検討してみましょう。

jQueryは盤石？

数多あるJavaScriptフレームワークの中で、もっとも安心して使い続けられるものといえば、「jQuery」でしょう。この移り変わりの激しい世界において、10年間、利用者数のほぼトップを維持し続けてきている実力は伊達ではありません。

jQueryは、既に開発運営の基盤がしっかりとできており、簡単に消えてなくなるような組織ではなくなっています。また、既にjQuery自身が、多くのWebアプリケーションで使われており、これがなくなってしまうと世界中のWebに大きな影響を与えてしまいます。したがって、もし万が一、jQueryの運営に何らかの問題が起こって開発の継続が難しくなったとしても、どこかの大手ベンダーが支援に名乗り出て継続されていくことでしょう。

では、jQueryは盤石なのか？ 実は、そうともいえません。意外に思われるかもしれませんが、「jQueryはいらない」と考える開発者が最近になって増えてきているのです。

仮想DOMという新たな世界

jQueryのもっとも重要な部分は、「DOMの扱い」にあります。いかに簡潔にDOM操作を行うか、そのことを第一に考えて作られている、といってよいでしょう。また、Ajaxのように面倒なソースコードを記述しなければならない部分を簡単に実装できるのも、魅力でした。

が、この肝心の「DOM操作」が、この先、あまり重視されなくなるかもしれません。本書で取り上げたAngularやReactといったフレームワークでは、「仮想DOM」という概念が用いられていました。DOMを直接操作するのではなく、仮想DOMを操作することで、DOMに反映させるという手法です。

仮想DOMの操作は、それぞれのフレームワークによって実装されているものですから、DOM操作のjQueryを必要としません。そもそも仮想DOMはJavaScriptのオブジェクトとして扱えるので、扱いそのものが非常にシンプルでわかりやすいのです。「面倒くさいからjQueryが必須」ということがありません。

こうした「DOMを直接扱わない」というフレームワークが浸透していくと、jQueryの必要性は次第に低下してくることでしょう。もちろん、jQueryもそれに合わせて機能強化してくるでしょうし、JavaScriptの開発においてまったくDOMを触らないことはあり得ないでしょうから、必要性がなくなることはまず考えられません。

しばらくの間、jQueryの圧倒的な優位性はほとんど変わらずに維持されるでしょう。ですから、「今、jQueryを勉強しても無駄になる」といった心配はまったくありません。ただ、更に先のことを考えると、jQueryの地位は少しずつ低下してくるかもしれません。

Vue.jsとBackbone.jsの今後は？

Vue.jsとBackbone.jsは、MVCやMVVMといったアーキテクチャーに基づいたフレームワークです。これらは、他の言語で一般的なアーキテクチャーをJavaScriptの世界に持ち込んだものといっていいでしょう。

ただし、サーバーサイド言語のMVCフレームワークと異なり、Vue.jsやBackbone.jsは、基本的に「ビュー（View）」に特化して作られているといってもよいでしょう。つまり、画面表示を中心にプログラムを構築しているわけです。これは、クライアントサイドの開発の多くが画面表示のためのものであるためでしょう。

両者は同系統のフレームワークといえますが、アプローチには違いがあります。Backbone.jsは、1つ1つの表示との関連付けをプログラマが明示的に行っていきます。また、RESTを利用し、サーバー側のデータベースにアクセスするモデルを提供してくれる点に大きな特徴があります。ビュー側の代わりとなるフレームワークはいろいろありますが、モデルを使ってデータベースアクセスを簡略化するものはBackbone.jsの他にはそれほど見られません。この点において、Backbone.jsの優位性はこれからも維持されるでしょう。

Vue.jsはモデルのようなものは持っていませんが、こちらは「可能なかぎり簡略化された双方向バインディング」という大きな武器を持っています。ユーザーとのやり取りを行うWebページで、リアルタイムに入出力を制御し、更新しなければならないような場合、Vue.jsを利用すれば圧倒的に処理を簡略化できます。

こうした、はっきりとした特徴をもったフレームワークは、jQueryのように広く浸透していくことはないにしても、特定の用途で長く存続することが期待できます。ただ、この種のフレームワークは他にも非常に多くのものがあり、今後も新たなものが次々と登場してくることでしょう。そうしたことを考えると、2つとも「今後も安泰」とまではいえません。本書で取り上げたものの中で、もっとも先行きが不透明なものかもしれません。

Angularはデファクトスタンダードとなるか？

昨今登場したフレームワークの中で、もっとも大きな期待を担っているのがAngularでしょう。

Angularは、バージョン1.0から内容を刷新し、全く新しいフレームワークとして再登場しました。開発の中心となっているのが、JavaScriptの世界をこれまで牽引してきているGoogleであること、仮想DOMなど新たなJavaScriptフレームワークの重要な技術が盛り込まれていることなどから、まだ2.0の正式版が登場する前だというのに、注目を集めています。

なにより、Angularが注目されているのは、それ以前の設計を捨て、大きく「コンポーネント指向」へと舵を切った、ということでしょう。すなわち、GoogleやAngularチームは、これからのJavaScriptのトレンドは「コンポーネント」にある、と喝破したのです。

その先見性などを考えても、Angularが今後も当分の間、もっとも重要なJavaScriptフレームワークの一つで在り続けることは確かでしょう。が、「だから安泰」とはいかないのは、どのフレームワークも同じです。

Angularは、とにかく「凄まじいスピードで進化し続ける」フレームワークです。1.0から2.0への変化を見ても、必要とあらば自身の重要な機能を捨て去ることも辞さないのです。ですから、Angularを開発に選択するということは、Angular開発チームのスピードに負けない速さで学び続けなければいけない、ということでもあります。絶えず変化し続けるフレームワークを選択したからには、絶えず学んでいかなければいけないのです。

その覚悟さえあれば、AngularはJavaScriptフレームワークの中で、もっとも将来性のある一本と考えてよいでしょう。

ReactはNo.1決定？

Reactは、Facebookが中心となって開発されました。そのためか、Google中心のAngularとライバルのような関係で見られることが多いものです。が、両者はかなり違ったものです。

Reactは、Angularと同じくコンポーネント指向のフレームワークですが、画面表示に特化しています。そして、多くのフレームワークで重要視されている双方向バインディングではなく、一方向のバインディングを基本としています。

これらはすべて、Reactが「いかに簡単に使えるか」を第一に考えて作られたことを物語っています。JavaScriptの開発は、今後、Webの進化とともにますます複雑化していくことが予想されます。そんな中、フレームワークが何より重視すべきは「シンプルな使い勝手」でしょう。高機能であることより、特定用途に特化し、ひたすら簡単に使えることを再優先したReactは、もっとも「手にとって利用しやすいフレームワーク」といえます。

また、ビューに特化していることから、Reactは他のフレームワークとの親和性も高い点を見逃してはいけません。たとえば、モデル部分をBackbone.jsにまかせ、画面周りだけReactで作る、といったことも可能です。

こうした点から、ReactはAngularと並んで「もっとも将来性の高いフレームワーク」と考えていいのではないでしょうか。何より、Reactを一通りマスターすれば、当分はそれで済む、という安心感があります。Angularのようにあっという間に内容が変わってしまうような不安はReactにはありません。またFacebookやInstagramが採用しているため、そう簡単になくなる心配もないでしょう。誰もが安心して使えるという点では、Reactはピカイチなのです。

実際問題としてJavaScript技術者の間では、Reactの人気がAngularを上回っている、とのレポートも出てきています。少なくともこの先数年ぐらいの短いスパンで考えれば、Reactは「習得すべきフレームワーク・ナンバー 1」といっていいでしょう。

Chapter **10** JavaScript フレームワークの今後

Aureliaの実力は未知数？

　Aureliaは、本書で取り上げたフレームワークの中でもっとも若いソフトウェアでしょう。Angularの開発者が新たに作っただけあって、JavaScriptのトレンドを先取りした感のあるフレームワークになっています。そうした点では、「未来志向フレームワーク」というのは確かにその通りでしょう。

　ただ、Aureliaにも欠点はあります。それは、「知名度が低い」という点です。AngularやReactなどのように、GoogleやFacebookといったIT界の巨人が開発に関わっているものは、常に注目を集めますが、Aureliaのようなものはどうしてもそこまで注目されません。常にアンテナを張り巡らせている一部の開発者には既に知られた存在ですが、一般のJavaScript開発者にとっては、「数多ある、よくわからないフレームワークの一つ」でしかないかもしれません。

　また、Aureliaは、ECMAScript 6の機能を先取りしていますが、これは「ECMAScript 6が広く普及すれば必要ないもの」でもあります。また全体に荒削りというか、若いために練り込まれていない感もあるように思えます。

　「実力はあるが、活躍できるかどうかは未知数」というのが、現時点でのAureliaの評価かもしれません。個人的にはとても好きなフレームワークなのですが、今後、メジャーになっていくかどうかは、もう少し注視していく必要があるでしょう。

TypeScriptとAltJSの未来

　一般のフレームワークとはやや異なりますが、本書ではAltJSである「TypeScript」も取り上げました。JavaScriptの機能を強化するAltJSの言語は他にいくつも登場しましたが、ほぼTypeScriptが標準となりつつあるようです。CoffeeScript、DartといったAltJS言語は、もちろん今後も使い続けられるでしょうが、TypeScriptほどメジャーな存在ではなくなっていくかもしれません。

　ただ、TypeScriptの多くの機能は、ECMAScript 6で標準化されるものですので、ECMAScript 6が広く普及するようになっていくに連れ、TypeScript（に限らず、AltJS全般）は、単なる機能強化以上のものを求められるようになっていくでしょう。
　こう書くと、先行きに不安を感じる人もいるかもしれませんが、TypeScriptの知識は、将来的にECMAScript 6に受け継がれ、役に立つものです。ですから、「今すぐ勉強し始めて損になる」ということはまったくありません。むしろ、「将来のJavaScriptを部分的に先取りして体験できる言語」と考え、今からTypeScriptにしっかりと取り組む意義は大いにある、といえるでしょう。

354

10-2 JavaScriptの未来

もっとも注目すべきはECMAScript 6

では、個々のフレームワークの話はこの辺にして、JavaScript全体の今後について少し考えてみましょう。

JavaScriptの今後を考えるとき、なによりもまず考えておきたいのは、フレームワークではなく、「ECMAScript 6」でしょう。

ECMAScript 6では、JavaScriptに大幅な強化が図られています。TypeScriptなどのAltJSは、ECMAScript 6の機能を先取りする形で開発されています。ECMAScript 6がすべてのWebブラウザで標準化されれば、JavaScriptの環境は大きく変わるはずです。特に、オブジェクト指向の中心部分である「オブジェクト」そのものが、これまでのプロトタイプ指向だけでなく、一般の言語で用いられているクラス指向の概念を取り入れることで大きく変わります。

単にECMAScript 6の機能が便利だ、というだけではありません。ECMAScript 6が一般化すれば、多くのフレームワークもこれに対応する形で大幅なアップデートが行われるでしょう。また、ECMAScript 6に合わせ、新たなフレームワークも登場してくるかもしれません。ECMAScript 6の普及は、JavaScript全体に大きな影響を与えるはずです。

個々のフレームワークについてだけでなく、JavaScript全体に大きな影響を与えるECMAScript 6の動向(ブラウザの対応状況など)についても、今後、注目し続ける必要があるでしょう。

JavaScript以外の言語は？

もう1つ、考えておきたいのは、「今後、WebブラウザにJavaScript以外の言語はやってくるのか？」ということです。

現時点で、AltJSの言語はいくつもあります。本書で取り上げたTypeScriptの他、CoffeeScript、Dartといったものが広く利用されています。またECMAScript 6のソースコードをトランスコンパイルするBabelといったコンパイラなども広く使われています。

これらの多くは、「ECMAScript 6が登場すればいらない」というわけではありません。それぞれの言語にそれぞれの利点があり、ECMAScript 6が一般化した後もそれぞれ改良され使われていくことでしょう。Babelのようなトランスコンパイラは別ですが、TypeScriptなどはJavaScriptとは異なる言語体系として設計されており、今後も更に発展していき、ECMAScript 6とは別の強力な機能を実装していくことが期待できます。

既に、多くのフレームワークではTypeScriptなどに対応しており、AltJS言語を使った開発は一般的なものになりつつあります。クライアントサイドの開発だからといって、必ずしも「JavaScriptでないとダメ」という時代ではなくなっているのです。

ただし、「JavaScript以外の言語が、Webブラウザに標準搭載される時代は来るか?」というと、残念ながら当面は期待できそうにありません。GoogleがJavaScriptの次を狙って開発するDartは、Webブラウザ標準搭載を諦め、AltJS的なコンパイラへと進化することがほぼわかっています。またTypeScriptにしても、Webブラウザ搭載は当面考えていません。

asm.jsからWebAssemblyへ

が、実はAltJSとはまったく別のところで、「Webブラウザに標準搭載される第2の言語(?)」が着々と準備されています。それは、「asm.js」です。

これは、JavaScriptのサブセットのような言語です。このasm.jsは、C++などの言語で書かれたソースコードを自動変換します。また現在は、「WebAssembly」というバイナリフォーマットが多くのベンダーによって推進されています。

これらは、JavaScript以外のもの(C/C++言語)で書かれたソースコードをWebブラウザ上で実行することを可能にします。これにより、時間のかかる処理を高速に実行することができます。つまり、C++などの言語でWeb開発ができるようになる、といってもよいでしょう。

もちろん、これによってJavaScriptが要らなくなるわけではなく、Web開発の中で時間のかかる計算処理(3D演算など)をこれによって高速化する、といった使い方をするものと考えて下さい。

これらの技術の普及により、特に3Dゲームなどの開発では、「フロントエンドはJavaScript、3D演算処理はC++」というように両者を組み合わせた開発を行うようなことも増えてくるでしょう。Web開発といえども、「JavaScriptだけ覚えておけばすべてOK」とはいかなくなるかもしれません。特にゲームなど高速処理が要求されるWebアプリケーションの開発を考えているところは、これらの技術について注目すべきです。

パッケージマネージャとモジュールバンドラー

本書では、最後に1つにまとめて紹介しましたが、JavaScriptフレームワークの今後を考えたとき、フレームワーク本体よりも「パッケージマネージャ」こそが重要になってくるかもしれません。

現時点では、npmがJavaScriptのスタンダードなパッケージマネージャとなっています。今後、npmなどのパッケージマネージャを利用するフレームワークはどんどん増えてくることでしょう。

現在、JavaやRubyなどの言語では、パッケージマネージャを使ってプロジェクトに必要なソフトウェアをインストールして開発するのが当たり前といってもよいほどに普及しています。JavaScriptも、近い将来、同じような開発スタイルが一般化するのではないかと思われます。

また、最近になって非常に重要なツールとなりつつあるのが「モジュールバンドラー」です。Webの開発では、JavaScriptのスクリプトファイル、スタイルシートファイルなど多数のファイルを使い、それらをそのつどロードしていくため、ファイル数が増える

とアクセス速度も低下してしまいます。殊に、多数のモジュールから構成されるフレームワークなどは、起動するまでに数十ものファイルを読み込まなければいけないものもあります。

モジュールバンドラーは、こうした「多数のファイルをロードするための速度低下」を防ぎ、1つのファイルだけを読みこめば動くシンプルなアプリケーション構成を実現します。今後、フレームワークの利用が増えるに連れ、モジュールバンドラーのような「多数のファイルを1つにまとめて利用できるようにするツール」は重要性を増すでしょう。

Webコンポーネントの時代は来るか？

本書でも、いくつかの「コンポーネント指向」フレームワークを取り上げました。「MVCからコンポーネントへ」という時代の流れを感じ取った人も多いことでしょう。

この「コンポーネント」というものは、実は個々のフレームワーク開発者が独自に考え出した概念ではありません。これは「Web Components」と呼ばれるものを下敷きにしているのです。

Web Componentsは、Googleによって提唱された新しい技術です。文字通り、Webのパーツを汎用的なコンポーネントとして扱うための技術で、これは現時点ではスタンダードなものとして普及はしていませんが、着実にその概念は浸透しつつあります。本書のフレームワークの中で、<template>といったタグを使ってテンプレートを作成したものがありましたが、これなどはWeb Componentsの技術を利用したものと考えてよいでしょう。

Web Componentsは、多くのベンダーによって仕様が議論されており、今すぐ確定してすべてのWebブラウザにAPIが搭載される、とはいかないでしょう。が、時代は確かにWeb Componentsのほうへと流れています。ある日ある時に「今日から対応！」とすっきりスタートするのではなく、Web Componentsの一部が少しずつWebブラウザで使えるようになっていく、という漸進的な普及になっていくことでしょう。

今から、少しずつWeb Componentsについて調べ、その動向をチェックしていくことで、Web Componentsの時代の到来を誰よりも早く感じることができるかもしれません。非常に曖昧な表現になってしまいますが、「Web Componentsは要チェックキーワードだ」ということだけ頭に入れておいて下さい。

開発環境の今後

もう1つ、忘れてはならないのが「開発環境」です。JavaScriptの開発環境は、現在まであまり真剣に考えて来られなかったように思えます。Eclipseなどのように、Webの開発に対応した開発ツールは多数ありますが、それらは「Web開発にも使える」というものであり、膨大な機能の一部にWeb開発のための機能がついている、といったものでした。それはとても使い勝手のいいものとはいえません。

といって、「テキストエディタで編集」というのがいつまでも続くとは思えません。フレームワークが当たり前のようになり、複雑なオブジェクトを組み合わせて処理をして

いくようになれば、オブジェクトのメンバなどに素早くアクセスして入力補完してくれる本格的な開発ツールが必要となってきます。

Visual Studio Codeの登場により、JavaScriptの開発においても「本格的な開発環境があればこんなにも快適になるんだ」ということがJavaScriptプログラマの間にも理解されてきたように思えます。今後、同様の「Web開発を再優先に考えた開発ツール」が更に登場してくることでしょう。こうした開発ツールの動向も、JavaScriptプログラマならばチェックしておきたいところです。

JavaScriptは「なんでもあり」

いろいろと説明をしてきましたが、最後に声を大にしていっておきたいことが一つだけあります。それは、「ここまでの解説が全部ひっくり返るようなことだって、JavaScriptの世界なら起きるかもしれない」ということです。

その他の言語では、劇的な変化が次第に起こりにくくなってきています。これまで誰もが想像しなかった、全く新しいプログラムというものは、なかなか誕生しません。が、JavaScriptにおいては、そうした「それまでの価値観をまるごとひっくり返してしまう」というような劇的なソフトウェアが誕生し得るのです。

それは、JavaScriptの本格的な活用が始まってまだ間もないということもありますが、根底には「JavaScriptという言語の自由さ」があります。JavaScriptは、とにかくどんなことでも受け入れてしまう自由度の高い言語です。今までは、それが「適当な設計でも動いてしまう、きっちりとした作りになっていない言語」のように思われてきた面もあるでしょう。が、その柔軟性の高さにより、予想もしなかったフレームワークが登場する可能性を孕んでいるのもまた確かなのです。

今から5年前、JavaScriptの世界でどんなものが登場するか、はっきりと指摘できた人はいるでしょうか。JavaScriptの世界にMVCフレームワーク？　コンポーネント指向？　仮想DOM？　誰もが想像しなかった（いえ、想像した人はいたでしょうが、それらがこんなに身近になるとは思ってもみなかった）に違いありません。

今後、まったく想像もしていなかったフレームワークが登場し、またたく間にJavaScriptの勢力図を塗り替えてしまう可能性もあります。いえ、「今あるフレームワークが5年後も同じように存続している」可能性よりも、そちらのほうがずっと高いでしょう。

ですから、JavaScriptのプログラマである限りは、ここで解説した現時点でのメジャーなフレームワークの使い方をマスターするだけでなく、「新しい技術」がどこかで芽吹いていないか、アンテナを張り巡らせておくことを忘れないで下さい。JavaScriptにおいて、もっとも重要なフレームワークとは「まだ世に誕生していないフレームワーク」なのです。

2016年8月
掌田　津耶乃

さくいん

記号

=>	92
${}	288
$el	166
$(function(){})	28
$('input[name=radio1]:checked')	34
$関数	27
@angular/core	214, 223
@bindable	307
(change)	229
(click)	224
@Component	215
@inject	310
[ngClass]	235
*ngFor	232
[(ngModel)]	224
[size]	231
<T>	90
_.template	175
<template>	149, 286
{{ }}	121, 219
{{{ }}}	128
{this.handleOnClick}	261
{this.props.content}	254

A

activate	317
addClass	39
Ajax	3
Alternative JavaScript	6, 65
ALTER TABLE	184
AltJS	6, 65
Angular CLI	206
any	75
append	44
args	73
asm.js	356
attributes:	174
aurelia-bootstrapper	285
aurelia-fetch-client	317
aurelia-router	294

B

Babel	240, 355

Backbone	165
bindable	292
boolean	75
bootstrap	217
bower_components	336
bower init	336
bower install	335
bower.json	336
bundle.js	258

C

capitalize	131
catch	212
CDN	7, 9
cdnjs.com	10
change.trigger	297
checkd.bind	297
class	96
className:	174
click	31
click.trigger	289
CoffeeScript	355
Collection	188
command	73
component	145
Component	214
Computed	132
config.js	285
configuration	294
configureRouter	294
const	78
constructor	97
create	195
createClass	250
created	130
CREATE DATABASE	184
createElement	252
Create-React-App	245
CREATE TABLE	184
css	37
css-loader	345
currency	131

さくいん

D

Dart	355
data	123
Data Object Model	3
debounce	131
dependencies	331, 338
Dependency Injection	320
DI	320
directive	151
displayName	251
DOM	3

E

Eclipse	12
ECMAScript 6	355
el	123, 166
empty	53
enum	80
error:	195
events	171
event.target.options	269
export class	215
extend	165
extends	100

F

fadeIn	58
fadeOut	58
fadeToggle	58
fetch	191, 317
findDOMNode	275

G

Generics	89
get	48, 99, 135
getJSON	50
Google Hosted Libraries	21

H

hide	55
html	29
HttpClient	317
http-server	283

I

ignore	338
implements	107
import	212, 214, 257, 285
IndexedDB	196

initialize	170
INSERT INTO	184
interface	107
isShellCommand	73

J

jQuery	28
jQuery Mobile	61
jQuery UI	61
jqXHR	50
json	131, 318
JSX	240

L

let	78
listenTo	191
load	48
local storage	196
lowercase	131

M

map	271
methods	126
Model	187
Model-View-Controller	6
Model-View-ViewModel	114
module.exports	343
moduleId	296
Mustashe	121
MVCフレームワーク	6
MVVM	114

N

nav	296
NavBar	291
navigation	292
NgModel	224
ng new	207
ng serve	207
Node.js	322
node_modules	330
npm	7, 327
npmcdn	10
npm install	328
npm update	327
number	75

O

onRBChecked	298

さくいん

option:selected	36

P

package.json	330
platform-browser-dynamic	217
pluralize	131
private	98
problemMatcher	73
Promise	317
props	253
props:	147
protected	98
public	98

R

React	250
React.Component	277
React DOM	253
ReactDOM	251, 275
ready	28
rect-dom.js	242
rect.js	242
removeClass	39
render	166, 251
repeat.for	292
REpresentational State Transfer	156
require	343
response	318
REST	156
route	296
Router	294
RouterConfiguration	294

S

selector	215
set	99
show	55
showOutput	73
Single Page Application	280
slideDown	60
slideToggle	60
slideUp	60
SPA	280
string	75
style-loader	345
success:	195
System	212
system.js	285
SystemJS	212, 285

systemjs.config.js	204

T

tagName:	174
tasks.json	72
template	215
template:	146
templateUrl:	227
text	29
then	317
toggle	56
tsc	67
tsconfig.json	203, 210
Tuple	82
type	80
typings.json	203

U

Underscore.js	160
update	305
uppercase	131

V

val	32
value.bind	288
ValueConveter	301
var	77
v-bind:class	137
v-bind:style	139
v-for	143
View	165
v-if	141
Virtual DOM	200, 240, 274
Visual Studio	13
Visual Studio Code	14
v-model	124
v-on	127
Vue	123
Vue.js	115

W

WebAssembly	356
Web Components	357
webpack	345
webpack.config.js	344
wrap	46
wrapAll	47

361

さくいん

X

XAMPP	181
XMLHTTPRequest	50

あ行

アクセス修飾子	98
アノテーション	308
アプリケーション・フレームワーク	6
アロー演算子	306
アロー関数	92
依存性注入	320
インターフェイス	106
エイリアス	80
オーバーロード	88
オプション引数	86

か行

仮想DOM	200, 351
クラス	250
クラスプロパティ	104
クラスベース	65
クラスベースオブジェクト指向	66
クラスメソッド	104
グローバルインストール	328
継承	100
コールバック関数	56
コマンドパレット	72
コンポーネント指向	198

さ行

ショートハンド	28
スコープ	64
スタイルクラス	137
静的型付け	64, 65
総称型	89
双方向バインディング	287

た行

タスクランナー	72
タプル	82
定数	78
ディレクティブ	151
動的型付け	64
トランスコンパイラ言語	240

な行

ナビゲーションバー	291

は行

パッケージマネージャ	9, 323, 356
パッケージマネージャの利用	7
フィルター	130
フルスタック	200
フレームワーク	5
プロトタイプベース	64

ま行

ムスタッシュ	121
モジュールバンドラー	340, 356

ら行

ライブラリ	5
列挙型	80
ローカルインストール	328
ローカル変数	78

著者紹介

掌田 津耶乃 （しょうだ　つやの）

　日本初のMac専門月刊誌『Mac＋』の頃から主にMac系雑誌に寄稿する。ハイパーカードの登場により「ビギナーのためのプログラミング」に開眼。以後、Mac、Windows、Web、Android、iPhoneとあらゆるプラットフォームのプログラミングビギナーに向けた書籍を執筆し続ける。

■主な著作

『つくりながら覚えるスマホゲームプログラミング』(MdNコーポレーション)
『これ1冊でゼロから学べるWebプログラミング超入門』(マイナビ)
『Android StudioではじめるAndroidプログラミング入門 第3版 Android Studio 2対応』(秀和システム)
『EclipseではじめるJavaフレームワーク入門 第5版 Maven/Gradle対応』(秀和システム)
『Spring Bootプログラミング入門』(秀和システム)
『見てわかるUnity 5 C#ゲーム制作超入門』(秀和システム)
『見てわかるUnity 5ゲーム制作超入門』(秀和システム)

プロフィール
● https://plus.google.com/+TuyanoSYODA/

著書一覧：
● http://www.amazon.co.jp/-/e/B004L5AED8/

筆者の運営サイト
● http://www.tuyano.com　● http://blog.tuyano.com　● http://libro.tuyano.com　● http://card.tuyano.com

連絡先
syoda@tuyano.com

カバーデザイン 高橋 サトコ

JavaScript フレームワーク入門

| 発行日 | 2016年 9月17日 | 第1版第1刷 |

著　者　掌田　津耶乃

発行者　斉藤　和邦
発行所　株式会社 秀和システム
　　　　〒104-0045
　　　　東京都中央区築地2丁目1−17　陽光築地ビル4階
　　　　Tel 03-6264-3105（販売）　Fax 03-6264-3094
印刷所　株式会社ケーコム
製本所　株式会社ジーブック

©2016 SYODA Tuyano　　　　　　　　　Printed in Japan
ISBN978-4-7980-4784-3 C3055

定価はカバーに表示してあります。
乱丁本・落丁本はお取りかえいたします。
本書に関するご質問については、ご質問の内容と住所、氏名、電話番号を明記のうえ、当社編集部宛FAXまたは書面にてお送りください。お電話によるご質問は受け付けておりませんのであらかじめご了承ください。